MENTES DIFERENTES

MENTES DIFERENTES
O QUE CÉREBROS INCOMUNS REVELAM SOBRE NÓS

ERIC R. KANDEL

Título original em inglês: *The Disordered Mind – what unusual brains tell us about ourselves.*
Copyright © 2018, Eric Kandel. Todos os direitos reservados.
Publicado mediante acordo com ER Kandel Inc, c/o The Wylie Agency LTD, Londres.

Esta publicação contempla as regras do Novo Acordo Ortográfico da Língua Portuguesa.

Editora-gestora: Sônia Midori Fujiyoshi
Produção editorial: Cláudia Lahr Tetzlaff
Tradução: Paulo Laino Cândido
        Professor Adjunto da Disciplina de Anatomia do curso de Medicina
        das Faculdades Santa Marcelina
        Mestre em Ciências Morfofuncionais pela Universidade de São Paulo (USP)
Revisão de tradução e revisão de prova: Depto. editorial da Editora Manole
Projeto gráfico: Depto. editorial da Editora Manole
Diagramação: R G Passo
Adaptação da capa para a edição brasileira: Depto. de arte da Editora Manole

CIP-BRASIL. CATALOGAÇÃO NA PUBLICAÇÃO
SINDICATO NACIONAL DOS EDITORES DE LIVROS, RJ

K24m

Kandel, Eric R.
    Mentes diferentes : o que cérebros incomuns revelam sobre nós / Eric R. Kandel ;
tradução Paulo Laino Cândido. - 1. ed. - Santana de Parnaíba [SP] : Manole, 2020.
    256 p. ; 23 cm.

    Tradução de: The disordered mind : what unusual brains tell us about ourselves.
    Inclui bibliografia
    ISBN 9788520461303

    1. Neuropsiquiatria. 2. Doenças mentais - Fisiopatologia. I. Cândido, Paulo Laino.
II. Título.

20-62925   CDD: 616.89
                                     CDU: 616.89-008.1

Meri Gleice Rodrigues de Souza - Bibliotecária CRB-7/6439

Todos os direitos reservados.
Nenhuma parte desta publicação poderá ser reproduzida, por qualquer processo,
sem a permissão expressa dos editores. É proibida a reprodução por fotocópia.
A Editora Manole é filiada à ABDR – Associação Brasileira de Direitos Reprográficos.

Edição brasileira – 2020

Direitos em língua portuguesa adquiridos pela:
Editora Manole Ltda.
Alameda América, 876
Tamboré – Santana de Parnaíba – SP – Brasil
CEP: 06543-315 | Fone: (11) 4196-6000
www.manole.com.br | https://atendimento.manole.com.br/

Impresso no Brasil | *Printed in Brazil*

À Denise,
Minha companheira inseparável, maior crítica e
minha constante fonte de inspiração.

"A mente é como um *iceberg,* que flutua com um sétimo de seu volume acima da superfície."

Sigmund Freud

Sumário

Sobre o autor	viii
Agradecimentos	ix
Introdução	xi
Créditos das imagens	xv

1	O que nossos distúrbios cerebrais podem revelar	1
2	Nossa profunda natureza social: o espectro do autismo	24
3	As emoções e a integridade do *self*: depressão e transtorno bipolar	46
4	A capacidade de pensar, de tomar decisões e executá-las: esquizofrenia	71
5	Memória, o reservatório do *self*: demência	92
6	Nossa criatividade inata: distúrbios cerebrais e arte	113
7	Movimento: doenças de Parkinson e de Huntington	139
8	A interação entre emoção consciente e inconsciente: ansiedade, estresse pós-traumático e erros na tomada de decisões	155
9	O princípio do prazer e a liberdade de escolha: dependências	175
10	Diferenciação sexual do cérebro e identidade de gênero	188
11	Consciência: o grande mistério remanescente do cérebro	202
	Conclusão: completando um ciclo	222

Notas	225
Índice remissivo	237

Sobre o autor

Eric R. Kandel é professor universitário, detentor da cadeira Fred Kavli na Universidade Columbia e pesquisador sênior do Howard Hughes Medical Institute. Laureado com o Prêmio Nobel em Fisiologia ou Medicina de 2000 por seus estudos sobre aprendizado e memória, é autor de *Em busca da memória: o nascimento de uma nova ciência da mente*, um livro de memórias premiado com o Los Angeles Times Book Prize; *The Age of Insight: The Quest to Understand the Unconscious in Art, Mind, and Brain, from Vienna 1900 to the Present*, que ganhou o Prêmio Bruno Kreisky em Literatura, o maior prêmio literário da Áustria; e *Reductionism in Art and Brain Science: Bridging the Two Cultures*, um livro sobre a Escola de Arte Abstrata de Nova York. Ele também é o coautor de *Princípios de neurociências*, o manual de referência nessa área.

Agradecimentos

Beneficiei-me muito da maravilhosa visão crítica de meu editor-chefe, Eric Chinski, que reformatou o livro de diversas e importantes maneiras. Também sou grato aos meus colegas da Columbia: Tom Jessell, Scott Small, Daniel Salzman, Mickey Goldberg e Eleanor Simpson, pela leitura criteriosa e detalhada de uma versão anterior. Novamente, sou profundamente grato à minha maravilhosa editora, Blair Burns Potter, que havia trabalhado comigo em três livros anteriores e mais uma vez trouxe seu olhar apurado e sua colaboração perspicaz para esta obra. Por fim, sou muito grato a Sarah Mack pelo trabalho editorial e pelo desenvolvimento do programa de arte, e a Pauline Henick, que pacientemente digitou as muitas versões deste livro e o conduziu com maestria até a conclusão.

Introdução

Passei toda a minha carreira tentando entender o funcionamento do cérebro e a motivação para o comportamento humano. Tendo escapado de Viena quando era menino, pouco depois de Hitler tê-la ocupado, eu me preocupava com um dos grandes mistérios da existência humana: como uma das sociedades mais avançadas e cultas da Terra pode tão rapidamente redirecionar seus esforços para o mal? Como os indivíduos, diante de um dilema moral, fazem escolhas? Pode o eu (*self*) fragmentado ser curado por meio de interação humana especializada? Tornei-me psiquiatra na esperança de entender e agir em relação a essas questões difíceis.

Quando comecei a reconhecer a intangibilidade dos problemas da mente, no entanto, voltei-me para perguntas que poderiam ser respondidas de maneira conclusiva por meio de pesquisa científica. Concentrei-me em pequenas coleções de neurônios de um animal muito simples e, ao final, descobri alguns processos fundamentais subjacentes às formas elementares de aprendizado e memória. Embora tenha desfrutado muito do meu trabalho e ele tenha sido bem usufruído por outros, percebo que minhas descobertas representam apenas um pequeno avanço na busca da compreensão da entidade mais complexa do universo – a mente humana.

Essa busca tem animado filósofos, poetas e médicos desde as origens da humanidade. A inscrição na entrada do Templo de Apolo em Delfos exibia a máxima "Conhece-te a ti mesmo". Desde que Sócrates e Platão refletiram sobre a natureza da mente humana, pensadores sérios de todas as gerações têm procurado entender os pensamentos, sentimentos, comportamento, memórias e poderes criativos que nos tornam quem somos. Para as gerações anteriores, essa busca estava restrita à estrutura intelectual da filosofia, conforme incorporada ao pronunciamento do filósofo francês René Descartes, no século XVII: "Penso, logo existo". A ideia orientadora de Descartes era a de que nossa mente é separada, e funciona independentemente, do nosso corpo.[1]

Um dos grandes avanços na era moderna foi a percepção de que Descartes tinha invertido a ordem das coisas: na verdade, "Existo, logo penso". Essa inversão surgiu no final do século XX, quando uma escola de filosofia, conduzida sobretudo por pessoas como John Searle e Patricia Churchland, associou-se à psicologia cognitiva,[2] a ciência da mente, e ambas se uniram à neurociência, a ciência do cérebro. O resultado foi uma nova abordagem biológica da mente. Esse estudo científico sem precedentes da mente humana baseia-se no princípio de que ela é um conjunto de processos realizados pelo cérebro, um dispositivo computacional espantosamente complexo que constrói nossa percepção do mundo externo, gera nossa experiência interior e controla nossas ações.

A nova biologia da mente é o último passo na progressão intelectual que começou em 1859 com as ideias de Darwin sobre a evolução da nossa forma corporal. Em seu clássico livro *A origem das espécies*, Darwin introduziu a ideia de que não somos seres únicos criados por um Deus todo-poderoso, mas criaturas biológicas que evoluíram de ancestrais animais mais simples e que compartilham com eles uma combinação de comportamentos instintivos e aprendidos. Darwin elaborou essa ideia em seu livro de 1872, *A expressão das emoções no homem e nos animais*,[3] no qual apresentou uma ideia ainda mais radical e profunda: nossos processos mentais evoluíram de ancestrais animais da mesma maneira que nossas características morfológicas. Isto é, nossa mente não é etérea; ela pode ser explicada em termos físicos.

Os neurocientistas, inclusive eu, logo perceberam que, se animais mais simples exibem emoções semelhantes às nossas, como medo e ansiedade, em resposta a ameaças de danos corporais ou a uma posição social desfavorável, deveríamos ser capazes de estudar aspectos de nossos próprios estados emocionais nesses animais. Tornou-se evidente com base em estudos de modelos animais que, tal como Darwin havia previsto, até mesmo nossos processos cognitivos, incluindo formas primitivas de consciência, evoluíram a partir de nossos ancestrais animais.

É um privilégio podermos compartilhar aspectos de nossos processos mentais com animais mais simples e, portanto, estudar o funcionamento da mente em um nível elementar, pois o cérebro humano é incrivelmente complexo. Essa complexidade é mais evidente – e mais misteriosa – em nossa consciência do *self*.

A autoconsciência nos leva a questionar quem somos e por que existimos. A ampla gama de mitologias de criação humana – as histórias que cada sociedade conta sobre suas origens – surgiu dessa necessidade de explicar o universo e nosso lugar nele. Buscar respostas para essas questões existenciais é uma parte importante do que nos define como seres humanos. Além disso, buscar respostas para como as complexas interações das células cerebrais dão origem à consciência, ao conhecimento de si mesmo (*self*), é o grande mistério que ainda permanece sobre a ciência do cérebro.

Como a natureza humana surge da matéria física do cérebro? O cérebro pode atingir a consciência do *self* e desempenhar suas proezas computacionais notavelmente rápidas e precisas porque seus 86 bilhões de células nervosas – os neurônios – comunicam-se entre si através de conexões muito precisas. Ao longo da minha carreira, meus colegas e eu pudemos mostrar em um invertebrado marinho simples, a *Aplysia*, que essas conexões, conhecidas como sinapses, podem ser alteradas pela experiência. Isso é o que nos permite aprender, para nos adaptarmos às mudanças no ambiente. No entanto, as conexões entre os neurônios também podem ser alteradas por lesões ou doenças; além disso, algumas conexões podem não se formar de maneira adequada durante o desenvolvimento, ou podem mesmo não se formar. Tais casos resultam em distúrbios do cérebro.

Hoje, mais do que nunca, o estudo dos distúrbios cerebrais tem fornecido novos conhecimentos sobre o funcionamento normal da mente. O que temos aprendido sobre autismo, esquizofrenia, depressão e doença de Alzheimer, por exemplo, pode nos ajudar a entender os circuitos neurais envolvidos nas interações sociais, pensamentos, sentimentos, comportamento, memória e criatividade tão certamente como os estudos desses circuitos neurais podem nos ajudar a entender os distúrbios cerebrais. Em sentido mais amplo, da mesma forma que os componentes de um computador revelam suas verdadeiras funções quando se deterioram, as funções dos circuitos neurais do cérebro tornam-se bastante evidentes quando eles não se estabelecem ou se formam de maneira incorreta.

Este livro explora a maneira como os processos do cérebro que originam nossa mente podem se desorganizar, resultando em doenças devastadoras que assombram a humanidade: autismo, depressão, transtorno bipolar, esquizofrenia, doença de Alzheimer, doença de Parkinson e transtorno do estresse pós-traumático. Ele explica que aprender sobre esses processos desordenados é essencial para melhorar nosso entendimento sobre o funcionamento normal do cérebro, assim como para encontrar novos tratamentos para os distúrbios. Além disso, esclarece que podemos enriquecer nossa compreensão sobre o funcionamento do cérebro ao examinar mudanças normais na função cerebral, como o modo pelo qual o cérebro se diferencia durante o desenvolvimento para determinar nosso sexo e nossa identidade de gênero. Por fim, o livro revela de que maneira a abordagem biológica da mente começa a desvendar os mistérios da criatividade e da consciência. Observamos exemplos extraordinários de criatividade, sobretudo em indivíduos com esquizofrenia e transtorno bipolar, e descobrimos que sua criatividade surge das mesmas conexões entre cérebro, mente e comportamento presentes em todas as pessoas. Estudos modernos sobre consciência e seus distúrbios sugerem que ela não é uma função única e uniforme do cérebro;

ao contrário, a consciência representa diferentes estados mentais em contextos distintos. Além disso, como cientistas anteriores descobriram, e Sigmund Freud havia salientado, nossas percepções, pensamentos e ações conscientes são subsidiados por processos mentais inconscientes.

O estudo biológico da mente, de maneira geral, é mais do que uma investigação científica com perspectivas promissoras de ampliar nosso entendimento sobre o cérebro e idealizar novas terapias para pessoas com distúrbios cerebrais. Avanços na biologia da mente oferecem a possibilidade de um novo humanismo, que mescla as ciências, as quais se preocupam com o mundo natural, e as humanidades, que se preocupam com o significado da experiência humana. Esse novo humanismo científico, baseado em boa parte nas perspectivas biológicas das diferenças na função cerebral, mudará fundamentalmente a maneira como vemos a nós mesmos e uns aos outros. Cada um de nós já se *sente* único, graças à consciência de si mesmo (*self*), mas, na verdade, teremos uma confirmação biológica de nossa individualidade. Isso, por sua vez, levará a novos conhecimentos sobre a natureza humana e a um maior entendimento e reconhecimento de nossa humanidade compartilhada e individual.

Créditos das imagens

Salvo indicação contrária, a maior parte das ilustrações foi criada ou adaptada por Sarah Mack. As ilustrações do cérebro foram criadas por Terese Winslow.

p. 7: Fotomicrografia da coloração de Golgi. Imagem de Bob Jacobs.

p. 26: Fotografia de Uta Frith. Usada com permissão.

p. 28: Diagrama dos padrões de movimento ocular. Usado com permissão de Springer; cortesia de Kevin A. Pelphrey.

p. 30: Diagrama da teoria da mente. Usada com permissão de Elsevier Books.

p. 37: Diagrama da variação de nucleotídeo único e diagrama das variações no número de cópias. Cortesia de Chris Willcox.

p. 38: Fotografia de criança com síndrome de Williams. Cortesia de Terry Monkaba.

p. 38: Fotografia de criança com autismo. Cortesia de Ursa Hoogle.

p. 51: Fotografia de Andrew Solomon. Usada com permissão de Andrew Solomon; cortesia de Timothy Greenfield-Sanders.

p. 66: Fotografia de Kay Redfield Jamison. Usada com permissão.

p. 74: Fotografia de Elyn Saks. Cortesia de USC Gould School of Law.

p. 94: Imagem do cérebro de H.M. e de um cérebro intacto. Cortesia de Press et al.

p. 103: Fotomicrografia de uma placa amiloide e de um emaranhado neurofibrilar no cérebro. Imagem de Nigel Cairns.

p. 105: Diagrama da formação de placa amiloide. Cortesia de Chris Willcox.

p. 106: Diagrama do dobramento anormal da proteína tau. Cortesia de Chris Willcox.

p. 115: *Big Self-Portrait*© Chuck Close; cortesia de Pace Gallery.

p. 116: *Roy II*© Chuck Close; cortesia de Pace Gallery.

p. 116: Detalhe de *Roy II*© Chuck Close; cortesia de Pace Gallery.

p. 123: *Os flamingos*, de Henri Rousseau. Usado com permissão de Dennis Hallinan/Alamy Stock Photo.

p. 131: *Remorso (ou Esfinge encravada na areia)* por Salvador Dalí. Usado com permissão da Fundação Gala-Salvador Dalí/Artists Rights Society (ARS).

p. 152: O cérebro da mosquinha-das-frutas. Usado com permissão da Universidade Columbia; cortesia de Pavan K. Auluck, H. Y. Edwin Chan, John Q. Trojanowski, Virginia M. Y. Lee e Nancy M. Bonini.

p. 158: Diagrama da valência da emoção. Cortesia de Paul Ekman.

p. 163: Fotografia de fuzileiro naval. Cortesia de U.S. National Archives.

p. 168: Diagrama da reconstrução do trajeto da barra de ferro através do cérebro de Gage. Adaptado, com permissão, de H. Damásio et al. 1994.

p. 169: Diagrama do dilema do trem desgovernado. Cortesia de Luigi Corvaglia.

p. 182: Diagrama dos circuitos de recompensa normal do cérebro afetados pela dependência. Cortesia de Eric Nestler.

p. 196: Fotografia de Ben Barres. Usada com permissão.

Agradecimentos pelas permissões de imagens

Agradecemos as permissões para reproduzir os seguintes materiais:

Trechos de *Madness and Memory*, copyright © 2014 de Stanley B. Prusiner, M.D. Reproduzido com permissão de Yale University Press.

Trechos de *The Riddle of Gender: Science, Activism, and Transgender Rights*, copyright © 2005, 2006 de Deborah Rudacille. Reproduzido com permissão de Pantheon Books, selo da Knopf Doubleday Publishing Group, uma divisão da Penguin Random House LLC. Todos os direitos reservados.

Trechos de "The Best Way I Can Describe What It's Like to Have Autism", reproduzido com permissão de Eric McKinney.

Trechos de *Depression, Too, Is a Thing with Feathers*, copyright © 2008 de Andrew Solomon; reproduzido com permissão de Routledge Publishing, uma divisão de Taylor & Francis Group.

1

O que nossos distúrbios cerebrais podem revelar

O maior desafio de toda a ciência é entender como os mistérios da natureza humana – refletidos em nossa experiência individual sobre o mundo – surgem da matéria física do cérebro. Como os sinais codificados, enviados por bilhões de células nervosas em nosso cérebro, geram consciência, amor, linguagem e arte? Como uma rede de conexões incrivelmente complexa dá origem ao nosso senso de identidade, a um *self* que se desenvolve à medida que amadurecemos e permanece notavelmente constante em nossas experiências de vida? Esses mistérios do *self* têm preocupado os filósofos por gerações.

Uma estratégia para resolver esses mistérios é reformular a questão: o que acontece com o nosso senso de *self* quando o cérebro não funciona adequadamente, quando é atormentado por um trauma ou doença? A resultante fragmentação ou perda do nosso senso de *self* foi descrita por médicos e lamentada por poetas. Mais recentemente, os neurocientistas têm estudado como o *self* se degrada quando o cérebro é agredido. Um exemplo famoso é o de Phineas Gage, um ferroviário do século XIX cuja personalidade mudou drasticamente depois que uma barra de ferro atravessou a parte anterior de seu cérebro. Aqueles que o conheciam antes da lesão simplesmente disseram: "Gage não é mais Gage".

Essa abordagem implica um conjunto "normal" de comportamentos, tanto para um indivíduo como para as pessoas em geral. A linha divisória entre o "normal" e o "anormal" foi demarcada em diferentes lugares por sociedades distintas ao longo da história. Pessoas com desvios mentais têm sido eventualmente vistas como "abençoadas" ou "sagradas", mas muitas vezes são tratadas como "desviantes" ou "possuídas" e submetidas a crueldades e estigmatizações terríveis. A psiquiatria moderna tentou descrever e catalogar os transtornos mentais, mas a migração de vários comportamentos através da linha que separa o normal do alterado é prova de que o limite é indistinto e mutável.

Todas essas variações de comportamento, das consideradas normais às anormais, surgem de variações individuais em nossos cérebros. Na verdade, todas as atividades em que nos envolvemos, todos os sentimentos e pensamentos que nos conferem senso de individualidade, emanam do nosso cérebro. Quando saboreia um pêssego, toma uma decisão difícil, sente-se melancólico, ou experimenta uma imensa alegria ao olhar para uma pintura, você recorre inteiramente à maquinaria biológica do cérebro. Seu cérebro determina quem você é.

Você provavelmente está certo de que vivencia o mundo como ele é – que o pêssego que você vê, cheira e saboreia é exatamente como você o percebe. Você depende de seus sentidos para obter informações precisas a fim de que suas percepções e ações sejam baseadas em uma realidade objetiva. Mas isso é verdadeiro apenas em parte. Seus sentidos fornecem as informações de que você precisa para agir, mas não apresentam ao cérebro uma realidade objetiva. Em vez disso, eles fornecem ao seu cérebro as informações de que ele precisa para *construir* a realidade.

Cada uma das nossas sensações surge de um sistema diferente do cérebro, e cada sistema é ajustado para detectar e interpretar um aspecto particular do mundo externo. As informações de cada um dos sentidos são coletadas por células projetadas para captar o som mais fraco, o toque ou movimento mais leve, e cada informação é conduzida por uma via específica até uma região do cérebro especializada em um determinado sentido. O cérebro então analisa as sensações, envolvendo emoções e memórias relevantes de experiências passadas para construir uma representação interna do mundo exterior. Essa realidade autogerada – em parte inconsciente e em parte consciente – guia nossos pensamentos e nosso comportamento.

Nossa representação interna do mundo normalmente coincide em grande parte com a das outras pessoas, porque o cérebro do nosso vizinho evoluiu para funcionar da mesma maneira que o nosso; isto é, os mesmos circuitos neurais constituem a base dos mesmos processos mentais no cérebro de cada pessoa. Considere a linguagem, por exemplo: os circuitos neurais responsáveis pela expressão da linguagem estão localizados em uma área do cérebro, enquanto os circuitos responsáveis pela compreensão da linguagem estão localizados em outra área. Se durante o desenvolvimento esses circuitos neurais apresentam formação inadequada, ou são interrompidos, nossos processos mentais para a linguagem se tornam desordenados e nós começamos a vivenciar o mundo de forma diferente das outras pessoas – e a agir de maneira diferente.

Perturbações da função cerebral podem ser assustadoras e trágicas, como pode lhe contar qualquer pessoa que tenha testemunhado uma crise epiléptica ou visto a angústia de uma depressão profunda. Os efeitos da doença mental extrema podem ser devastadores para os indivíduos e suas famílias, e o sofrimento dessas doenças no mundo é imensurável. Por outro lado, algumas perturbações da rede de circuitos cerebral típica podem conferir benefícios e confirmar a individualidade de uma pessoa. De fato, um número surpreendente de pessoas, que sofrem com o que alguém poderia considerar um distúrbio, optaria por não erradicar esse aspecto de si mesmas. Nosso senso de *self* pode ser tão poderoso e essencial que relutamos em renunciar até mesmo àquelas partes que nos fazem sofrer. O tratamento dessas condições muitas vezes compromete o senso de *self*. Medicamentos podem reduzir nossa vontade, nossa atenção e nossos processos de pensamento.

Os distúrbios cerebrais oferecem informações sobre o cérebro saudável típico. Quanto mais os cientistas e profissionais de saúde aprendem sobre distúrbios cerebrais – a partir da observação de pacientes e pesquisas neurocientíficas e genéticas –, mais eles entendem como a mente funciona quando todos os circuitos cerebrais estão funcionando de forma consistente, e maior a probabilidade de que consigam desenvolver tratamentos eficazes quando alguns desses circuitos falham. Quanto mais aprendemos sobre mentes incomuns, mais nos tornamos, provavelmente, indivíduos e sociedade capazes de entender e ter empatia por pessoas que pensam de maneira diferente e com menor probabilidade de estigmatizá-las ou rejeitá-las.

Pioneiros em neurologia e psiquiatria

Até cerca de 1800, apenas distúrbios que resultavam de danos visíveis ao cérebro, como os observados em necropsia, eram considerados distúrbios clínicos; esses distúrbios eram rotulados como neurológicos. Transtornos de pensamento, sentimentos e humor, assim como a dependência de drogas, não pareciam estar associados a danos cerebrais detectáveis, por isso eram considerados defeitos no caráter moral de uma pessoa. A fim de "fortalecer" essas pessoas de "mente fraca", eram instituídos tratamentos que as mantinham isoladas em asilos, acorrentadas a paredes e submetidas a privações ou até mesmo tortura. Como se podia esperar, essa abordagem era infrutífera em termos médicos e destrutiva no aspecto psicológico.

Em 1790, o médico francês Philippe Pinel instituiu formalmente a especialidade que hoje chamamos de psiquiatria. Pinel insistia que os transtornos psiquiátricos não são distúrbios morais, mas doenças, e que a psiquiatria deveria ser considerada uma subdisciplina da medicina. No Salpêtrière, o grande hospital psiquiátrico de Paris, Pinel libertou os doentes mentais de suas correntes e introduziu princípios humanos norteados pela psicologia, que foram precursores da psicoterapia atual.

Pinel alegava que os transtornos psiquiátricos atingiam pessoas com predisposição hereditária e expostas a estresse social ou psicológico excessivo. Essa ideia se aproxima bastante do conceito atual de doença mental.

Embora as ideias de Pinel tenham exercido um grande impacto moral no campo da psiquiatria ao humanizar o tratamento dos pacientes, não houve qualquer progresso na compreensão dos transtornos psiquiátricos até o início do século XX, quando o notável psiquiatra alemão Emil Kraepelin fundou a moderna psiquiatria científica. A influência de Kraepelin não pode ser subestimada, por isso relatarei sua trajetória neste livro no decorrer da história da neurologia e da psiquiatria.

Kraepelin era contemporâneo de Sigmund Freud, mas, enquanto Freud acreditava que as doenças mentais, embora baseadas no cérebro, eram adquiridas por meio da experiência – muitas vezes uma experiência traumática na primeira infância –, Kraepelin tinha uma visão muito diferente. Ele achava que todas as doenças mentais tinham uma origem biológica, uma base genética. Em vista disso, alegava que as doenças psiquiátricas podiam ser distinguidas umas das outras, do mesmo modo que outras doenças, ao observar suas manifestações iniciais, evolução clínica e efeitos em longo prazo. Essa crença levou Kraepelin a criar um sistema moderno para classificar a doença mental, um sistema ainda em uso na atualidade.

Kraepelin foi influenciado por Pierre Paul Broca e Carl Wernicke a analisar as doenças mentais do ponto de vista biológico. Esses dois médicos demonstraram pela primeira vez que podemos adquirir conhecimentos extraordinários sobre nós mesmos ao estudar os distúrbios do cérebro. Broca e Wernicke descobriram que transtornos neurológicos específicos podem ser atribuídos a certas regiões do nosso cérebro. O progresso de seus estudos permitiu compreender que as funções mentais inerentes ao comportamento normal também podem ser atribuídas a regiões específicas e a grupos de regiões do cérebro, estabelecendo, assim, a base para a ciência moderna do cérebro.

No início dos anos 1860, Broca constatou que um de seus pacientes, um homem chamado Leborgne, que sofria de sífilis, tinha um déficit de linguagem peculiar. Leborgne compreendia perfeitamente bem a linguagem, mas não conseguia se fazer entender. Ele podia entender o que lhe era dito, evidenciado por sua capacidade de seguir instruções de maneira precisa, mas, quando tentava falar, apenas murmúrios ininteligíveis eram emitidos. Suas pregas vocais não estavam paralisadas – ele podia facilmente cantarolar uma melodia –, mas ele não conseguia se expressar em palavras. Também não conseguia se expressar por meio da escrita.

Após a morte de Leborgne, Broca examinou seu cérebro, procurando indícios do distúrbio que apresentava. Ele encontrou uma região na parte anterior do hemisfério esquerdo que parecia marcada por alguma doença ou lesão. Posteriormente, Broca se deparou com mais oito pacientes que apresentavam a mesma dificuldade de produzir linguagem e descobriu que todos eles tinham lesões na mesma área do lado esquerdo do cérebro, região que ficou conhecida como área de Broca (Fig. 1.1). Essas descobertas levaram-no a concluir que nossa capacidade de falar reside no hemisfério cerebral esquerdo, ou, como ele dizia, "falamos com o hemisfério esquerdo".[1]

Em 1875, Wernicke deparou-se com um caso similar ao do defeito de Leborgne. Ele conheceu um paciente cujas palavras fluíam livremente, mas cuja linguagem ninguém podia entender. Se Wernicke lhe dissesse para "colocar o objeto A em cima do objeto B", o homem não fazia ideia do que estava sendo solicitado. Wernicke relacionou esse déficit na compreensão da linguagem a uma lesão na parte posterior do hemisfério esquerdo, região que ficou conhecida como área de Wernicke (Fig. 1.1).

Wernicke foi bastante perspicaz ao perceber que funções mentais complexas como a linguagem não residem em uma única região do cérebro, mas envolvem várias regiões cerebrais interconectadas. Esses circuitos formam a "rede" neural do nosso cérebro. Wernicke demonstrou não apenas que a compreensão e a expressão são processadas separadamente, mas que elas estão conectadas uma à outra por uma via denominada *fascículo longitudinal superior* (fascículo arqueado). As informações que obtemos da leitura são transmitidas de nossos olhos para o córtex visual, e aquelas provenientes da audição são enviadas de nossas orelhas ao córtex auditivo. As informações dessas duas áreas corticais convergem na área de Wernicke, que a traduz em um código neural para entender a linguagem. Só então a informação segue para a área de Broca, o que permite que nos expressemos (Fig. 1.1).

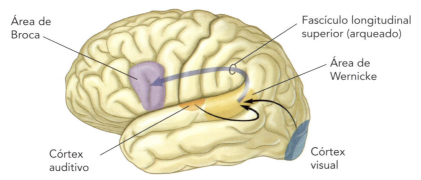

Figura 1.1 Via anatômica para compreensão (área de Wernicke) e expressão da linguagem (área de Broca). As duas áreas são conectadas pelo fascículo longitudinal superior.

Wernicke antecipou que algum dia alguém identificaria um distúrbio de linguagem que envolveria simplesmente uma desconexão entre as duas áreas. Uma das razões para isso foi o fato de que pessoas com lesões no fascículo longitudinal superior, que conecta as duas áreas, podem entender a linguagem e se expressar por meio dela, mas as duas funções operam de maneira independente. Isso se assemelha um pouco a uma coletiva de imprensa presidencial: as informações chegam, as informações são divulgadas, mas não há conexão lógica entre elas.

Hoje os cientistas consideram que outras habilidades cognitivas complexas também exigem a participação de várias regiões distintas, mas interconectadas, do cérebro.

Embora os circuitos para a linguagem tenham se mostrado ainda mais complexos do que Broca e Wernicke imaginaram, suas descobertas iniciais constituíram a base de nossa concepção moderna de neurologia da linguagem e, consequentemente, de nossa visão dos distúrbios neurológicos. Sua ênfase incansável na localização resultou em grandes avanços no diagnóstico e tratamento de doenças neurológicas. Além disso, as lesões tipicamente causadas por doenças neurológicas são bem visíveis no cérebro, tornando sua identificação muito mais fácil do que a maioria dos transtornos psiquiátricos, nos quais a lesão é bem mais discreta.

A busca pela localização da função no cérebro foi intensificada de modo considerável nas décadas de 1930 e 1940 pelo renomado neurocirurgião canadense Wilder Penfield, o qual operava pessoas que sofriam de epilepsia causada por tecido cicatricial no cérebro decorrente de um ferimento na cabeça. Penfield tentava evocar uma aura, a sensação que muitos pacientes epilépticos experimentam antes de uma convulsão. Se obtivesse êxito, ele teria uma boa ideia sobre qual pedaço minúsculo de cérebro poderia remover a fim de aliviar as convulsões de seus pacientes sem prejudicar outras funções, como a linguagem ou a capacidade de se mover.

Os pacientes de Penfield permaneciam acordados durante a cirurgia – o cérebro não tem receptores de dor – para que pudessem lhe relatar o que sentiam quando ele estimulava diferentes áreas do cérebro. Nos anos seguintes, no decorrer de quase quatrocentas cirurgias, Penfield mapeou as regiões do cérebro humano responsáveis pelas sensações de tato, visão e audição e pelos movimentos de partes específicas do corpo. Seus mapas de função sensorial e motora ainda são usados atualmente.

Foi realmente surpreendente a descoberta de Penfield de que, quando ele estimulava o lobo temporal, a parte do cérebro que fica logo acima da orelha, seu paciente podia dizer de repente: "estou lembrando de algo como se fosse uma recordação. Ouço sons, canções, partes de sinfonias", ou ainda, "estou ouvindo a canção de ninar que minha mãe costumava cantar para mim". Penfield começou a pensar se seria possível localizar um processo mental tão complexo e misterioso quanto a memória em regiões específicas do cérebro físico. Por fim, ele e outros estudiosos determinaram que a resposta era afirmativa.

Neurônios: elementos fundamentais do cérebro

As descobertas de Broca e Wernicke revelaram *onde*, no cérebro, certas funções mentais estão localizadas, mas não chegaram a explicar *como* o cérebro as realiza. Eles foram incapazes de responder a perguntas básicas como: qual é a constituição biológica do cérebro? Como isso funciona?

Biólogos já haviam determinado que o corpo é composto de células distintas, mas o cérebro parecia ser diferente. Quando os cientistas examinaram o tecido cerebral ao microscópio, viram um emaranhado que parecia não ter começo nem fim. Por essa razão, muitos cientistas acreditavam que o sistema nervoso fosse uma rede única e contínua de tecidos interligados. Eles não estavam certos se havia algo como uma célula nervosa.

Em 1873, um médico italiano chamado Camillo Golgi fez uma descoberta que revolucionaria o conhecimento dos cientistas sobre o cérebro. Ele injetou nitrato de prata ou dicromato de potássio no tecido cerebral e observou que, por razões que ainda não entendemos, uma pequena fração das células absorveu o corante e assumiu uma cor preta característica. A partir de um bloco impenetrável de tecido neural, a estrutura delicada e refinada de cada neurônio foi inesperadamente revelada (Fig. 1.2).

O primeiro cientista a se beneficiar da descoberta de Golgi foi um jovem espanhol chamado Santiago Ramón y Cajal. No final dos anos 1800, Cajal aplicou o método de coloração de Golgi no tecido cerebral de animais recém-nascidos.

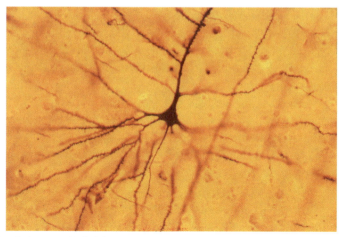

Figura 1.2 Coloração de Golgi.

Foi uma sábia decisão: no início do desenvolvimento, o cérebro possui neurônios em menor quantidade e com formato mais simples, de modo que se torna mais fácil identificá-los e examiná-los do que os neurônios de um cérebro maduro. Ao empregar o método de coloração de Golgi no cérebro imaturo, Cajal pôde identificar e estudar individualmente as células.

Cajal identificou células que se assemelhavam às copas frondosas de árvores centenárias, outras que terminavam em tufos compactos, e outras ainda que se ramificavam em direção a regiões desconhecidas do cérebro – formatos completamente distintos daqueles simples e bem definidos das demais células do corpo. Apesar dessa diversidade surpreendente, Cajal determinou que cada neurônio tem os mesmos quatro componentes anatômicos principais (Fig. 1.3): o corpo celular, os dendritos, o axônio e os terminais pré-sinápticos, que terminam no que hoje se conhece como sinapses. O principal componente do neurônio é o corpo celular, que contém o núcleo (o repositório dos genes da célula) e a maior parte do citoplasma. Os prolongamentos (processos) múltiplos e delgados do corpo celular, que se assemelham a finos ramos de uma árvore, são os dendritos. Esses processos recebem informações de outras células nervosas. O processo espesso único do corpo celular é o axônio, que pode ter vários metros de comprimento. O axônio transmite informações para outras células. Na extremidade do axônio estão os terminais pré-sinápticos. Essas estruturas especializadas for-

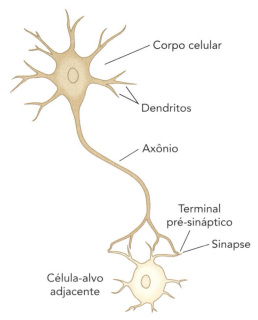

Figura 1.3 Estrutura do neurônio.

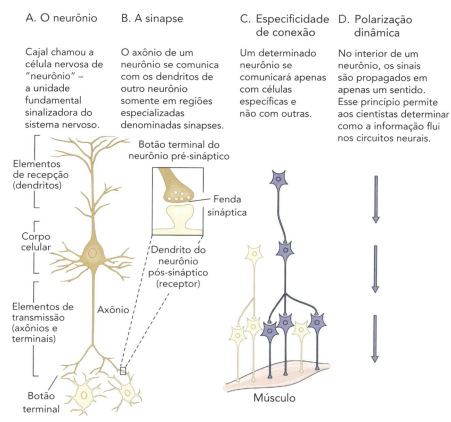

Figura 1.4 Os quatro princípios da Doutrina Neuronal de Cajal.

mam sinapses com os dendritos das células-alvo e lhes transmitem informações através de um pequeno espaço conhecido como fenda sináptica. Células-alvo podem ser células vizinhas, células em outra região do cérebro ou células musculares na periferia do corpo.

Por fim, Cajal reuniu esses quatro princípios em uma teoria, agora denominada Doutrina Neuronal (Fig. 1.4). O primeiro princípio estabelece que cada neurônio é um elemento distinto que constitui a unidade estrutural e sinalizadora do cérebro. O segundo afirma que os neurônios interagem uns com os outros apenas nas sinapses. Dessa forma, os neurônios formam redes intrincadas, ou circuitos neurais, que lhes permitem transmitir informações de uma célula para outra. O terceiro princípio determina que os neurônios formam conexões apenas com neurônios-alvo específicos em locais específicos. Essa *especificidade de conexão* explica o conjunto de circuitos surpreendentemente preciso em que estão baseadas as complexas tarefas de percepção, ação e pensamento. O quarto princípio, derivado dos três primeiros, estipula que a informação flui em apenas um sentido – dos dendritos para o corpo celular, deste para o axônio, e em seguida ao longo do axônio até a sinapse. Hoje chamamos esse fluxo de informação no cérebro de princípio da *polarização dinâmica*.

A capacidade de Cajal de observar um determinado agrupamento de neurônios ao microscópio e imaginar como o sistema nervoso funciona foi um feito extraordinário de intuição científica. Em 1906, ele e Golgi receberam o Prêmio Nobel de Fisiologia ou Medicina – Golgi pelo método de coloração e Cajal por usá-lo para definir a estrutura e a função dos neurônios. As descobertas de Cajal, surpreendentemente, perduram desde 1900.

A linguagem secreta dos neurônios

Para que os neurônios processem informações e, dessa forma, influenciem o comportamento, eles precisam se comunicar com outros neurônios e com o restante do corpo. Isso é absolutamente imprescindível para que o cérebro funcione de maneira correta. Mas como os neurônios se comunicam uns com os outros? Somente anos mais tarde a resposta a essa questão começou a ser esclarecida.

Em 1928, Edgar Adrian, pioneiro no estudo eletrofisiológico do sistema nervoso e agraciado com o Prêmio Nobel de 1932 de Fisiologia ou Medicina, expôs cirurgicamente um dos vários pequenos nervos, ou feixes de axônios, no pescoço de um coelho anestesiado. Em seguida ele cortou todos, exceto dois ou três axônios, e posicionou um eletrodo nos remanescentes. Adrian observou uma onda de atividade elétrica toda vez que o coelho respirava. Ele conectou um alto-falante ao eletrodo e imediatamente começou a ouvir cliques rápidos semelhantes ao código Morse. O barulho do clique era um sinal elétrico, ou *potencial de ação*, a unidade fundamental da comunicação neural. Adrian estava ouvindo a linguagem dos neurônios.

O que produziu os potenciais de ação que Adrian ouviu? O interior da membrana que envolve um neurônio com seu axônio apresenta uma leve carga elétrica negativa em relação ao exterior. Essa carga resulta da desigualdade na distribuição de íons – átomos eletricamente carregados – em ambos os lados da membrana celular. Em virtude dessa distribuição desigual de íons, cada neurônio assemelha-se a uma minúscula bateria, armazenando eletricidade que pode ser liberada a qualquer momento.

Quando algo excita um neurônio, seja um fóton de luz, uma onda sonora ou a atividade de outros neurônios, comportas microscópicas denominadas *canais iônicos* abrem-se por toda a superfície, permitindo que os íons carregados atravessem a membrana em ambos os sentidos. Esse fluxo livre de íons inverte a polaridade elétrica da membrana celular e, consequentemente, altera a carga no interior do neurônio (negativa para positiva) e libera a energia elétrica deste.

A descarga rápida de energia faz com que o neurônio gere um potencial de ação. Esse sinal elétrico se propaga rapidamente ao longo do neurônio, desde o corpo celular até a extremidade do axônio. Quando os cientistas relatam que os neurônios de uma determinada região do cérebro estão ativos, eles querem dizer que os neurônios estão disparando potenciais de ação. Tudo o que vemos, tocamos, ouvimos e pensamos começa com esses pequenos pulsos elétricos que se propagam de uma extremidade a outra do neurônio.

Adrian registrou sinais elétricos de axônios do nervo óptico de um sapo. Ele amplificou os sinais para que pudessem ser exibidos como gráfico bidimensional, em uma versão primordial de osciloscópio. Dessa forma, descobriu que os potenciais de ação em um determinado neurônio exibem magnitude, forma e duração razoavelmente constantes. Eles apresentam sempre o mesmo pequeno limiar de voltagem. Ele descobriu também que a resposta de um neurônio a um estímulo é do tipo tudo ou nada: o neurônio gera um potencial de ação ou não. Uma vez deflagrado, um potencial de ação é propagado, sem interrupção, dos dendritos da célula receptora para o corpo celular e ao longo de seu axônio até a sinapse. Isso é uma proeza notável, como se pode notar em uma girafa, em que alguns axônios começam na medula espinal e se estendem por vários metros até os músculos na extremidade de seus membros.

O fato de que os potenciais de ação são eventos do tipo tudo ou nada suscita duas questões interessantes. Primeiro, como um neurônio que responde a estímulos sensitivos relata diferenças na intensidade de um estímulo? Como isso permite distinguir um leve toque de um forte impacto ou uma luz fraca de uma brilhante? Segundo, os neurônios que conduzem informações de diferentes sentidos – visão, tato, gustação, audição ou olfação – utilizam diferentes tipos de sinais?

Adrian descobriu que um neurônio sinaliza intensidade não por alterar a força ou duração de seus potenciais de ação, mas ao variar a frequência com que os dispara. Um estímulo fraco faz com que a célula dispare poucos potenciais de ação, enquanto um estímulo forte produz disparos muito mais frequentes. Além disso, ele poderia aferir a duração do estímulo ao monitorar a duração dos disparos dos potenciais de ação (Fig. 1.5).

Adrian continuou registrando os potenciais de ação dos neurônios nos olhos, pele, língua e orelhas para verificar se eram diferentes. Ele descobriu que os sinais eram semelhantes, quaisquer que fossem suas origens ou o tipo de informação sensorial que transmitissem. O que distingue a visão do tato e a gustação da audição é a via neuronal específica que conduz o sinal e seu destino. Cada tipo de informação sensorial é conduzido ao longo de uma via neural específica até uma região correspondente no cérebro.

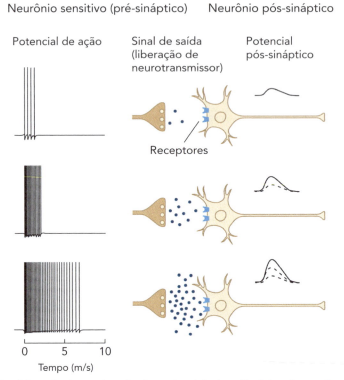

Figura 1.5 A frequência e a duração dos potenciais de ação determinam a força do sinal químico a jusante do neurônio.

De que maneira um potencial de ação em um neurônio deflagra um potencial de ação no próximo neurônio do circuito? Dois jovens cientistas britânicos, Henry Dale e William Feldberg, observaram que, quando um potencial de ação atinge o terminal do axônio na célula emissora ou pré-sináptica, algo surpreendente acontece: a célula libera um jato de substâncias químicas na fenda sináptica. Esses elementos químicos, hoje conhecidos como *neurotransmissores*, atravessam a fenda sináptica e se ligam a receptores nos dendritos da célula-alvo, ou pós-sináptica. Cada neurônio envia informações por meio de milhares de conexões sinápticas com suas células-alvo e, em contrapartida, recebe informações através de milhares de conexões de outros neurônios. Por sua vez, o neurônio receptor soma todos os sinais que recebeu através dessas conexões, e, se eles forem fortes o suficiente, o neurônio os traduz em um novo potencial de ação, um novo sinal elétrico do tipo tudo ou nada que será transmitido para todas as células-alvo com as quais o neurônio receptor faz contato. Em seguida, o processo se repete. Assim, os neurônios podem retransmitir informações de modo quase instantâneo para outros neurônios e células musculares, mesmo por longas distâncias.

Esse cálculo simples por si só pode não parecer muito impressionante, mas, quando centenas ou milhares de neurônios formam circuitos que conduzem sinais de uma parte a outra do cérebro, o resultado final é a percepção, o movimento, o pensamento e a emoção. A natureza computacional do cérebro nos proporciona um esquema e uma lógica para analisar os distúrbios do cérebro. Dessa forma, ao avaliar falhas nos circuitos neurais, podemos começar a investigar os mistérios do cérebro – para descobrir como circuitos elétricos geram percepção, memória e consciência. Os distúrbios cerebrais nos proporcionam, consequentemente, uma maneira de perceber como os processos do cérebro criam a mente e como a maioria de nossas experiências e comportamentos está enraizada nessa maravilha computacional.

A discrepância entre psiquiatria e neurologia

Apesar de tantos avanços na ciência do cérebro no século XIX – que estabeleceram a base da neurologia moderna –, psiquiatras e pesquisadores de vício não se concentraram na anatomia do cérebro. Por que não?

Por muito tempo, os transtornos psiquiátricos e relacionados a vícios foram considerados totalmente diferentes dos distúrbios neurológicos. Quando os patologistas examinavam o cérebro de um paciente durante a necropsia e encontravam lesões evidentes, como em casos de acidente vascular cerebral (AVC), traumatismo craniano, sífilis e outras infecções do cérebro, classificavam o distúrbio como biológico ou neurológico. Quando não conseguiam detectar lesões anatômicas claramente visíveis, classificavam o distúrbio como funcional ou psiquiátrico.

Patologistas ficavam impressionados com o fato de que a maioria dos transtornos psiquiátricos – esquizofrenia, depressão, transtorno bipolar e estados de ansiedade – não acarretava células mortas ou lacunas visíveis no cérebro. Uma vez que não observavam qualquer lesão evidente, presumiam que esses distúrbios eram extracorpóreos (transtornos da mente, e não do corpo) ou sutis demais para serem detectados.

Como os transtornos psiquiátricos e relacionados a vícios não produziam lesões evidentes no cérebro, eram considerados de natureza comportamental e, portanto, essencialmente sob o controle do indivíduo – a visão moralista e não médica que Pinel desaprovava. Essa perspectiva levou os psiquiatras a concluírem que os determinantes sociais e funcionais dos transtornos mentais atuam em um "nível mental" diferente daquele em que atuam os determinantes biológicos dos distúrbios neurológicos. Naquela época, o mesmo era verdadeiro para qualquer desvio das normas aceitas de atração heterossexual, sentimento e comportamento.

Muitos psiquiatras consideravam o cérebro e a mente entidades separadas, de modo que psiquiatras e pesquisadores de vícios não buscavam uma conexão entre as dificuldades emocionais e comportamentais de seus pacientes e a disfunção ou variação dos circuitos neurais no cérebro. Por isso, durante décadas os psiquiatras tiveram dificuldade para notar como o estudo dos circuitos elétricos poderia ajudá-los a explicar a complexidade do comportamento e da consciência humanos. Na verdade, era habitual, ainda em 1990, classificar as doenças psiquiátricas como orgânicas ou funcionais, e algumas pessoas ainda utilizam essa terminologia ultrapassada. O dualismo mente-corpo de Descartes dificilmente é abalado, uma vez que reflete o modo como conhecemos a nós mesmos.

A visão moderna dos distúrbios cerebrais

A nova biologia da mente que surgiu no final do século XX baseia-se no pressuposto de que todos os nossos processos mentais são mediados pelo cérebro, desde os processos inconscientes que orientam nossos movimentos quando atingimos uma bola de golfe até os processos criativos complexos necessários para a composição de um concerto para piano e os processos sociais que nos permitem interagir com outras pessoas. Em decorrência disso, os psiquiatras hoje entendem nossa mente como uma série de funções desempenhadas pelo cérebro e consideram todos os transtornos mentais, sejam psiquiátricos ou relacionados a vícios, como distúrbios cerebrais.

Essa visão moderna resulta de três avanços científicos. O primeiro foi o surgimento da genética dos transtornos psiquiátricos e relacionados a vícios, iniciada por Franz Kallmann, psiquiatra nascido na Alemanha que imigrou para os Estados Unidos em 1936 e trabalhou na Universidade Columbia. Kallmann documentou o papel da hereditariedade em transtornos psiquiátricos, como a esquizofrenia e o transtorno bipolar, mostrando, assim, que de fato eles são de natureza biológica.

O segundo avanço, a neuroimagem, começou a mostrar que os vários transtornos psiquiátricos envolvem sistemas distintos no cérebro. Agora é possível, por exemplo, detectar algumas das áreas do cérebro que apresentam função alterada em pessoas com depressão. Além disso, a neuroimagem permitiu aos pesquisadores observar a ação de fármacos no cérebro e até mesmo verificar as mudanças que resultam do tratamento de pacientes com medicamentos ou com psicoterapia.

O terceiro avanço foi o desenvolvimento de modelos animais de doença. Os cientistas criam modelos animais à medida que manipulam seus genes e observam os efeitos. Os modelos animais provaram ser essenciais em estudos de

O que nossos distúrbios cerebrais podem revelar **15**

transtornos psiquiátricos, fornecendo conhecimentos sobre como os genes, o ambiente e sua interação podem prejudicar o desenvolvimento do cérebro, o aprendizado e o comportamento. Camundongos, por exemplo, são particularmente úteis para estudar medo ou ansiedade aprendidos porque esses estados ocorrem naturalmente em animais. Camundongos também podem ser usados para estudar a depressão ou a esquizofrenia, pela introdução de genes alterados em seus cérebros que demonstraram contribuir para a depressão ou a esquizofrenia em pessoas.

Vamos primeiro abordar a genética dos transtornos mentais, depois a neuroimagem funcional e, por fim, os modelos animais.

Genética

Por todas as suas maravilhas, o cérebro é um órgão do corpo e, como todas as estruturas biológicas, construído e regulado por genes. Os genes são segmentos distintos de DNA que possuem duas qualidades singulares: fornecem às células instruções sobre como formar um novo organismo, e são transmitidos de geração em geração, transferindo essas instruções para os descendentes. Cada um dos nossos genes fornece uma cópia de si mesmo para quase todas as células do corpo, assim como para as gerações que nos sucedem.

Todos nós temos cerca de 21 mil genes, e aproximadamente metade deles é expressa no cérebro. Quando dizemos que um gene é "expresso", queremos dizer que ele está ativado, que está ocupado orientando a síntese de proteínas. Cada gene codifica – isto é, emite as instruções para sintetizar – uma determinada proteína. As proteínas determinam a estrutura, a função e outras características biológicas de cada célula do nosso corpo.

Em geral, os genes replicam-se de modo confiável, mas, quando isso não ocorre, surge uma mutação. Algumas vezes essa alteração em um gene pode ser benéfica para um organismo, mas também pode resultar em produção excessiva, perda ou mau funcionamento da proteína que o gene em particular codifica, comprometendo, assim, a estrutura e a função celulares e, possivelmente, acarretando distúrbios.

Cada um de nós tem duas cópias de cada gene, uma de nossa mãe e outra de nosso pai. Os pares de genes são organizados em ordem precisa nos 23 pares de cromossomos. Em vista disso, os cientistas podem identificar cada gene por sua localização, ou lócus, em um cromossomo específico.

As cópias materna e paterna de cada gene são denominadas *alelos*. Os dois alelos de um gene particular em geral diferem um pouco entre si: isto é, cada um consiste em uma sequência específica de *nucleotídeos* – as quatro moléculas que compõem o código do DNA. Portanto, a sequência de nucleotídeos nos genes que você herdou de sua mãe não é exatamente a mesma que a sequência de nucleotídeos nos genes que você herdou de seu pai. Além disso, as sequências de nucleotídeos que você herdou não são cópias exatas das sequências de seus pais; elas contêm algumas disparidades que ocorreram por acaso quando o gene foi copiado de seu pai/mãe para você. Essas diferenças levam a variações na aparência e no comportamento.

Apesar das muitas variações que nos conferem senso de individualidade, a composição genética, ou *genoma*, de quaisquer duas pessoas é mais de 99% idêntica. A diferença entre elas resulta dessas variações aleatórias em um ou mais genes que herdaram dos pais (embora haja raras exceções, que serão abordadas no Cap. 2).

Se cada célula do nosso corpo (quase toda célula) contém as instruções para todas as outras células, então como é que uma célula se torna uma célula do rim, enquanto outra se torna parte do coração? Ou, ainda, como uma célula do cérebro se torna um neurônio do hipocampo, envolvido na memória, e outra, um neurônio motor espinal, envolvido no controle do movimento? Em cada caso, foi ativado um conjunto distinto de genes na célula progenitora, acionando a maquinaria que conferiu a essa célula sua identidade particular. A ativação de um conjunto específico de genes depende da interação de moléculas dentro da célula e da interação dessa célula com as vizinhas e com o ambiente externo do organismo. Possuímos uma quantidade determinada de genes, mas a ativação e a desativação de diferentes genes em momentos distintos dão origem a uma complexidade quase infinita.

Para compreender plenamente um distúrbio cerebral, os cientistas tentam identificar os genes implicados para, em seguida, entender como as variações nesses genes e sua interação com o ambiente provocam o distúrbio. Com um conhecimento básico do que deu errado, podemos começar a descobrir maneiras de intervir para prevenir ou amenizar o distúrbio.

Estudos genéticos de famílias, começando com aqueles realizados por Kallmann na década de 1940, mostram que as influências genéticas são predominantes nos transtornos psiquiátricos (Tab. 1). Referimo-nos às "influências" genéticas porque a herança dos transtornos psiquiátricos é complexa: não existe um único gene que causa esquizofrenia ou transtorno bipolar. Kallmann descobriu ser mais provável que uma pessoa com esquizofrenia tenha um pai ou um irmão com o transtorno do que uma pessoa sem esquizofrenia. Descobriu também, de modo ainda mais convincente, que um gêmeo idêntico (univitelino) de uma pessoa com esquizofrenia ou transtorno bipolar tem muito mais probabilidade de ter o mesmo transtorno do que um gêmeo fraterno (bivitelino). A descoberta de que os gêmeos idênticos compartilham os mesmos genes, e os gêmeos fraternos apenas metade de seus genes, implicou claramente os genes dos

Tabela 1.1 Incidência de autismo e transtornos psiquiátricos em gêmeos idênticos e irmãos de indivíduos afetados

Transtorno	Gêmeos idênticos	Irmãos	População em geral
Autismo	90%	20%	1-3%
Transtorno bipolar	70%	5-10%	1%
Depressão	40%	< 8%	6-8%
Esquizofrenia	50%	10%	1%

gêmeos idênticos, em vez de seu ambiente compartilhado, na maior incidência desses transtornos mentais.

Estudos com gêmeos mostram que o autismo também apresenta um forte componente genético: quando um gêmeo idêntico tem autismo, o outro tem 90% de chance de desenvolver o distúrbio. Um irmão diferente nessa mesma família, incluindo um gêmeo fraterno, tem uma probabilidade consideravelmente menor de desenvolver autismo, enquanto um indivíduo da população em geral apresenta apenas uma pequena chance de desenvolver o distúrbio (Tab. 1).

Aprendemos muito sobre o papel dos genes nos distúrbios clínicos ao observar as histórias familiares. Com base nessas histórias, é possível dividir as doenças genéticas em dois grupos: simples e complexo (Figs. 1.6A e 1.6B).

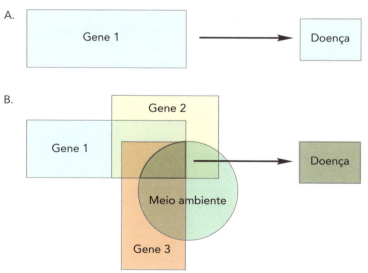

Figura 1.6 Uma doença genética simples pode envolver a mutação de um único gene (A), enquanto uma doença genética complexa pode envolver vários genes e também fatores ambientais (B).

Uma doença genética simples, como a doença de Huntington, é causada por uma mutação em um único gene. Uma pessoa com essa mutação desenvolverá a doença, e, se um gêmeo idêntico tiver essa doença, ambos terão. Por outro lado, a vulnerabilidade a uma doença genética complexa, como o transtorno bipolar ou a depressão, depende da interação de vários genes entre si e com o ambiente. Podemos dizer que o transtorno bipolar é complexo, pois sabemos que, se um gêmeo idêntico o desenvolve, o outro talvez não. Isso significa que os fatores ambientais devem desempenhar um papel fundamental. Quando os genes e o ambiente estão envolvidos, geralmente é mais fácil encontrar os *genes candidatos* primeiro, realizando estudos em larga escala para determinar quais genes estão correlacionados com a depressão e quais se correlacionam com a mania para, em seguida, tentar resolver a contribuição ambiental.

Neuroimagem

Até a década de 1970, os profissionais de saúde tinham recursos limitados para examinar o cérebro vivo: radiografia, no qual os raios X revelam a estrutura óssea do crânio, mas nada do cérebro; angiografia, que revela o suprimento de sangue no cérebro; e pneumoencefalografia, que revela os ventrículos encefálicos (cavidades preenchidas com líquido cerebrospinal). Ao utilizar esses métodos radiológicos simples, além da necropsia, cientistas do cérebro durante anos examinaram pessoas deprimidas e esquizofrênicas, mas não detectaram qualquer lesão no cérebro. No entanto, na década de 1970, surgiram duas categorias de neuroimagem que mudariam drasticamente nosso conhecimento sobre o cérebro: imagem estrutural e imagem funcional.

A *imagem estrutural* analisa a anatomia do cérebro. A tomografia computadorizada (TC) combina uma série de imagens por raios X obtidas de diferentes ângulos em um corte transversal. Essas varreduras são usadas para distinguir a densidade de diferentes partes do cérebro, como os feixes de axônios que compõem a substância branca e os corpos celulares e dendritos dos neurônios que compõem o córtex cerebral, ou substância cinzenta.

O método de imagem por ressonância magnética (IRM) utiliza uma técnica muito diferente: ele constrasta a resposta de vários tecidos a campos magnéticos aplicados. A imagem resultante fornece informações mais detalhadas do que as proporcionadas pela tomografia computadorizada. Por exemplo, a IRM revelou que, em pessoas com esquizofrenia, os ventrículos laterais do cérebro estão aumentados, o córtex cerebral é mais delgado e o hipocampo é menor.

A *imagem funcional* vai um pouco além ao introduzir a dimensão de tempo. Ela permite que os cientistas observem a atividade no cérebro de uma pessoa que está realizando uma tarefa cognitiva, como observar uma obra de arte, ouvir, pensar ou lembrar. O método de imagem por ressonância magnética funcional (IRMf) detecta alterações na concentração de oxigênio nas hemácias. Quando uma área do cérebro torna-se mais ativa, consome mais oxigênio; para atender à demanda por mais oxigênio, aumenta o fluxo sanguíneo para a área. Dessa forma, os cientistas podem usar a IRMf para criar mapas que mostram quais partes do cérebro estão ativas durante diversas tarefas mentais.

A imagem funcional evoluiu a partir de estudos iniciados por Seymour Kety e seus colegas, que em 1945 desenvolveram a primeira maneira eficaz de mensurar o fluxo sanguíneo no cérebro vivo. Em uma série de estudos clássicos, eles mediram o fluxo sanguíneo no cérebro de pessoas acordadas e de pessoas que estavam dormindo e, dessa maneira, estabeleceram a base para estudos subsequentes com imagens funcionais. Marcus Raichle, um pioneiro da neuroimagem, observou que o impacto dos estudos de Kety sobre nossa compreensão da circulação e do metabolismo do cérebro humano não pode ser superestimado.

Kety então passou a estudar a função cerebral normal e anômala. Ele descobriu que o fluxo sanguíneo global no cérebro *não* é alterado em uma variedade surpreendente de condições, do sono profundo à vigília completa, dos cálculos matemáticos mentais à desorganização mental em decorrência de esquizofrenia. Isso o levou a suspeitar de que medir o fluxo sanguíneo global no cérebro não registra mudanças importantes que possam ocorrer em regiões específicas do cérebro. Por isso, buscou soluções capazes de medir o fluxo sanguíneo regional.

Em 1955, juntamente com Louis Sokoloff, Lewis Rowland, Walter Freygang e William Landau, Kety desenvolveu um método para visualizar o fluxo sanguíneo local em vinte e oito regiões diferentes do cérebro do gato.[2] Esse grupo descobriu de modo surpreendente que a estimulação visual aumenta o fluxo sanguíneo *apenas* para os componentes do sistema visual, incluindo o córtex visual – região dedicada ao processamento da informação visual. Essa foi a primeira evidência de que alterações no fluxo sanguíneo têm relação direta com a atividade cerebral e, provavelmente, com o metabolismo cerebral. Em 1977, Sokoloff desenvolveu uma técnica para mensurar a atividade metabólica regional e a utilizou para mapear as funções específicas no cérebro, proporcionando, assim, uma maneira independente de os pesquisadores localizarem funções no cérebro.[3]

A descoberta de Sokoloff estabeleceu as bases para a tomografia por emissão de pósitrons (PET) e a tomografia computadorizada por emissão de fóton único (SPECT) – métodos de imagem que possibilitaram visualizar a função cerebral nos seres humanos pensantes. A PET aumentou o conhecimento dos cientistas sobre a química dos processos cerebrais, permitindo-lhes marcar neurotransmissores específicos usados por diferentes classes de células nervosas, assim como os receptores nas células-alvo, sobre os quais atuam esses transmissores.

Técnicas de imagem estrutural e funcional proporcionaram aos cientistas uma nova maneira de estudar o cérebro. Agora eles podem identificar quais regiões do cérebro – e às vezes até mesmo quais circuitos neurais nessas regiões – não estão funcionando corretamente.

Essa informação é essencial, pois a visão moderna dos transtornos psiquiátricos é a de que eles também são distúrbios de circuitos neurais.

Modelos animais

Um modelo animal de um distúrbio pode ser desenvolvido de duas maneiras. A primeira, como vimos, é identificar em um animal genes que sejam equivalentes aos genes humanos que provavelmente contribuem para um distúrbio e alterá-los para que depois se observe os efeitos no animal. A segunda é inserir um gene humano no genoma de um animal e verificar se ele produz no animal os mesmos efeitos produzidos nas pessoas.

Modelos animais como vermes, moscas e camundongos são fundamentais para nossa compreensão dos distúrbios cerebrais. Esses modelos nos forneceram informações sobre o circuito neural do medo subjacente ao estresse, um dos principais responsáveis por vários transtornos psiquiátricos. Modelos animais de autismo permitiram aos cientistas observar como a expressão de genes humanos que contribuem para o transtorno alteram o comportamento social dos animais em vários contextos.

Os camundongos são as espécies animais mais utilizadas como modelos de distúrbios cerebrais. Modelos camundongos forneceram aos cientistas importantes informações sobre como mutações estruturais raras nos genes contribuem para uma atividade cerebral anormal no autismo e na esquizofrenia. Além disso, camundongos geneticamente modificados têm sido extremamente valiosos para o estudo dos déficits cognitivos da esquizofrenia. Eles podem até mesmo ser usados como modelos para fatores de risco ambiental: cientistas podem expor camundongos *in utero* a riscos como estresse materno ou ativação do sistema imunológico da mãe (p. ex., quando uma mãe contrai uma infecção) a fim de determinar como tais fatores afetam o desenvolvimento e a função do cérebro. Modelos animais propiciam experimentos controlados que revelam conexões entre genes, cérebro, meio ambiente e comportamento.

Reduzir a discrepância entre transtornos psiquiátricos e distúrbios neurológicos

O entendimento dos fundamentos biológicos dos distúrbios neurológicos enriqueceu muito nosso conhecimento sobre a função cerebral normal – sobre a maneira como o cérebro dá origem à mente. Aprendemos sobre a linguagem com as afasias de Broca e Wernicke, sobre a memória com a doença de Alzheimer, sobre a criatividade com a demência frontotemporal, sobre o movimento com a doença de Parkinson e sobre a conexão entre o pensamento e a ação com as lesões da medula espinal.

Estudos começam a mostrar que algumas doenças que produzem sintomas diferentes surgem da mesma maneira; isto é, elas compartilham um mecanismo molecular comum. Por exemplo, a doença de Alzheimer, que afeta principalmente a memória, a doença de Parkinson, que afeta sobretudo o movimento, e a doença de Huntington, que afeta o movimento, o humor e a cognição, muito provavelmente envolvem falhas no enovelamento de proteínas, como veremos em capítulos mais adiante. Os três distúrbios produzem sintomas curiosamente diferentes porque o enovelamento anormal afeta proteínas diferentes e regiões distintas do cérebro. Sem dúvida, descobriremos mecanismos comuns em outras doenças também.

Ao que parece, toda doença psiquiátrica surge quando algumas partes dos circuitos neurais do cérebro – alguns neurônios e os circuitos aos quais pertencem – são hiperativas, inativas ou incapazes de se comunicar de forma eficaz. Não sabemos se essas disfunções decorrem de lesões microscópicas que não podem ser identificadas ao examinarmos o cérebro, de alterações críticas nas conexões sinápticas ou de falhas na conectividade do cérebro durante o desenvolvimento. Todavia, sabemos que todos os transtornos psiquiátricos resultam de alterações específicas no funcionamento dos neurônios e das sinapses; sabemos também que, até o momento em que a psicoterapia funciona, ela atua nas funções cerebrais, criando mudanças físicas no cérebro.

Dessa forma, sabemos agora que as doenças psiquiátricas, como os distúrbios neurológicos, surgem de anormalidades no cérebro.

Qual a diferença entre transtornos psiquiátricos e distúrbios neurológicos? No momento, a diferença mais evidente consiste nos sintomas apresentados pelos pacientes. Os distúrbios neurológicos tendem a gerar um comportamento incomum, ou a fragmentação do comportamento em componentes, como movimentos anormais da cabeça ou braços de uma pessoa ou perda de controle motor. Por outro lado, os principais transtornos psiquiátricos são frequentemente caracterizados por exageros do comportamento habitual. Todos nós nos sentimos desanimados em algumas ocasiões, porém esse sentimento é consideravelmente exacerbado na depressão. Sentimos euforia quando tudo dá certo, mas esse sentimento ultrapassa os limites na fase maníaca do transtorno bipolar. O nível normal de medo e busca por prazer pode decair a estados graves de ansiedade e vício. Até mesmo certas alucinações e delírios da esquizofrenia apresentam alguma semelhança com eventos que ocorrem em nossos sonhos.

Tanto distúrbios neurológicos como transtornos psiquiátricos podem implicar redução de função. Por exemplo, da mesma forma que há perda de controle do movimento na doença de Parkinson, há perda de memória na doença de Alzheimer, perda da capacidade de processar sinais sociais no autismo e redução das habilidades cognitivas na esquizofrenia.

Uma segunda diferença notória está na capacidade de identificação imediata de danos físicos reais ao cérebro. Lesões resultantes de distúrbios neurológicos, como aprendemos, muitas vezes são bem visíveis na necropsia ou na imagem estrutural. Lesões resultantes de transtornos psiquiátricos em geral são menos evidentes, mas, à medida que as técnicas de imagem melhoram em resolução, começamos a detectar alterações resultantes desses distúrbios. Por exemplo, como já mencionado, podemos agora identificar três mudanças estruturais nos cérebros de pessoas com esquizofrenia: ventrículos aumentados, córtex mais delgado e hipocampo menor. Em virtude de melhorias na neuroimagem funcional, podemos agora observar certas alterações na atividade cerebral que são características de depressão e outros transtornos psiquiátricos. Por fim, à medida que se tornam disponíveis técnicas capazes de detectar lesões ainda mais sutis nas células nervosas, devemos ser capazes de encontrar tais lesões nos cérebros de todas as pessoas com transtornos psiquiátricos.

A terceira diferença evidente é a localização. Em virtude da ênfase tradicional dada à neurologia na anatomia, sabemos muito mais sobre os circuitos neurais dos distúrbios neurológicos do que sobre os transtornos psiquiátricos. Além disso, os circuitos neurais representativos dos transtornos psiquiátricos são mais complexos do que os dos distúrbios neurológicos. Só recentemente os cientistas começaram a explorar as regiões do cérebro envolvidas no pensamento, planejamento e motivação – processos mentais que são desorganizados na esquizofrenia, no humor e nos estados emocionais, como a depressão.

Alguns transtornos psiquiátricos, ao menos, parecem não implicar alterações estruturais permanentes no cérebro e, portanto, têm maior probabilidade de reversão do que distúrbios decorrentes de danos físicos evidentes. Por exemplo, cientistas descobriram que o aumento da atividade em uma área específica do cérebro é revertido no tratamento bem-sucedido da depressão. Portanto, tratamentos mais novos podem, em algum momento, reverter até mesmo os danos físicos causados por distúrbios neurológicos, como tem ocorrido em algumas pessoas com esclerose múltipla.

À medida que as pesquisas sobre o cérebro e a mente avançam, parece cada vez mais provável que não haja diferenças profundas entre doenças neurológicas e psiquiátricas e que, conforme as entendemos melhor, mais e mais semelhanças surgirão. Essa convergência contribuirá para o novo humanismo científico, oferecendo a oportunidade de constatar como nossas experiências e comportamentos individuais estão arraigados na interação de genes e ambiente que molda nossos cérebros.

2

Nossa profunda natureza social: o espectro do autismo

Somos seres intensamente sociais por natureza. Nosso sucesso de adaptação ao meio ambiente ao longo da evolução resultou em grande parte de nossa capacidade de relacionamento social. Mais do que qualquer outra espécie, dependemos uns dos outros para ter companhia e sobreviver. Por isso, não podemos nos desenvolver normalmente vivendo isolados. As crianças possuem a capacidade inata de interpretar o mundo que enfrentarão quando adultas, porém só podem aprender as habilidades essenciais de que precisarão, como a linguagem, de outras pessoas. A privação sensorial ou social no início da vida pode prejudicar a estrutura do cérebro. Da mesma forma, precisamos de interação social para manter o cérebro saudável na velhice.

Aprendemos muito sobre a natureza e importância de nosso cérebro social – regiões e processos especializados na interação com outras pessoas – ao estudar o autismo, um transtorno complexo em que não há desenvolvimento normal do cérebro social. O autismo surge durante um período crítico de desenvolvimento no início da vida, antes dos 3 anos. Como as crianças autistas não são capazes de desenvolver habilidades sociais e de comunicação de maneira espontânea, elas se isolam em um mundo interior e não interagem socialmente com os outros.

O autismo inclui um espectro de transtornos que variam de leves a graves e que são caracterizados pela dificuldade de conexão interpessoal. Indivíduos com autismo têm dificuldade para estabelecer contatos sociais e se comunicar, tanto no aspecto verbal como não verbal; além disso, seus interesses são restritos. Essas barreiras à interação com outros indivíduos afetam profundamente o comportamento social.

Este capítulo explora o que o autismo nos ensinou sobre nosso cérebro social, incluindo nossa capacidade de interpretar os estados mentais e emocionais dos outros. Ele descreve a contribuição da psicologia cognitiva para nossa compreensão sobre o autismo e as informações fornecidas pelos estudos sobre autismo a respeito dos circuitos neurais do cérebro social. Os cientistas ainda não descobriram as causas do autismo, entretanto os genes parecem desempenhar um papel determinante. Novos avanços significativos na genética mostram como as mutações em certos genes alteram processos biológicos importantes durante o desenvolvimento, resultando em transtornos do espectro do autismo. Por fim, abordaremos o que aprendemos com o comportamento social em animais.

O autismo e o cérebro social

Com base em seus estudos sobre chimpanzés, David Premack e Guy Woodruff, da Universidade da Pensilvânia, propuseram em 1978 que cada um de nós tem uma *teoria da mente* – isto é, atribuímos estados mentais a nós mesmos e aos outros.[1] Cada um de nós tem a capacidade de perceber que as outras pessoas têm uma mente própria, que possuem suas próprias crenças, aspirações, desejos e intenções. Essa compreensão inata é diferente de uma emoção compartilhada. Uma criança muito pequena sorri quando você sorri ou franze a testa quando você franze a sua. No entanto, perceber que a pessoa para quem você está olhando pode estar pensando em algo diferente do que você está pensando é uma habilidade profunda, que surge apenas mais tarde no desenvolvimento normal, por volta dos 3-4 anos.

Nossa capacidade de atribuir estados mentais aos outros nos permite prever seu comportamento, uma habilidade essencial para a aprendizagem e interação sociais. Quando você e eu conversamos, por exemplo, eu tenho noção do rumo que você está dando à conversa, e você pode perceber a mesma coisa em mim. Se você está brincando comigo, não vou interpretá-lo literalmente e imagino que tenha um comportamento diferente daquele que imagino que teria se estivesse falando sério. Em 1985, Uta Frith, Simon Baron-Cohen e Alan Leslie, da University College London, aplicaram o conceito de teoria da mente a pessoas com autismo.[2] Frith (Fig. 2.1) descreve como isso aconteceu:

> Como a mente funciona? O que significa dizer que a mente é criada pelo cérebro? Desde meus tempos de estudante em psicologia experimental, tenho me interessado com paixão por esse tipo de pergunta. A patologia era o caminho óbvio para obter possíveis respostas, e eu estudei para ser psicóloga clínica no Institute of Psychiatry de Londres. Aqui eu conheci crianças autistas pela primeira vez. Elas eram absolutamente fascinantes. Eu queria descobrir o que as faz se comportar de maneira tão estranha com outras pessoas, e o que as tornou completamente invulneráveis ao tipo de comunicação cotidiana que para nós é tão natural. Eu ainda quero descobrir! Porque uma vida inteira de pesquisa não é suficiente para desvendar o enigma que é o autismo.

Figura 2.1 Uta Frith.

Eu queria saber por que indivíduos autistas, mesmo quando tinham boa linguagem, apresentavam imensa dificuldade de se envolver em uma conversa. O conceito de "teoria da mente" ainda estava sendo desenvolvido pela compilação de estudos de comportamento animal, filosofia e psicologia do desenvolvimento. Isso parecia, para mim e meus colegas Alan Leslie e Simon Baron-Cohen, de extremo interesse para o autismo e talvez determinante para suas deficiências sociais. E foi isso o que aconteceu.

Iniciamos experimentos comportamentais sistemáticos na década de 1980 e mostramos que indivíduos autistas de fato não mostram "mentalizações" espontâneas. Isso significa que eles não atribuem automaticamente motivos psicológicos ou estados mentais aos outros para explicar seu comportamento. Assim que os métodos de neuroimagem tornaram-se disponíveis, adquirimos imagens (varreduras) de adultos autistas e revelamos o sistema de mentalização do cérebro. Esse trabalho ainda está em andamento.[3]

A pesquisa sobre o autismo nos ensinou muito sobre o comportamento social e a biologia das interações sociais e da empatia. Algumas interações sociais, por exemplo, ocorrem por meio do movimento biológico – caminhar em direção a outra pessoa, estender a mão em cumprimento. Em 2008, Kevin Pelphrey, da Yale University, depois na Carnegie Mellon University, descobriu que crianças autistas têm dificuldade para distinguir o movimento biológico.[4] Em um experimento com crianças autistas e não autistas (neurotípicas), ele monitorou duas regiões do cérebro enquanto elas olhavam para um movimento biológico ou não biológico. Uma dessas regiões era uma pequena área visual conhecida como MT ou V5 (MT/V5), sensível a qualquer movimento; a outra era o sulco temporal superior, que em adultos neurotípicos responde mais intensamente ao movimento biológico. O movimento biológico que Pelphrey mostrava às crianças era a caminhada de uma pessoa ou um robô humanoide; o movimento não biológico era a imagem de um mecanismo desarticulado ou um relógio de pêndulo. Nos dois grupos de crianças, a região motossensível MT/V5 do cérebro respondeu igualmente aos dois tipos de movimento. No entanto, em crianças com desenvolvimento normal, a área do sulco temporal superior respondeu de modo mais intenso ao movimento biológico. Nas crianças autistas, a mesma área do cérebro não registrou qualquer diferença entre os dois tipos de movimento (Fig. 2.2).

A capacidade de identificar e integrar a ação biológica com o contexto em que ocorre – por exemplo, para integrar nossa observação de que uma pessoa está pegando um copo de água com a suposição de que essa pessoa está com sede – nos permite reconhecer a intenção, que é fundamental para uma teoria

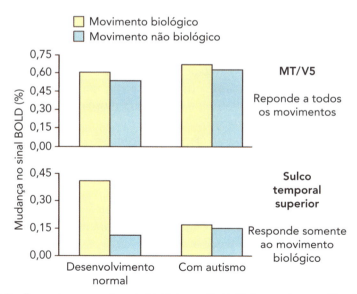

Figura 2.2 Respostas ao movimento biológico e não biológico em duas regiões do cérebro de crianças com desenvolvimento normal e crianças com autismo. MT/V5 é uma região do lobo occipital.

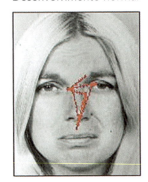

Figura 2.3 Padrões de movimento ocular de uma pessoa autista e de uma pessoa neurotípica.

da mente. Por isso, uma das razões pelas quais as pessoas com autismo têm dificuldade com interações sociais é o fato de que elas têm capacidade limitada para identificar ações biológicas significativas no aspecto social, como estender a mão para um cumprimento.

Pessoas com autismo têm dificuldades semelhantes para identificar faces. Quando autistas olham para outra pessoa, eles evitam os olhos e tendem a olhar para a boca (Fig. 2.3). Pessoas neurotípicas fazem o contrário: olham principalmente para os olhos. Por quê? A razão é que o olhar de uma pessoa – para onde ela está olhando – nos fornece importantes indícios sobre o que essa pessoa deseja, pretende ou acredita. As palavras "desejar", "pretender" e "acreditar" descrevem estados mentais. Os estados da mente não estão realmente abertos à observação direta, mas a maioria de nós se comporta como se pudéssemos observar diretamente os estados mentais de outra pessoa, como se pudéssemos ler mentes.

Observe o maravilhoso quadro *O trapaceiro com o ás de ouros*, de Georges de La Tour (Fig. 2.4). O que você vê quando olha para ele? Você provavelmente foi atraído pelo estranho olhar da dama sentada. É evidente que ela está se comunicando com a mulher à sua direita. A mulher em pé viu as cartas nas mãos do jogador à esquerda. Esse jogador é um trapaceiro: note que ele está escondendo o ás de ouros atrás das costas. O jogador à direita é um jovem rico que será enganado e perderá o monte de moedas de ouro à sua frente.

Como podemos interpretar essa cena, pintada há quase quatro séculos, com tanta confiança? Como o pintor pode acreditar que conseguiremos reunir todas as pistas fornecidas – o olhar, o dedo que aponta, a carta oculta – e chegar à interpretação correta? Essa habilidade incomum decorre de nossa capacidade de

Figura 2.4   Georges de La Tour, *O trapaceiro com o ás de ouros*, c. 1635, Louvre, Paris.

formular uma teoria da mente. Usamos isso o tempo todo para explicar e prever o comportamento de outras pessoas.

Um transtorno importante no autismo ocorre nas conexões entre o olhar e a intenção. Embora ainda tenhamos um longo caminho a percorrer para compreender as causas biológicas do autismo – os genes, as sinapses e os circuitos neurais que são alterados –, sabemos bastante sobre a psicologia cognitiva do autismo e, consequentemente, sobre os sistemas cognitivos responsáveis pela teoria da mente em nosso cérebro.

Os circuitos neurais do "cérebro social"

Em 1990, Leslie Brothers, da UCLA School of Medicine, aproveitou os conhecimentos da teoria da mente derivados de estudos do autismo para propor uma teoria de interação social.[5] Ela defendia que a interação social requer uma rede de regiões cerebrais interconectadas que processam a informação social e, juntas, dão origem a uma teoria da mente; Brothers criou o termo *cérebro social* para descrever essa rede. As regiões incluem o córtex temporal inferior (envolvido no reconhecimento facial), o corpo amigdaloide (emoção), o sulco temporal superior (movimento biológico), o sistema de neurônios-espelho (empatia) e as áreas na junção temporoparietal envolvidas na teoria da mente (Figs. 2.5 e 2.6).

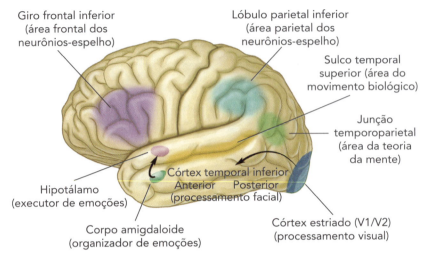

Figura 2.5 A rede de regiões que compõe o nosso cérebro social.

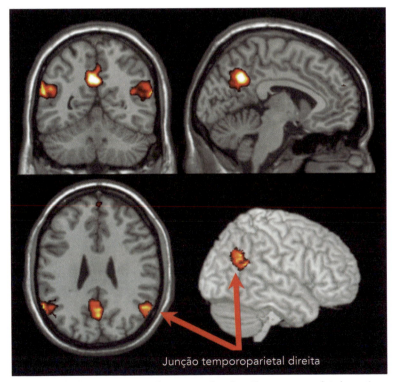

Figura 2.6 Teoria da mente: mecanismo neural na junção temporoparietal que é recrutado quando se pensa sobre as reflexões, crenças ou desejos de outra pessoa.

Somente agora a ciência do cérebro está começando a decifrar como as regiões do cérebro social identificadas pela psicologia cognitiva estão conectadas e como interagem para afetar o comportamento. Stephen Gotts e seus colegas do National Institute of Mental Health utilizaram imagens funcionais do cérebro para confirmar que o circuito neural do cérebro social está de fato interrompido em pessoas com transtornos do espectro do autismo. Conexões interrompidas ocorrem, sobretudo, em três regiões do cérebro social: aquelas envolvidas nos aspectos emocionais do comportamento social, outras envolvidas na linguagem e comunicação e ainda as envolvidas na interação entre a percepção visual e o movimento. Os padrões de atividade nessas três regiões normalmente são coordenados entre si, mas não em pessoas com autismo. Ao contrário, eles não apresentam sincronia um com o outro, tampouco com o restante do cérebro social.[6]

Os achados anatômicos em relação ao momento oportuno de crescimento e desenvolvimento do cérebro em crianças autistas são de especial interesse. Antes dos 2 anos, a circunferência da cabeça de uma criança autista em geral é maior do que a de uma criança com desenvolvimento normal. Além disso, algumas regiões do cérebro de uma criança autista podem se desenvolver de maneira prematura durante os primeiros anos de vida, sobretudo o lobo frontal, envolvido na atenção e na tomada de decisões, e o corpo amigdaloide, envolvido nas emoções.[7]

Isso é importante porque, quando uma ou mais regiões do cérebro se desenvolvem fora da ordem correta, isso pode afetar seriamente os padrões de crescimento em outras regiões do cérebro com as quais se conectam.

A descoberta do autismo

O autismo foi reconhecido como um transtorno distinto no início dos anos 1940 por dois cientistas que não se conheciam: Leo Kanner, que trabalhava nos Estados Unidos, e Hans Asperger, na Áustria. Até então, crianças que apresentavam o transtorno eram diagnosticadas com retardo mental ou com transtornos comportamentais.

De maneira surpreendente, Kanner e Asperger não só apresentaram descrições similares de seus estudos como nomearam o transtorno da mesma forma: *autismo*. A palavra havia sido introduzida na literatura clínica por Eugen Bleuler, o notável psiquiatra suíço que criou o termo *esquizofrenia*. Bleuler usou o termo "autista" para se referir a um grupo particular de sintomas que caracterizam a esquizofrenia: constrangimento social, indiferença e uma vida essencialmente solitária.

Kanner nasceu na Áustria e estudou em Berlim. Mudou-se para os Estados Unidos em 1924 e assumiu um cargo no hospital psiquiátrico estadual em Yankton, Dakota do Sul. Foi então para a Johns Hopkins University, onde fundou a Children's Psychiatric Clinic em 1930. Em 1943, escreveu o clássico artigo "Distúrbios autistas do contato afetivo", no qual descreveu os casos de onze crianças.[8] Uma delas, Donald, ficava mais feliz quando estava sozinha. Kanner prefaciava suas observações de Donald com uma descrição escrita pelo pai do menino: "'Parece que ele se isola em sua concha e vive em seu próprio mundo... alheio a tudo o que lhe diz respeito.' Em seu segundo ano, ele 'desenvolveu uma mania de girar blocos, panelas e outros objetos redondos.' ... Ele... desenvolveu o hábito de sacudir a cabeça de um lado para outro". Com base em sua análise de Donald e das outras dez crianças, Kanner apresentou um quadro nítido das três características importantes do autismo clássico na infância: (1) solidão profunda, uma forte preferência por estar sozinho; (2) desejo de que as coisas sejam as mesmas, não mudem; e (3) pequenas ilhas de capacidade criativa.

Asperger nasceu nos arredores de Viena. Graduou-se em medicina na Universidade de Viena e trabalhou na clínica pediátrica universitária. Asperger percebeu que o autismo não assume as mesmas características em todas as pessoas afetadas e tem amplo espectro de abrangência, desde pessoas que estão abaixo da média em algumas atividades intelectuais e têm grande dificuldade com a linguagem até aquelas verdadeiramente brilhantes que não têm dificuldades com a linguagem. Além disso, ele descobriu que o autismo persiste e é evidente em adultos e crianças.

As crianças examinadas por Asperger estavam no limite mínimo do espectro do autismo. Algumas delas funcionavam em um nível intelectual muito alto; por exemplo, Elfriede Jelinek, laureada com o Prêmio Nobel de Literatura, foi paciente de Asperger. Até pouco tempo atrás, crianças e adultos autistas de alto funcionamento eram diagnosticados com síndrome de Asperger. Hoje, a síndrome de Asperger é geralmente considerada parte do espectro do autismo.

Viver com autismo

Ser pai de uma criança autista é difícil. Alison Singer, presidente da Autism Science Foundation, tem uma filha com autismo e relata a experiência como "um desafio e uma luta diários. ... É extenuante do ponto de vista financeiro. É emocionalmente exaustivo. Passo 24 horas por dia, sete dias por semana, tomando conta de alguém que não consegue efetivamente se comunicar, com quem não posso me comunicar de fato. Na maioria das vezes, tenho que supor o que ela está tentando dizer".

Singer explica:

Viver com uma criança autista é tentar todos os dias encontrar o equilíbrio entre amá-la, exatamente por quem ela é, e buscar constantemente algo mais. E por "mais" quero dizer mais linguagem, mais interação social, mais restaurantes ou outros locais na comunidade aonde ela possa ir sem ter um surto.

Minha filha exibia vários sinais precoces típicos de alerta do autismo. Quando era bebê, nunca balbuciou. Nunca fez gestos sociais. Nunca acenou um adeus. Nunca balançou a cabeça para dizer sim ou não. Ela tinha acessos de raiva fora do normal. Ela realmente se esforçava para fazer contato visual quando eu a levava para o parquinho ou para brincar com outras crianças, pelas quais ela nunca demonstrou qualquer interesse. Ela conhecia algumas palavras que havia ouvido de livros ou vídeos e não as usava de forma adequada para se comunicar, apenas as repetia várias vezes. Além disso, brincava com brinquedos de maneira muito incomum. Ela os classificava por cor, alinhava--os por tamanho; nunca brincava com eles da maneira que os fabricantes recomendavam. Não se iluda pensando que seu filho está usando os brinquedos de alguma "forma criativa". Na verdade, os brinquedos devem ser usados de acordo com a indicação do fabricante.

À medida que ela foi crescendo – tem 19,5 anos agora –, alguns desses sintomas se tornaram mais arraigados, mais crônicos, mas em outros aspectos ela melhorou. O autismo é um transtorno de desenvolvimento, e, à medida que as crianças ficam maiores, a maioria apresenta melhora. Por um lado, isso é resultado de terapia intensiva; por outro, é simplesmente maturidade.[9]

Na década de 1960, Bruno Bettelheim, um psicólogo nascido em Viena que se especializou em crianças emocionalmente perturbadas, popularizou o infeliz termo *mãe geladeira* para explicar as origens do autismo. Bettelheim alegava que o autismo não tinha uma base biológica, mas resultava da privação de afeto da mãe por uma criança que ela não queria. As teorias de Bettelheim sobre o autismo, que causaram grande sofrimento a muitos pais, foram completamente desacreditadas.

Singer é grata porque a pesquisa revelou a base biológica do autismo:

Pelo menos agora não temos mais que lutar contra a ideia de que o autismo é resultado de má educação em casa e que os pais de crianças com autismo eram muito frios para se relacionar adequadamente com seus filhos e isso levava a criança a se isolar em seu próprio mundo. Os pais de crianças com autismo amam seus filhos mais do que você possa imaginar. Fazemos tudo, tudo para ajudá-los a adquirir habilidades e participar de atividades comunitárias.

Quando meu irmão foi diagnosticado com autismo, na década de 1960, disseram à minha mãe que ela era uma "*mãe geladeira*", muito fria para se relacionar com meu irmão, e que o autismo era culpa dela. O médico disse que ela deveria se esforçar mais com seu próximo filho. Graças a Deus tudo isso é passado. Sabemos que o autismo é um transtorno genético, e estamos aprendendo mais a cada dia sobre os genes que causam o autismo. Hoje, pesquisas importantes estão sendo realizadas para entender as causas do autismo e desenvolver tratamentos melhores para pessoas com esse transtorno.[10]

Depois de se constatar que o autismo tem uma base biológica, os cientistas começaram a melhorar nossa compreensão sobre esse transtorno. Eles descobriram, por exemplo, que as interações sociais de pessoas com autismo leve são guiadas pelo comportamento real, não pelas intenções ocultas no comportamento. Isso torna difícil para os autistas identificarem manipulações e motivos ocultos, como o jovem ingênuo que joga cartas no quadro da Figura 2.4. Autistas com comprometimento grave são diretos e honestos por natureza: eles não sentem pressão para se adaptar às ideias e crenças de outras pessoas. Pessoas autistas com alto nível de funcionamento em situações sociais sentem pressão para se adaptar, mas não têm um senso inato de como fazê-lo. Essa falta de bússola social interna contribui para o frequente sentimento de depressão e ansiedade das crianças incluídas na categoria leve do espectro do autismo.

O aprendizado sobre estados mentais como crença, desejo e intenção não elimina problemas com a comunicação social; apenas os atenua. Mesmo as pessoas mais capazes e altamente adaptadas no espectro do autismo têm dificuldade para decifrar e interpretar estados mentais. Elas precisam de tempo para isso. Comunicações por escrito, como *e-mails*, são mais fáceis do que contatos interpessoais presenciais. No entanto, seria um erro subestimar o estresse e a ansiedade vivenciados pela maioria dos indivíduos no espectro do autismo ao tentar se enquadrar em um mundo de pessoas neurotípicas.

Erin McKinney, portadora de autismo, descreve como ela sente o estresse causado pelo transtorno:

> O autismo torna minha vida barulhenta. Esse é o melhor adjetivo que encontrei. Tudo é amplificado. Eu não quero dizer isso apenas em termos de audição, embora seja uma parte disso. Sinto minha voz alta. Um leve toque não é tão leve. Uma luz brilhante parece mais brilhante. O ruído suave de uma lâmpada parece estrondoso. Em vez de feliz, sinto-me sobrecarregada. Em vez de triste, sinto-me sobrecarregada. A impressão geral é a de que os autistas não sentem empatia. Eu e a maioria das pessoas no espectro achamos que o inverso é verdadeiro... O autismo torna minha vida estressante. Quando tudo é barulhento, as situações tendem a ser um pouco mais estressantes.[11]

McKinney relata que, quando foi diagnosticada pela primeira vez com autismo, ficou "muito confusa". No entanto, ela logo se sentiu grata por ter recebido o diagnóstico e começou o difícil e contínuo trabalho de aceitá-lo:

Levo minha vida constantemente no limite. Às vezes ultrapasso o limite e tenho um surto. Tudo bem. Sabe, talvez não esteja tudo bem. Mas tem que estar. Eu não tenho escolha... Tenho que continuar. Eu me esforço bastante para perceber que estou prestes a ter um surto, de modo que eu possa mudar de rumo. Foi preciso muito esforço para chegar a esse nível de autoconsciência, mas ainda não funciona o tempo todo.

... Todas as vezes, eu faço a mesma coisa da mesma maneira. Eu conto muitas coisas, reparo em coisas que a maioria acha que não são importantes, e ressalto pequenas imperfeições. Pensamentos ficam presos na minha cabeça, repetidas vezes. Frases, imagens, memórias, padrões. Tudo isso pode se tornar insuportável. Eu os utilizo a meu favor o máximo que posso. Acho que isso explica em parte o porquê de eu ser boa no meu trabalho. E sou muito boa. Reparo nas pequenas coisas, nas nuances que os outros tendem a ignorar. Eu encontro o padrão, e o faço de maneira rápida.[12]

Ao refletir sobre sua vida, McKinney conclui:

Não há dúvida de que o autismo torna minha vida mais difícil, mas também a faz bela. Quando tudo é mais intenso, o cotidiano, o mundano, o típico e o normal se tornam incríveis. Eu não posso falar por você ou por qualquer outra pessoa, no espectro ou não. Nossas experiências são todas únicas. Independentemente disso, acredito que é importante encontrar o belo. Reconheça que há o mal, o feio, o desrespeito, a ignorância e que há surtos. Essas coisas são inevitáveis. Mas há também o belo.[13]

Cerca de 10% das pessoas com autismo têm baixos índices de QI, mas muitas possuem um talento especial para escrever poesia, aprender idiomas estrangeiros, executar música, desenhar e pintar, calcular ou saber o dia da semana para qualquer data no calendário. Em *Bright Splinters of the Mind*, um livro sobre sua pesquisa com autistas, a psicóloga experimental Beate Hermelin observou que os pesquisadores do autismo se mostram continuamente fascinados diante dos notáveis talentos exibidos por esses autistas *savants*.[14] Um dos mais conhecidos autistas *savants* é Nadia. Quando era jovem, entre 4-7 anos, Nadia fez uma série de desenhos que eram admirados por todos, até mesmo por profissionais, e comparados em beleza às pinturas rupestres de 30 mil anos atrás. Discutiremos as aptidões criativas das pessoas autistas com mais detalhes no Capítulo 6.

O papel dos genes no autismo

Os cientistas sabem há anos que os genes desempenham um papel extremamente importante no autismo. Estudos de gêmeos idênticos, que têm a mesma constituição genética, mostram que, se um deles tem autismo, as chances de que o outro gêmeo seja autista são de até 90%. Nenhum outro transtorno de desenvolvimento tem uma correspondência tão alta entre gêmeos idênticos.

Essa descoberta impressionante convenceu muitos cientistas de que o caminho mais rápido para entender os mecanismos cerebrais envolvidos no autismo é se concentrar na genética do transtorno. Depois que os cientistas investigam o panorama genético e compreendem quais são os fatores de risco, ficam em posição muito mais favorável para descobrir em que parte do cérebro esses genes estão atuando. No entanto, o autismo não é um transtorno simples de gene único e uma doença. Muitos genes provavelmente contribuem para o risco de autismo.

Ao mesmo tempo, não podemos descartar fatores ambientais, porque todo comportamento é moldado pela inter-relação genes/ambiente. Mesmo uma mutação em um único gene que invariavelmente causa uma doença pode sofrer forte influência do ambiente. Considere a fenilcetonúria (PKU), uma doença metabólica simples para a qual os bebês são rotineiramente testados ao nascerem. Esse raro distúrbio genético afeta 1 em 15 mil pessoas e pode resultar em grave comprometimento da função cognitiva. Pessoas com a doença possuem duas cópias anômalas do gene que, em última instância, é responsável por decompor o aminoácido fenilalanina, um componente da proteína nos alimentos que ingerimos. (Pessoas com apenas uma cópia defeituosa do gene não desenvolvem PKU.) Se o corpo não consegue decompor a fenilalanina, ela se acumula no sangue e leva à produção de uma substância tóxica que interfere no desenvolvimento normal do cérebro. Felizmente, o retardo mental pode ser evitado de maneira absoluta por meio de uma intervenção ambiental simples e incrivelmente eficaz – restringindo a quantidade de proteína ingerida pelas pessoas com risco de PKU.

Avanços significativos em nossa capacidade de estudar o DNA em alta resolução e em muitas pessoas começaram a proporcionar aos cientistas uma visão mais clara do panorama genético. Esses avanços tecnológicos transformaram nossa compreensão sobre como o DNA varia entre as pessoas e como algumas variações levam a transtornos como aqueles do espectro do autismo. Eles revelaram, em particular, dois tipos desconhecidos de aberrações genéticas: *variações no número de cópias* e *mutações "de novo"*. Ambos contribuem para o autismo, assim como para a esquizofrenia e outros transtornos complexos produzidos por mutações em mais de um gene.

Variações no número de cópias

Todos nós temos pequenas diferenças nas sequências de nucleotídeos de nossos genes. (Os nucleotídeos, como aprendemos no Cap. 1, são as moléculas que compõem o DNA.) Essas pequenas diferenças são denominadas *variações de nucleotídeo único* (Fig. 2.7). Há cerca de uma década, os cientistas descobriram que também podemos apresentar grandes diferenças na estrutura de nossos cromossomos. Essas diferenças estruturais raras são conhecidas como variações no número de cópias (Fig. 2.8). Podemos perder uma pequena porção de DNA de um cromossomo (uma deleção no número de cópias), ou podemos ter uma

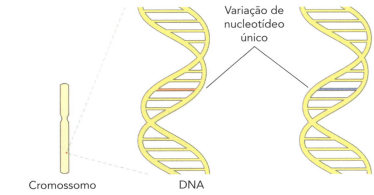

Figura 2.7 Variação de nucleotídeo único.

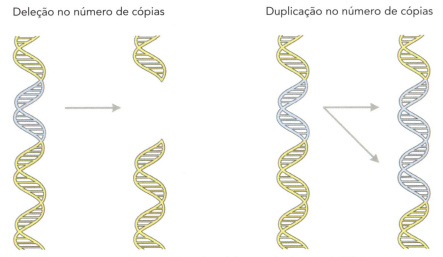

Figura 2.8 Variações no número de cópias: deleção e duplicação de DNA.

porção a mais (uma duplicação no número de cópias). As variações no número de cópias podem diminuir ou aumentar de 20 a 30 o número de genes de um cromossomo, mas em ambos os casos aumentam o risco de transtorno do espectro do autismo.

Variações no número de cópias nos proporcionaram melhor compreensão dos genes específicos envolvidos no autismo, o que, por sua vez, nos forneceu um conhecimento muito maior das bases moleculares do comportamento social. Um bom exemplo disso é a variação do número de cópias no cromossomo 7. Matthew State, agora na Universidade da Califórnia, em São Francisco, descobriu que a presença de uma cópia extra de um segmento do cromossomo 7 aumenta ainda mais o risco de as pessoas desenvolverem transtorno do espectro do autismo. No entanto, quando essa mesma região do cérebro é perdida, o resultado é a síndrome de Williams.[15]

A síndrome de Williams é praticamente o inverso do autismo. Crianças com esse distúrbio genético são extremamente sociáveis (Fig. 2.9). Elas têm um forte

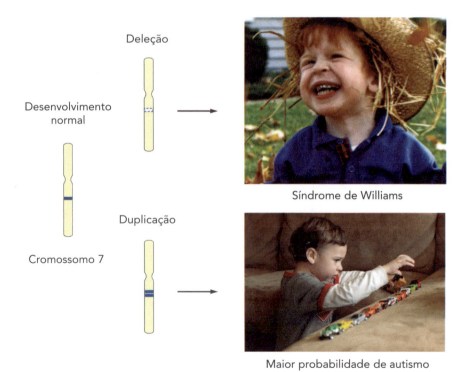

Figura 2.9 Variações no número de cópias: a deleção de um segmento específico no cromossomo 7 causa a síndrome de Williams, enquanto a duplicação desse segmento aumenta a probabilidade de desenvolver um transtorno do espectro do autismo.

desejo, quase irreprimível, de falar e se comunicar. São muito amigáveis e confiantes, mesmo diante de estranhos. Além disso, enquanto algumas crianças com autismo apresentam elevadas habilidades para desenhar, outras com síndrome de Williams tendem a ser musicais. Na verdade, crianças com síndrome de Williams têm dificuldade em construir relações visuoespaciais, o que pode explicar sua incapacidade de desenhar bem. Ao contrário das crianças com autismo, as portadoras de síndrome de Williams possuem boas competências linguísticas e têm bom desempenho no reconhecimento facial; elas não têm dificuldade para interpretar as emoções dos outros e avaliar suas intenções.

Thomas Insel, ex-diretor do National Institute of Mental Health, afirma que a contraposição entre o autismo e a síndrome de Williams sugere que nosso cérebro utiliza redes específicas para determinados tipos de funções, como a interação social. Déficits no funcionamento da rede social podem promover uma compensação pelo cérebro ao desenvolver competência em uma rede não social; isso resulta nos tipos de capacidades incomuns que verificamos em autistas *savants*.[16]

É de impressionar o fato de que esse segmento único, com cerca de 25 dos 21 mil ou mais genes em nosso genoma, poderia influenciar de modo tão significativo o comportamento social complexo. Esse tipo de descoberta oferece aos cientistas algo muito específico a ser explorado e deve abrir novas e importantes possibilidades no desenvolvimento de tratamentos.

Mutações *"de novo"*

A segunda aberração genética revelada pelos avanços da tecnologia é a recente descoberta de que nem todas as mutações estão presentes nos genomas de nossos pais. Algumas mutações surgem espontaneamente no espermatozoide de homens adultos. Essas mutações espontâneas raras são denominadas mutações *de novo*, ou novas, e um pai pode transmiti-las a seus filhos. Quatro estudos quase simultâneos realizados por cientistas em Yale, na Universidade de Washington, no Broad Institute do Massachusetts Institute of Technology e no Cold Spring Harbor Laboratory descobriram que as mutações *de novo* aumentam significativamente o risco de autismo.[17]

Além disso, o número de mutações *de novo* aumenta com a idade paterna. Um estudo recente liderado pela deCODE Genetics, uma empresa de biotecnologia da Islândia, confirmou esse achado por meio de uma técnica pangenômica na qual todo o DNA do genoma de uma pessoa é estudado, e não apenas a porção codificadora de proteínas.[18] Isso é importante porque os cientistas descobriram recentemente que o DNA não codificante do nosso genoma, outrora considerado "lixo", pode desempenhar um papel importante ao ativar e desativar genes em doenças complexas.

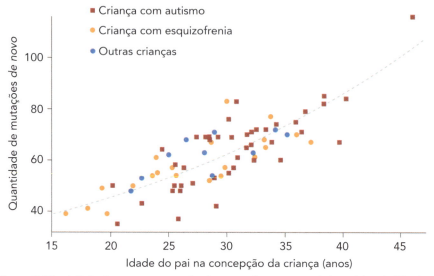

Figura 2.10 Influência paterna: pesquisadores analisaram material genético de 78 crianças islandesas e de seus pais, incluindo 44 crianças com autismo. Filhos de pais mais velhos tendem a ter maior quantidade de mutações *de novo*, que não estão presentes nos genomas de qualquer um dos pais.

A razão pela qual as mutações *de novo* aumentam com a idade é o fato de que as células precursoras dos espermatozoides se dividem a cada quinze dias. Essa contínua divisão e duplicação do DNA resulta em erros, e a taxa de erro aumenta significativamente com a idade. Desse modo, um pai com 20 anos terá, em média, 25 mutações *de novo* em seus espermatozoides, enquanto um pai com 40 anos terá 65 mutações (Fig. 2.10). A maior parte dessas mutações é inócua, mas algumas não são: acredita-se que as mutações *de novo* contribuam para pelo menos 10% dos casos de autismo. Provavelmente as mães não contribuem para o autismo por meio de mutações *de novo* porque os óvulos, ao contrário dos espermatozoides, não se dividem ou se multiplicam ao longo da vida; todos são gerados antes do nascimento da mulher.

As mutações *de novo* são particularmente interessantes porque a incidência de autismo aumentou bastante nos últimos anos. Grande parte desse aumento talvez possa ser atribuída ao fato de que agora conhecemos muito mais o transtorno e somos mais capazes de identificá-lo do que há cinquenta anos. Outra parte da explicação, entretanto, é que as pessoas estão tendo filhos mais tarde. Sabemos agora que pais mais velhos são mais suscetíveis a mutações *de novo* em seus espermatozoides e, consequentemente, têm maior probabilidade de transmiti-las – e, portanto, maior risco de autismo – para seus filhos.

Há evidências também de que mutações *de novo* no espermatozoide de um pai mais velho contribuem para a esquizofrenia (Fig. 2.10) e o transtorno bipolar. (Como observou Bleuler há um século, algumas das mesmas dificuldades sociais que caracterizam o autismo são compartilhadas por pessoas com esquizofrenia.) Além disso, sabemos que a esquizofrenia e o transtorno bipolar não são causados por genes únicos. Portanto, a variedade de possíveis fatores genéticos responsáveis pelo autismo também parece ser comum a esses transtornos psiquiátricos. Não sabemos exatamente quantos genes são capazes de contribuir para o autismo, mas é bem possível que existam pelo menos cinquenta, e mais provavelmente centenas desses genes.

Por fim, as mutações *de novo* podem explicar outra característica interessante do autismo: o transtorno não está desaparecendo. Adultos autistas têm menor probabilidade de ter filhos do que pessoas neurotípicas, mesmo assim o número de crianças diagnosticadas com transtornos do espectro do autismo a cada ano não diminuiu. Mutações *de novo* nos espermatozoides de pais não autistas podem ser uma razão para a persistência do autismo na população em geral.

Circuitos neurais como alvos para mutações

Um estudo recente revelou que os cérebros de adolescentes com autismo têm muitas sinapses.[19] Normalmente, as sinapses em excesso no nosso cérebro – sinapses que não usamos – são removidas por um processo conhecido como *poda sináptica*, que começa bem cedo na infância e atinge o pico na adolescência e no início da idade adulta. A descoberta de muitas sinapses indica que um número insuficiente delas foi eliminado, resultando em um emaranhado de conexões neurais em vez de circuitos neurais eficientes e otimizados. É interessante notar que, enquanto o autismo envolve uma poda sináptica insuficiente, a esquizofrenia implica uma poda sináptica excessiva, como veremos no Capítulo 4.

O processo de conexão (*wiring*) do cérebro em desenvolvimento é extraordinariamente complexo e apresenta ampla oportunidade para erros. Além disso, cerca de metade dos nossos genes está ativa no cérebro, e a formação de sinapses entre os neurônios requer imensa quantidade de proteínas para funcionar normalmente. As proteínas, você deve se lembrar, são sintetizadas de acordo com instruções transmitidas por genes. Caso mutações nesses genes perturbem a composição ou o funcionamento de proteínas normais na sinapse, ocorrerá uma cascata de eventos: as sinapses não funcionarão da maneira adequada, os neurônios não poderão se comunicar uns com os outros, e os circuitos neurais constituídos por eles serão desorganizados.

As mutações genéticas que contribuem para o transtorno do espectro do autismo podem ocorrer em qualquer um dos nossos 23 pares de cromossomos.

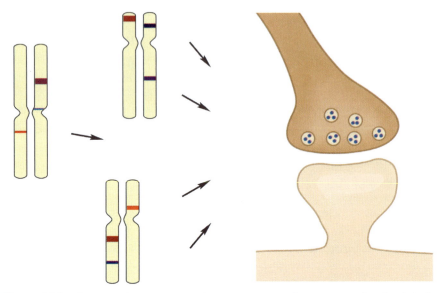

Figura 2.11 Centenas de genes em todo o genoma contribuem para a função sináptica. Uma mutação em qualquer um ou em uma combinação desses genes pode resultar em um distúrbio como o autismo. Ao desenvolver drogas que atuam na sinapse em vez de genes específicos, poderemos tratar esses distúrbios geneticamente complexos.

Essas mutações, independentemente de sua localização, prejudicam os circuitos neurais no "cérebro social", e esses distúrbios acabam comprometendo a teoria da mente.

Algumas mutações desempenham papéis fundamentais no funcionamento das sinapses. Na verdade, as mutações *de novo* ocorrem com maior frequência em genes que codificam proteínas sinápticas. Esse fato suscita uma incrível possibilidade de que o autismo e outros distúrbios de desenvolvimento sejam passíveis de tratamento. Em outras palavras, poderemos tratar um distúrbio genético ao corrigir sinapses defeituosas (Fig. 2.11).

Essa é uma mudança fundamental no pensamento. Em vez de serem condições imutáveis desde o nascimento, os distúrbios de desenvolvimento podem revelar-se reversíveis, ou pelo menos tratáveis ao longo da vida.

Genética e comportamento social em modelos animais

A maioria dos animais passa pelo menos parte da vida em associação com outros de sua própria espécie. Reconhecemos essa realidade pela maneira como falamos sobre eles – cardumes de peixes, bandos de gansos ou colmeias de abelhas. É evidente que os animais se reconhecem, se comunicam e geram um comportamento coerente. O naturalista E. O. Wilson observou que muitos comportamentos sociais dos animais são semelhantes, mesmo em animais bastante diferentes entre si. Quando alguém faz uma observação como essa em biologia, geralmente significa que a genética inerente é muito antiga e contribui para o mesmo resultado em muitos animais diferentes. Na realidade, quase todos os nossos genes estão presentes em outros animais.

Pelo fato de o comportamento social e os genes serem conservados por meio da evolução, os cientistas que estudam os fundamentos genéticos do comportamento recorrem com frequência a animais simples, como o minúsculo verme *Caenorhabditis elegans* e a mosca da fruta *Drosophila*. Cori Bargmann, geneticista da Rockefeller University, que agora lidera a Chan Zuckerberg Initiative, estuda o *C. elegans*, que vive no solo e come bactérias. A maioria dos membros dessa espécie procura passar o tempo com seus companheiros vermes. Embora às vezes saiam por aí sozinhos, eles sempre voltam e se juntam ao grupo. Esse comportamento não se deve à comida – ela está disponível por toda parte – e nem ao acasalamento. Os animais são sociais; eles simplesmente gostam de se relacionar uns com os outros.

Apesar disso, alguns vermes são solitários. Enquanto se alimentam, eles se distribuem separadamente em uma cultura de bactérias. A diferença entre as cepas social e solitária decorre de uma variante natural em um único gene, que se atribui a uma mudança em um único nucleotídeo.[20]

Sociabilidade e solitude também podem ser atribuídas a um único gene em animais mais complexos. Enquanto Thomas Insel estava na Emory University, ele e seus colegas exploraram o papel do hormônio ocitocina no arganaz do campo, um roedor semelhante ao rato.[21] Eles descobriram que o hormônio estimula a produção de leite e regula o vínculo materno-infantil, assim como outros comportamentos sociais. Para criar os filhotes, os arganazes do campo machos e fêmeas estabelecem vínculos de casal duradouros. Essas ligações são estimuladas pela liberação de ocitocina no cérebro da fêmea durante o acasalamento e a liberação de um hormônio relacionado, a vasopressina, no cérebro do macho. A vasopressina também contribui para o comportamento paterno.

Enquanto os arganazes do campo machos formam vínculos de casal estáveis e ajudam as fêmeas a criar seus filhotes, os machos de uma espécie afim, o arganaz da montanha, se reproduzem amplamente e de maneira promíscua, além de não exibirem qualquer comportamento paterno. A diferença entre as duas espécies está correlacionada ao número de receptores de vasopressina e, portanto, com a quantidade de vasopressina, no cérebro masculino. Os arganazes do campo possuem grandes concentrações de vasopressina na região do cérebro relacionada com o vínculo de casal, enquanto os arganazes da montanha não. Nas duas espécies, variações nas concentrações de ocitocina em áreas específicas do cérebro são responsáveis pelas diferenças nos vínculos de casal e parental.[22]

Evidências crescentes em seres humanos indicam um papel importante para a ocitocina e a vasopressina no vínculo de casais e na criação de filhos. A ocitocina é um hormônio peptídico produzido no hipotálamo e liberado na corrente sanguínea pela neuro-hipófise. Ela regula a produção de leite pelas mães em resposta à sucção dos bebês. Além disso, esse hormônio reforça a interação social positiva ao aumentar nossa sensação de relaxamento, confiança, empatia e altruísmo. Sarina Rodrigues, da Oregon State University, descobriu que variações genéticas na produção de ocitocina afetam o comportamento empático: pessoas com menos hormônio no cérebro têm mais dificuldade para interpretar expressões faciais e sentir angústia pelo sofrimento alheio.[23]

Outra pesquisa revelou que a ocitocina pode afetar nossa cognição social.[24] Quando inalado, o hormônio parece reduzir nossa resposta a estímulos amedrontadores. Acredita-se também que melhore a comunicação positiva. Em alguns casos raros, a inalação nasal de ocitocina melhorou até mesmo as habilidades sociais de pessoas com autismo. A ocitocina aumenta a confiança e a disposição para assumir riscos – características essenciais para a amizade, o amor e a organização da família.

Conforme mostrado por esses estudos, alguns dos mesmos hormônios e, portanto, dos mesmos genes contribuem para o comportamento social em pessoas e animais, sugerindo que mutações nesses genes podem contribuir para o transtorno do espectro do autismo. É possível também explorar aspectos da base biológica do autismo, criando modelos animais do transtorno. David Sultzer, da UCLA, e seus colegas, por exemplo, descobriram uma droga que restaura a poda sináptica normal em modelos de autismo em camundongos, reduzindo, assim, o comportamento autista de animais.[25] É evidente que estudos genéticos em animais, assim como em pessoas, podem ser muito valiosos para entender como um sistema tão complexo quanto o nosso "cérebro social" pode se descontrolar.

Pensar no futuro

Os cientistas deixaram de buscar às escuras até ter ferramentas à disposição para realizar grandes avanços na genética do autismo. Com as novas tecnologias que surgiram nos últimos anos – capazes de sequenciar rapidamente genomas inteiros e com baixo custo, por exemplo –, os cientistas devem ser capazes de identificar mais genes essenciais do autismo no futuro.

Quatro aspectos se destacam nessa busca. Primeiro, centenas de genes diferentes são capazes de contribuir para o transtorno do espectro do autismo – não necessariamente centenas de genes em uma única pessoa, mas centenas de genes em toda a população. Segundo, enquanto uma mutação em um único gene é responsável por alguns distúrbios, como a doença de Huntington, mutações únicas não causam a maioria dos outros distúrbios cerebrais, incluindo autismo, depressão, transtorno bipolar e esquizofrenia. Terceiro, se pudermos determinar os genes que contribuem para o autismo, estaremos no caminho certo para entender o que há de errado nos níveis celular e molecular. Algumas das primeiras descobertas genéticas no autismo indicaram mau funcionamento das sinapses.

Por fim, à medida que identificarmos os genes que contribuem para o autismo, compreenderemos melhor os genes e as vias neurais que originam o cérebro social – genes que nos tornam os seres sociais que somos. Além disso, aprenderemos como a predisposição genética interage com fatores ambientais para originar distúrbios específicos.

3

As emoções e a integridade do *self*: depressão e transtorno bipolar

Todos nós experimentamos estados emocionais. Na verdade, nossa linguagem transborda de descrições coloridas de como nos sentimos: levantei com o pé esquerdo. Ele está na fossa. Ela está nas nuvens com o novo emprego. Nesses contextos, descrevemos a emoção como um estado mental temporário que vai e vem. Essas mudanças de emoção são completamente normais – e desejáveis. A consciência emocional é vital para se manter vivo e negociar as complexidades da existência social humana.

O estado emocional de uma pessoa é geralmente transitório e ocorre em resposta a um estímulo específico do ambiente. Quando um estado emocional específico se estabelece e se prolonga no tempo, chamamos isso de humor. Pense na emoção como as condições climáticas diárias e no humor como o clima predominante. Da mesma forma que o clima varia amplamente em todo o mundo, o humor predominante varia nos indivíduos. Alguns desfrutam de um bom humor estável, enquanto outros enxergam o mundo de modo mais sombrio. Essa variação na maneira como encaramos o mundo (os psiquiatras chamam isso de temperamento) tornou-se parte intrínseca do comportamento humano. Estamos aqui, portanto, comentando sobre a biologia do *self* em seu sentido mais profundo e pessoal.

Os transtornos psiquiátricos são caracterizados por exageros do comportamento normal; portanto, se percebemos uma mudança persistente e incomum no humor em nós mesmos, ou em outra pessoa, temos motivos para nos preocupar. Transtornos do humor são estados emocionais abrangentes e duradouros. São emoções extremas que dão colorido à percepção de uma pessoa sobre a vida e afetam o comportamento. Por exemplo, a depressão é uma forma extrema de melancolia ou tristeza acompanhada de falta de energia e emoção, enquanto a mania é uma forma extrema de euforia e hiperatividade. No transtorno bipolar, o humor alterna entre esses dois extremos.

Neste capítulo, refletimos sobre o papel que a emoção desempenha em nossa vida cotidiana, em nosso senso de *self*. Em seguida, examinamos as características da depressão e do transtorno bipolar e o que elas nos dizem sobre nós mesmos. Exploramos vários avanços notáveis na ciência do cérebro que apontam para as causas da depressão e do transtorno bipolar e que levaram a novos tratamentos promissores para esses transtornos. Examinamos a importância da psicoterapia – isolada ou associada à farmacoterapia – para pessoas com transtornos de humor. Por fim, analisamos a contribuição dos genes para esse tipo de transtorno. Essas revelações ressaltam a conexão vital entre os estudos de distúrbios cerebrais e nossa compreensão sobre o funcionamento do cérebro emocional saudável.

Emoção, humor e o *self*

Nossas emoções são coordenadas pelo corpo amigdaloide (amígdala), uma estrutura situada nas profundezas de cada um dos lobos temporais do cérebro. O corpo amigdaloide se conecta a várias outras estruturas do cérebro, entre elas o hipotálamo e o córtex pré-frontal. O hipotálamo regula a frequência cardíaca, a pressão arterial, os ciclos de sono e outras funções corporais envolvidas em nossas reações emocionais. Sendo assim, é o executor da emoção, incluindo felicidade, tristeza, agressão, erotismo e acasalamento. O córtex pré-frontal, sede da função executiva e da autoestima, regula a emoção e sua influência no pensamento e na memória. Como veremos, as conexões entre essas estruturas respondem pelas variadas manifestações psicológicas e físicas dos transtornos do humor.

A emoção faz parte do sistema de alerta precoce do cérebro e está intimamente relacionada aos antigos mecanismos de sobrevivência do corpo. Como Charles Darwin pela primeira vez salientou, as emoções são parte de um sistema pré-verbal de comunicação social que compartilhamos com outros mamíferos. Na prática, mesmo com nossa extraordinária facilidade para a linguagem, usamos a emoção todos os dias para transmitir nossos desejos e monitorar nosso ambiente social. Quando nossas emoções sinalizam que determinados eventos são perigosos ou não apresentam desdobramento favorável, experimentamos sentimentos de ansiedade, irritabilidade e vigilância, muitas vezes seguidos de tristeza. No extremo oposto do espectro, a paixão e outras emoções positivas nos proporcionam uma sensação maravilhosa de energia renovada e otimismo.

Nossa experiência emocional subjetiva está em constante mudança na medida em que nosso cérebro monitora as oportunidades e as tensões de um mundo social instável e sinaliza a resposta adequada para enfrentar o problema. Sem essas avaliações emocionais, nós vivenciaríamos o mundo como uma série de eventos aleatórios sem qualquer ponto de referência – isto é, sem senso de *self*.

Transtornos do humor são doenças cerebrais que abalam a integridade do *self* – o conjunto de emoções vitais, memórias, crenças e comportamentos que molda cada um de nós como um ser humano único. É exatamente por causa do papel central da emoção em nosso pensamento e sentimento – e porque passamos por alterações normais de humor todos os dias – que temos essa dificuldade em identificar e aceitar como potencialmente anormal um distúrbio do humor. Essa mesma dificuldade ajuda a explicar por que muitas vezes as pessoas com transtornos do humor são estigmatizadas. Em suma, apesar dos avanços da ciência e da medicina, muitos ainda tendem a ver os transtornos do humor como uma fraqueza pessoal, como mau comportamento, e não como um conjunto de doenças.

Os transtornos do humor e as origens da psiquiatria moderna

Emil Kraepelin, que conhecemos no Capítulo 1, foi um dos fundadores não só da psiquiatria científica moderna, mas também da psicofarmacologia, o estudo dos efeitos das drogas no humor, pensamento e comportamento. Em 1883, publicou o *Compendium of Psychiatry* [Compêndio de psiquiatria], a primeira edição que daria origem a seu *Textbook of Psychiatry* [Manual de psiquiatria], grande livro de Psiquiatria composto por vários volumes. Em 1891, começou a lecionar na Universidade de Heidelberg e depois transferiu-se para a Universidade de Munique. Kraepelin afirmou que as doenças mentais são estritamente biológicas e têm uma base hereditária. Além disso, insistiu que os diagnósticos psiquiátricos fossem baseados nos mesmos critérios que os diagnósticos em outras áreas da medicina.

Kraepelin havia estabelecido uma difícil tarefa para si mesmo. Em sua época, era impossível confirmar diagnósticos de doenças psiquiátricas por necropsia, pois tais doenças não deixam marcas evidentes no cérebro, e a tecnologia de neuroimagem só surgiria um século depois. Na ausência de marcadores biológicos e de imagem, Kraepelin teve que basear seus diagnósticos na observação clínica de seus pacientes.

Para conduzir suas observações, Kraepelin baseou-se nos mesmos três critérios usados na medicina geral: Quais são os sintomas da doença? Qual é o curso da doença? Qual é o resultado final?

Ao aplicar esses critérios às doenças mentais, Kraepelin distinguiu dois grandes grupos de distúrbios psicóticos: transtornos do pensamento e transtornos do humor. Chamou os transtornos do pensamento de *dementia praecox* (demência precoce) – a demência dos jovens –, porque eles começam mais cedo na vida do que outras demências, como a de Alzheimer, e os transtornos do humor de *doença maníaco-depressiva*, pois eles se manifestam como estados de sentimentos deprimidos ou elevados. Hoje nos referimos à demência precoce como

As emoções e a integridade do *self*: depressão e transtorno bipolar **49**

esquizofrenia, e à doença maníaco-depressiva como transtorno bipolar. Nós nos referimos exclusivamente aos estados depressivos, sem nenhum componente maníaco, como depressão maior ou depressão unipolar. A maioria das pessoas com transtornos depressivos é unipolar.

As diferenças que Kraepelin observou entre os dois principais transtornos psiquiátricos – esquizofrenia e bipolar – permaneceram até os dias de hoje. No entanto, pelo fato de estudos genéticos recentes sugerirem que alguns genes podem contribuir para os dois tipos de transtorno, percebemos agora que pode haver sobreposição entre eles. Também pode haver sobreposição entre esses transtornos e o autismo, que foi plenamente reconhecido meio século após o trabalho clássico de Kraepelin.

Transtornos do pensamento e do humor não apenas afetam as pessoas de maneira diferente como também cursam com evoluções e resultados distintos. A esquizofrenia é caracterizada pelo declínio cognitivo que começa com o primeiro episódio da doença, geralmente no adulto jovem, e continua ao longo da vida, muitas vezes sem remissão. Por outro lado, transtornos do humor em geral são mais episódicos, com intervalos de meses a anos. A depressão maior geralmente começa no final da adolescência e início da idade adulta, enquanto o transtorno bipolar em geral começa no final da adolescência. O tempo médio de remissão na depressão maior é de cerca de três meses. Isso indica que, pelo menos no início, as mudanças nos circuitos neurais e na função cerebral que levam à depressão são reversíveis. À medida que a pessoa envelhece, os episódios de depressão tendem a durar mais e os intervalos de remissão tornam-se mais curtos. Pessoas com um transtorno de humor podem desempenhar suas atividades muito bem durante os períodos de remissão, e o resultado dos transtornos do humor em geral é mais benéfico do que o da esquizofrenia.

Por afetar os circuitos neurais em muitas regiões do cérebro, os transtornos do humor também causam mudanças na energia, nos padrões de sono e no pensamento. Muitas pessoas deprimidas, por exemplo, têm dificuldade para adormecer e permanecer dormindo; outras dormem o tempo todo, sobretudo se forem mais retraídas que ansiosas. A privação de sono, que causa aumento de atividade no corpo amigdaloide, pode desencadear episódios maníacos em alguns indivíduos com transtorno bipolar.

Os tratamentos para pessoas com transtornos psiquiátricos evoluíram de forma intermitente desde que Philippe Pinel libertou os internos do hospital Salpêtrière de suas correntes. Um século havia se passado antes de Pinel insistir que os transtornos psiquiátricos são de natureza médica e de Kraepelin levar adiante a ideia de que a hereditariedade desempenha um papel sobre esses distúrbios. Demorou o mesmo tempo para que o tratamento humanizado de Pinel obtivesse resultados na psicoterapia. Desde então, desenvolvemos novas formas de psicoterapia, novas terapias medicamentosas e maior compreensão biológica sobre como essas terapias agem e interagem. Um componente essencial do tratamento é entender e aceitar que os transtornos psiquiátricos são permanentes. Desse modo, pessoas com transtornos do humor devem estar sempre cientes de seus sentimentos e estado mental.

Neste capítulo analisaremos a depressão e o transtorno bipolar de forma separada, para ver o que os transtornos do humor revelam sobre os estados normais de humor.

Depressão

A depressão foi reconhecida pela primeira vez no século V a.C. pelo grego Hipócrates, um dos médicos mais influentes da história e geralmente considerado o pai da medicina ocidental. Os médicos da época de Hipócrates não acreditavam que as doenças afetassem órgãos específicos do corpo. Em vez disso, eles concordavam com a teoria de que todas as doenças são causadas por um desequilíbrio dos quatro "humores", ou fluidos, do corpo: sangue, fleuma, bile amarela e bile negra. Por isso, Hipócrates pensava que a depressão resulta de um excesso de bile negra no corpo. Na verdade, o antigo termo grego para depressão, *melancolia*, significa "bile negra".

As características clínicas da depressão foram resumidas pela primeira vez, e talvez da melhor forma, por William Shakespeare, grande observador da mente humana, cujo personagem Hamlet declara: "Quão cansativos, velhos, superficiais e não proveitosos parecem-me todos os objetivos deste mundo". Os sintomas mais comuns da depressão são sentimentos persistentes de tristeza e intensa angústia mental, acompanhados por sentimentos de desesperança, desamparo e inutilidade. Muitas vezes, esses sentimentos levam ao afastamento da companhia dos outros; às vezes resultam em pensamentos ou tentativas de suicídio. A qualquer momento, cerca de 5% da população mundial sofre de depressão grave, incluindo 20 milhões de americanos. É a principal causa de incapacidade em pessoas com idade entre 15-45 anos.

Indivíduos com depressão geralmente descrevem um sentimento intenso de sofrimento psíquico e isolamento. Em *Perto das trevas*, um livro de memórias sobre sua experiência com a depressão, o romancista e ensaísta americano William Styron escreveu: "A dor é implacável, e essa condição torna-se intolerável por sabermos de antemão que não vai aparecer nenhum remédio – no período de um dia, uma hora, um mês ou um minuto."[1]

Hoje, sabemos que a depressão não resulta da bile negra, mas de alterações na química do cérebro. Ainda assim, não entendemos completamente os mecanismos no cérebro responsáveis por essas mudanças. Os cientistas fizeram grandes progressos, como veremos, mas a depressão é um transtorno complexo. Na verdade, a depressão provavelmente não representa um, mas vários transtornos diferentes, com graus de gravidade e mecanismos biológicos distintos.

Depressão e estresse

Eventos estressantes durante a vida – a morte de um ente querido, a perda de um emprego, uma grande mudança ou a rejeição em um relacionamento amoroso – podem desencadear a depressão. Ao mesmo tempo, a depressão pode causar ou exacerbar o estresse. Andrew Solomon (Fig. 3.1), professor de psicologia clínica na Universidade Columbia e um excelente escritor, descreve o início da depressão após vários eventos estressantes em sua vida:

> Eu sempre tive a ideia de ser bastante resistente, forte e razoavelmente capaz de lidar com qualquer coisa. E então eu tive uma série de perdas pessoais. Minha mãe morreu. Meu relacionamento chegou ao fim e várias outras coisas deram errado. Consegui passar por essas crises mais ou menos intacto. Então, alguns anos depois, de repente passei a me sentir entediado a maior parte do tempo... Lembro-me bem de que, ao voltar para casa e ouvir as mensagens na secretária eletrônica, eu me sentia cansado em vez de ficar contente por ouvir meus amigos, e pensava: É uma quantidade enorme de pessoas para quem eu devo retornar a ligação. Eu estava publicando meu primeiro romance na época e recebi

Figura 3.1   Andrew Solomon.

avaliações bastante positivas. Simplesmente não me importei. Toda a minha vida sonhei em publicar um romance, e lá estava, mas tudo o que senti foi indiferença. Isso continuou por um bom tempo...

Então... tudo isso começou a parecer um esforço enorme e esmagador. Eu dizia pra mim mesmo: Ah, tenho que almoçar. E depois pensava: Mas tenho que tirar a comida; e colocá-la em um prato; e cortar tudo; e mastigar; e engolir... Eu sabia que o que estava sentindo era ridículo. No entanto, era real, físico e agudo, e eu ficava impotente, sem controle. Com o passar do tempo, percebi que estava fazendo menos, saindo menos, interagindo menos com outras pessoas, pensando menos e sentindo menos.

Então a ansiedade se instalou... O mais profundo inferno da depressão é a sensação de que você nunca irá sair dela. Se você puder aliviar esse sentimento, a situação, embora miserável, é suportável. No entanto, se alguém me dissesse que eu sofreria de ansiedade aguda no mês seguinte, eu me mataria, pois cada segundo seria insuportavelmente terrível. É a sensação constante de estar absolutamente aterrorizado e de não saber do que você tem medo. Assemelha-se à sensação que você tem de escorregar ou tropeçar, aquilo que você sente quando o chão está se aproximando antes de aterrisar. Esse sentimento dura cerca de um segundo e meio. A fase de ansiedade da minha primeira depressão durou seis meses. Foi incrivelmente paralisante...

Fiquei cada vez mais doente até que, finalmente, um dia eu acordei e pensei que de fato talvez tivesse tido um acidente vascular cerebral. Lembro de estar deitado na cama e pensar que nunca havia me sentido tão mal na vida e que deveria ligar para alguém. Da minha cama, olhei para o telefone na mesa de cabeceira, mas não consegui pegá-lo e discar um número. Fiquei deitado por quatro ou cinco horas, apenas olhando para o telefone, que enfim tocou. Eu consegui responder: "Estou com um problema terrível". Foi quando afinal recorri aos antidepressivos e comecei a tratar seriamente a minha doença...[2]

Depressão e estresse provavelmente desencadeiam as mesmas alterações bioquímicas no corpo: eles ativam o eixo hipotálamo-hipófise-suprarrenal do sistema neuroendócrino, estimulando a glândula suprarrenal a liberar cortisol, o principal hormônio do estresse do corpo. Apesar de a liberação de cortisol por um curto período ser benéfica – aumenta nossa vigilância em resposta a uma ameaça evidente –, a liberação prolongada de cortisol na depressão maior e no estresse crônico é prejudicial. Isso causa as mudanças no apetite, sono e energia enfrentadas pelas pessoas deprimidas e altamente estressadas.

Concentrações excessivas de cortisol destroem as conexões sinápticas entre os neurônios do hipocampo, região do cérebro importante no armazenamento da memória, e os neurônios do córtex pré-frontal, que regulam o desejo de viver e influenciam a tomada de decisões e o armazenamento da memória do indivíduo. O colapso das conexões sinápticas nessas regiões resulta no embotamento emocional e no déficit de memória e concentração que acompanham a depressão maior e o estresse crônico. Muitos estudos de neuroimagem em pessoas com depressão mostraram uma diminuição no tamanho total e no número de sinapses entre os neurônios no córtex pré-frontal e no hipocampo; alterações semelhantes foram encontradas em estudos pós-morte. Além disso, estudos em camundongos e ratos revelam que, sob estresse, esses animais também perdem conexões sinápticas no hipocampo e no córtex pré-frontal.

Modelos animais nos forneceram informações valiosas sobre o circuito neural do medo em que se baseia o estresse. Estudos revelam que tanto o medo instintivo como o medo aprendido recrutam o corpo amigdaloide e o hipotálamo. O corpo amigdaloide, como sabemos, determina qual emoção é recrutada a qualquer momento, e o hipotálamo a executa. Quando o corpo amigdaloide exige uma resposta de medo, o hipotálamo ativa o sistema nervoso simpático, que eleva a frequência cardíaca, a pressão sanguínea, a secreção de hormônios do estresse e regula o comportamento erótico, agressivo, defensivo e de escape.

Esses achados são todos consistentes com a ideia de que o estresse prolongado – que promove a liberação de longa duração de cortisol e a consequente perda de conexões sinápticas – é um componente importante dos transtornos depressivos, incluindo a fase depressiva do transtorno bipolar.

O circuito neural da depressão

Até há bem pouco tempo, era claramente difícil rastrear os transtornos psiquiátricos em determinadas regiões do cérebro. No entanto, as tecnologias atuais de geração de neuroimagens, em particular a tomografia por emissão de pósitrons (PET) e a ressonância magnética funcional (IRMf), permitiram aos cientistas identificar pelo menos alguns componentes do circuito neural responsáveis pela depressão. Ao examinar esse circuito sistematicamente em estudo de pacientes voluntários, os cientistas passaram a entender quais padrões de atividade neural estão alterados e examinar os efeitos dos antidepressivos e da psicoterapia nesses padrões anormais de atividade. Além disso, a tecnologia recente de neuroimagem cerebral permitiu que os cientistas identificassem marcadores biológicos no cérebro que indicam quais pacientes precisam apenas de psicoterapia e quais necessitam de tratamento medicamentoso e psicoterapia.

Helen Mayberg, neurologista da Emory University, descobriu que o circuito neural da depressão tem vários nós, dois dos quais são especialmente importantes: a área cortical 25 (área subgenual do córtex cingulado anterior) e a área insular anterior direita.[3] A área 25 é uma região onde confluem o pensamento, o controle motor e o impulso, além de ser rica em neurônios que produzem transportadores de serotonina – proteínas que removem a serotonina da sinapse. Isso é importante porque a serotonina é um neurotransmissor modulador liberado por uma classe de células nervosas para ajudar a regular o humor. Os transmissores moduladores não apenas transmitem um impulso de uma célula para outra como "regulam" circuitos ou regiões inteiros. Os transportadores de serotonina são especialmente ativos em pessoas deprimidas e responsáveis, em parte, por diminuir a concentração de serotonina na área 25. O segundo nó crítico, a área insular anterior direita, é uma região onde confluem a autoconsciência e a experiência social. A região insular anterior conecta-se com o hipotálamo, que ajuda a regular o sono, o apetite e a libido, e também com o corpo amigdaloide, o hipocampo e o córtex pré-frontal. A região insular anterior direita recebe informações de nossos sentidos sobre o estado fisiológico de nosso corpo e, em resposta, gera emoções que transmitem nossas ações e decisões.

Outra estrutura cerebral implicada constantemente na depressão maior e no transtorno bipolar é a parte anterior do giro do cíngulo (do córtex cingulado anterior). Essa estrutura é paralela ao corpo caloso – feixe de fibras nervosas que conecta os hemisférios cerebrais direito e esquerdo. O córtex cingulado anterior é dividido funcionalmente em duas regiões. Uma região (a subdivisão rostroventral) provavelmente está envolvida em processos emocionais e funções autônomas; tem extensas conexões com o hipocampo, corpo amigdaloide, córtex pré-frontal orbital, região insular anterior e núcleo *accumbens*, uma parte importante do circuito de recompensa e prazer da dopamina no cérebro, como veremos no Capítulo 9. Acredita-se que a outra região (a subdivisão caudal) esteja envolvida em processos cognitivos e no controle do comportamento; conecta-se com as áreas dorsais do córtex pré-frontal, córtex motor secundário e córtex cingulado posterior.

As duas regiões apresentam alteração de função em pessoas com transtornos do humor, o que explica seus variados sintomas emocionais, cognitivos e comportamentais. A região envolvida com a emoção está em hiperatividade constante durante os episódios de depressão maior e a fase depressiva do transtorno bipolar. Como poderemos notar, o tratamento bem-sucedido com medicamentos antidepressivos está de fato correlacionado com a diminuição da atividade em uma parte específica dessa região, a área subgenual do córtex cingulado anterior.

A desconexão entre pensamento e emoção

Ao mesmo tempo que encontrou hiperatividade na área 25, Mayberg verificou atividade menor em outras partes do córtex pré-frontal de pessoas com depressão.[4] O córtex pré-frontal, como se sabe, é responsável pela concentração, tomada de decisões, julgamento e planejamento para o futuro. Ele se conecta diretamente com o corpo amigdaloide, hipotálamo, hipocampo e córtex insular, e cada uma dessas regiões, por sua vez, se conecta diretamente com a área 25. As conversas entre essas áreas cerebrais utilizam a emoção e o pensamento a fim de nos ajudar a planejar o dia e responder de forma saudável ao mundo que nos rodeia.

A neuroimagem revelou várias alterações na estrutura do cérebro que podem contribuir para alguns dos sintomas relatados por indivíduos com transtornos do humor. Por exemplo, a neuroimagem mostrou que pessoas com depressão possuem um corpo amigdaloide mais volumoso, e que pessoas com transtornos depressivos, de ansiedade e bipolar têm maior atividade no corpo amigdaloide. Os cientistas sugeriram que o aumento de atividade no corpo amigdaloide pode explicar a desesperança, a tristeza e a angústia mental que sentem os indivíduos com depressão. A neuroimagem também revelou que, como muitos outros transtornos, a depressão pode resultar em sinapses menores e menos numerosas no hipocampo. Na verdade, os episódios depressivos prolongados estão correlacionados com reduções no volume do hipocampo. Essa correlação explicaria os problemas de memória verificados em pessoas com depressão. A disfunção no funcionamento do hipotálamo, conforme constatado em imagens, pode contribuir em parte para a perda do impulso em pessoas com depressão, seja o impulso sexual ou o apetite por alimento. Por fim, a disfunção do córtex insular, estrutura envolvida com sensações corporais, pode explicar por que indivíduos com depressão não têm vitalidade e por que muitas vezes se sentem mortas por dentro.

Estudos sobre depressão sugerem que, sempre que a área 25 se torna hiperativa, os componentes do circuito neural envolvidos com emoção são literalmente desconectados do cérebro pensante, levando à perda de identidade pessoal. Os estudos de Mayberg sobre depressão em neuroimagem revelam onde ocorrem essas interrupções no circuito e ajudam a explicar por que a depressão pode causar sensações corporais que os pacientes não reconhecem ou com as quais não conseguem lidar de modo consciente.[5]

Tratando pessoas com depressão

A razão mais importante para desenvolver tratamentos eficazes para a depressão é evitar o suicídio. A depressão é responsável por mais da metade dos 43 mil suicídios que ocorrem nos Estados Unidos a cada ano. Além disso, cerca de 15% das pessoas com depressão cometem suicídio. Essa taxa é muito maior do que a taxa de suicídio entre pessoas com doenças terminais, se assemelha à taxa de homicídio na população geral dos EUA e ultrapassou a taxa de mortes no trânsito nesse país. Embora a quantidade de mulheres que sofrem de depressão seja o dobro da de homens, e as mulheres *tentem* o suicídio três vezes mais do que os homens, os homens têm três ou quatro vezes mais chances de se matar. A razão é que os homens tendem a escolher métodos mais agressivos – disparo de armas de fogo, salto de pontes, jogar-se sob um trem do metrô –, que têm maior probabilidade de serem fatais.

Tratamento medicamentoso

Os primeiros medicamentos usados para tratar pessoas com depressão foram descobertos por mero acaso. A casualidade não apenas provou ser providencial para os pacientes, mas também forneceu os primeiros dados sobre os aspectos do distúrbio bioquímico subjacente à depressão.

Em 1928, Mary Bernheim, aluna de pós-graduação do Departamento de Bioquímica da Universidade de Cambridge, na Inglaterra, descobriu a monoaminoxidase (MAO), uma enzima que degrada uma classe de neurotransmissores conhecida como monoaminas.[6] (Neurotransmissores, como vimos, são mensageiros químicos que os neurônios liberam nas sinapses para se comunicar com outros neurônios.) Sua descoberta levou à criação de uma droga denominada iproniazida, usada para tratar pessoas com tuberculose. Em 1951, médicos e enfermeiras que trabalhavam na ala de tuberculose do Sea View Hospital, em Staten Island, Nova York, notaram que os pacientes que tomavam iproniazida pareciam menos letárgicos e muito mais felizes do que aqueles que não tomavam o medicamento. Ensaios clínicos subsequentes revelaram que a iproniazida tinha propriedades antidepressivas. Logo depois, descobriu-se que a imipramina, uma droga desenvolvida inicialmente para tratar pessoas com esquizofrenia, também aliviava os sintomas de depressão ao bloquear a recaptação de monoaminas nas terminações nervosas. A *recaptação* é um processo que recicla os neurotransmissores e interrompe a sinalização.

Os efeitos antidepressivos da iproniazida e da imipramina sugeriam que as monoaminas estavam de alguma forma envolvidas na depressão. Mas como?

Pesquisadores descobriram que a monoaminoxidase degrada e remove das sinapses dois neurotransmissores: noradrenalina e serotonina. Sem quantidade suficiente desses neurotransmissores, as pessoas apresentam sintomas de depressão. Os cientistas concluíram que a inibição da ação da enzima que remove transmissores monoaminérgicos da sinapse deixa mais noradrenalina e serotonina nas sinapses, aliviando, assim, os sintomas da depressão. Em decorrência disso, surgiu a ideia de utilizar inibidores da monoaminoxidase como tratamento para a depressão. Mais tarde, pesquisadores descobriram que a iproniazida e a imipramina também resultam em aumento no tamanho e número de sinapses no hipocampo e no córtex pré-frontal, regiões do cérebro em que as conexões sinápticas são danificadas pelo estresse e pela depressão.

A compreensão de como esses dois antidepressivos atuam levou ao desenvolvimento da *hipótese monoaminérgica*, segundo a qual a depressão resulta da depleção parcial de noradrenalina ou serotonina, ou ambas. Essa hipótese também esclareceu o mistério em torno da droga reserpina, usada na década de 1950 para tratar pressão alta e que induziu depressão em 15% das pessoas que a utilizaram. Verificou-se que a reserpina também causa depleção de noradrenalina e serotonina no cérebro.

A hipótese monoaminérgica da depressão foi modificada nos anos 1980 com a introdução de drogas como a fluoxetina (Prozac), conhecidas como *inibidores seletivos da recaptação de serotonina* (ISRS). Essas drogas aumentam as concentrações de serotonina na sinapse ao bloquear sua recaptação; elas não atuam sobre a noradrenalina. A descoberta levou os pesquisadores a concluírem que a depressão está relacionada especificamente à depleção de serotonina e não à de noradrenalina.

Com o tempo, entretanto, os cientistas perceberam que tratar a depressão é mais do que uma simples questão de tornar as sinapses repletas de serotonina. A princípio, aumentar a serotonina não ajudou na melhoria de todos os pacientes. Por outro lado, a redução da serotonina não piorou de forma consistente os sintomas em pessoas deprimidas nem produziu depressão em todas as pessoas saudáveis. Além disso, medicamentos antidepressivos, como o Prozac, aumentam a serotonina de maneira muito rápida em pessoas deprimidas, ainda que elas não demonstrem melhora no humor ou conexões sinápticas por semanas. Embora a hipótese monoaminérgica não tenha conseguido explicar plenamente a biologia da depressão, estimulou ótimos estudos sobre o cérebro e ajudou a esclarecer o importante papel que a serotonina desempenha na regulação do humor. Desse modo, a hipótese melhorou a vida de muitas pessoas com depressão.

Pelo fato de que os inibidores seletivos da recaptação de serotonina levam cerca de duas semanas para surtir efeito – um intervalo que pode contribuir para tentativas de suicídio – e de que um número significativo de pessoas não responde de forma alguma a esses inibidores de recaptação, novas drogas eram realmente necessárias. No entanto, apesar dos intensos esforços, vinte anos se passaram antes que uma droga de ação rápida surgisse para tratar pessoas com transtornos depressivos.

Essa droga era a cetamina, um anestésico veterinário. A cetamina, cujo mecanismo de ação foi descoberto por Ronald Duman e George Aghajanian em Yale,[7] atua em questão de horas em pessoas com depressão resistente ao tratamento. Além disso, o efeito dessa única dose pode durar vários dias. A cetamina também parece reduzir pensamentos suicidas e agora está sendo explorada como possível tratamento de curto prazo para episódios depressivos em pessoas com transtorno bipolar.

A cetamina age de maneira diferente dos antidepressivos tradicionais. Antes de mais nada, tem como alvo o glutamato, não a serotonina. Para entender a importância disso, primeiro devemos saber que os neurotransmissores são agrupados em duas categorias: mediadores e moduladores. Os *neurotransmissores mediadores* são liberados por um neurônio na sinapse e atuam diretamente na célula-alvo, excitando-a ou inibindo-a. O glutamato é o principal transmissor excitatório, e o GABA (ácido gama-aminobutírico) é o transmissor inibitório mais comum. Por outro lado, os *neurotransmissores moduladores*, como a dopamina e a serotonina, regulam a ação dos neurotransmissores excitatórios e inibitórios.

Por atuar no neurotransmissor excitatório glutamato, que afeta diretamente a célula-alvo, a cetamina reduz a depressão de maneira mais rápida que as drogas que atuam no neurotransmissor modulador serotonina. Além disso, a cetamina impede a transmissão de glutamato de um neurônio para o próximo, bloqueando um receptor específico de glutamato na célula-alvo. Uma vez que um receptor bloqueado pela cetamina não pode se ligar ao glutamato, o neurotransmissor não pode afetar a célula-alvo. A demonstração do efeito antidepressivo da cetamina mudou profundamente a forma de pensar sobre a depressão.

Os efeitos benéficos da cetamina revelam ainda outro mecanismo que contribui para a depressão. Como vimos, a depressão é causada não apenas pela insuficiência de serotonina e adrenalina, mas também pelo estresse, que resulta na liberação excessiva de cortisol, danificando os neurônios no hipocampo e no córtex pré-frontal. Quando isso ocorre, altas concentrações de cortisol também causam aumento de glutamato, e grandes doses de glutamato danificam os neurônios exatamente nas mesmas áreas do cérebro.

Quase todos os antidepressivos, incluindo a cetamina, promovem o crescimento de sinapses no hipocampo e no córtex pré-frontal e, dessa forma, compensam os danos causados pelo cortisol e pelo glutamato, permitindo explicar ainda mais por que essas drogas são tão eficazes. Além disso, em roedores a cetamina age rapidamente para induzir o crescimento de sinapses e reverter a atrofia causada pelo estresse crônico. Por tudo isso, a descoberta da cetamina foi reconhecida como o avanço mais importante na pesquisa sobre depressão no último meio século. No entanto, por causar efeitos colaterais como náusea, vômito e desorientação, a cetamina não pode ser utilizada por um período prolongado e, portanto, não pode substituir os inibidores seletivos da recaptação de serotonina. Por outro lado, em virtude de sua ação rápida, a cetamina é usada para

As emoções e a integridade do *self*: depressão e transtorno bipolar **59**

diminuir o risco de suicídio durante cerca de duas semanas, que se fazem necessárias a fim de que os medicamentos que aumentam a serotonina tenham efeito.

Psicoterapia: a cura pela fala

A psicoterapia é parte integrante do tratamento para a maioria das pessoas com doenças psiquiátricas. É simplesmente um diálogo entre um paciente e um terapeuta em um relacionamento solidário. Embora várias formas de psicoterapia possam ter bases teóricas um tanto diferentes, todas compartilham esse elemento essencial. A psicoterapia tem sido usada para tratar pacientes há mais de um século, mas só agora os cientistas estão começando a entender como ela age no cérebro.

A primeira forma de psicoterapia foi a psicanálise, que surgiu com Josef Breuer, um colega sênior de Freud na Vienna School of Medicine. Em 1895, Freud se associou a Breuer para publicar um artigo sobre uma paciente, Anna O., que sofria de paralisia no lado esquerdo do corpo – uma paralisia que não tinha base neurológica.[8] Breuer incentivou Anna O. a falar livremente sobre suas memórias, fantasias e sonhos. No curso dessa *associação livre*, como a denominou mais tarde, ela se lembrou de eventos traumáticos. A recuperação dessas memórias resultou no alívio de sua paralisia.

Freud ficou muito impressionado com esse caso. Ele utilizou a técnica de Breuer para obter informações sobre seus próprios pacientes. A partir de suas fantasias e lembranças, Freud inferiu que as origens da doença mental estão na primeira infância. Três estudiosos contemporâneos da psicanálise, Steven Roose, da Columbia University College of Physicians and Surgeons, Arnold Cooper, do Weill Cornell Medical Center, e Peter Fonagy, da University College London, destacam três observações fundamentais de Freud que são essenciais para a psicanálise.[9]

Primeiro, as crianças têm instintos comportamentais sexuais e agressivos. As proibições sociais que controlam essas necessidades instintivas começam cedo na vida e continuam até a idade adulta. Em outras palavras, sexualidade e agressão não surgem na idade adulta; elas estão presentes na infância.

Em segundo lugar, as crianças suprimem e tornam inconscientes os conflitos entre necessidades precoces e proibições, assim como os primeiros traumas. Esses sentimentos reprimidos podem resultar em sintomas de doença mental na idade adulta. No curso da associação livre durante a psicanálise, o paciente libera seus conflitos reprimidos. As interpretações dessas revelações pelo terapeuta podem ajudar a resolver os conflitos e, dessa forma, aliviar os sintomas mentais do paciente.

60 Mentes diferentes

Terceiro, o relacionamento do paciente com o terapeuta reproduz as primeiras relações do paciente. Essa representação é denominada *transferência*. A transferência e a interpretação da transferência pelo terapeuta desempenham papel central no processo terapêutico.

A psicanálise anunciou um novo método de investigação psicológica, baseado na associação livre e na interpretação. Freud ensinou os psicanalistas a ouvir atentamente os pacientes de uma forma que ninguém jamais havia feito. Ele também estabeleceu uma maneira provisória de dar sentido às associações aparentemente sem relação e incoerentes dos pacientes.

Embora a psicanálise tenha sido historicamente científica em seus objetivos, ela raramente foi científica em seus métodos (ver Cap. 11). Freud e os fundadores originais da psicanálise realizaram de fato poucas tentativas sérias de provar a eficácia da psicoterapia. Essa maneira de pensar mudou na década de 1970, quando Aaron Beck, psicanalista da Universidade da Pensilvânia, começou a testar as ideias de Freud sobre depressão.

Freud afirmou que pessoas deprimidas se sentem hostis contra alguém que amam, ainda que tenham dificuldade para nutrir sentimentos negativos em relação a uma pessoa que é importante para elas. Portanto, elas reprimem os sentimentos negativos e, inconscientemente, os direcionam para dentro de si. Essa raiva acaba levando a sentimentos de inutilidade e baixa autoestima, característicos da depressão.

Beck descobriu, entretanto, que seus pacientes deprimidos na verdade exibiam menos hostilidade do que seus outros pacientes. Em vez disso, os pacientes deprimidos de forma constante se consideravam perdedores, tinham expectativas exageradamente altas sobre si mesmos e lidavam mal com o mais simples desapontamento. Esse padrão de pensamento reflete um transtorno de estilo cognitivo, de como nos percebemos no mundo.

Beck imaginou que, ao identificar essas crenças e pensamentos negativos e depois ajudar o paciente a substituí-los por pensamentos mais positivos, poderia aliviar a depressão sem ter que lidar com conflitos inconscientes específicos. Ele testou sua ideia ao apresentar aos pacientes evidências de suas realizações, conquistas e sucessos, desafiando, assim, suas visões negativas de si mesmos. Seus pacientes muitas vezes melhoraram com incrível rapidez, sentindo-se e agindo melhor depois de apenas algumas sessões.

Esse resultado positivo estimulou Beck a desenvolver um tratamento psicológico curto e sistemático para a depressão, com base no estilo cognitivo e no modo distorcido de pensar do paciente. Ele denominou o tratamento *terapia cognitivo-comportamental*. Após certificar-se de que isso funcionava repetidamente, escreveu um manual para que outras pessoas pudessem realizar o mesmo tratamento.[10] Por fim, realizou estudos de resultados.

As emoções e a integridade do *self*: depressão e transtorno bipolar **61**

Os estudos de resultados mostraram que, para depressão leve e moderada, a terapia cognitivo-comportamental era melhor que um placebo e tão boa quanto, senão melhor, que os antidepressivos. Para depressão grave, a terapia não era tão boa quanto um antidepressivo; no entanto, a terapia e o antidepressivo eram sinérgicos – ou seja, os dois tratamentos simultâneos proporcionavam maior benefício para o paciente do que cada tratamento individualmente.[11]

A terapia cognitivo-comportamental teve uma poderosa influência na psiquiatria e no pensamento psicanalítico. Isso mostra que um processo complexo como a psicoterapia pode ser estudado e que seus resultados podem ser avaliados. Por essa razão, a psicoterapia está sendo testada empiricamente.

Os psiquiatras costumavam pensar que a psicoterapia e as drogas atuassem de maneiras diferentes – a psicoterapia agia em nossa mente e as drogas em nosso cérebro. Agora eles sabem que não é assim. A interação entre terapeuta e paciente pode realmente mudar a biologia do cérebro. Essa descoberta não é de causar espanto. Meu próprio trabalho mostrou que a aprendizagem provoca modificações anatômicas nas conexões entre neurônios. Essa alteração anatômica é um mecanismo subjacente à memória – e a psicoterapia, afinal, é um processo de aprendizagem.

Por isso, à medida que a psicoterapia produz mudanças persistentes no comportamento, também está produzindo alterações no cérebro. Agora, de fato, os estudos estão nos dando uma ideia mais clara sobre quais tipos de psicoterapia funcionam melhor e para quais tipos de pacientes.

A combinação de medicamentos com psicoterapia

Todos os tratamentos farmacológicos são acompanhados por efeitos colaterais indesejados, que variam de incômodos a potencialmente fatais; em decorrência disso, os pacientes geralmente interrompem o uso desses medicamentos. A psicoterapia, conhecida por sua eficácia, não apresenta esses efeitos colaterais. Por esse motivo, o melhor tratamento para muitas pessoas com depressão é uma combinação de medicamentos e psicoterapia.

Na década de 1990, pesquisadores clínicos como Beck descobriram como usar medicamentos e psicoterapia de forma sinérgica. À medida que a medicação ajuda a restaurar o equilíbrio de substâncias químicas no cérebro, a psicoterapia propicia uma relação consistente, solidária e saudável com o terapeuta. Esses são os principais ingredientes para reverter a doença mental e permitir que as pessoas tenham uma vida plena e produtiva.

Kay Redfield Jamison, codiretora do Mood Disorders Center da Johns Hopkins School of Medicine, e que apresenta, ela mesma, transtorno bipolar, concorda fortemente com essa afirmação. Em seu livro *Uma mente inquieta*, ela relata

62 Mentes diferentes

que a psicoterapia "confere algum sentido à confusão, refreia os pensamentos e sentimentos apavorantes, devolve algum controle, esperança e possibilidade de aprender com tudo isso. Os comprimidos não podem e não conseguem facilitar nossa volta à realidade".[12]

Andrew Solomon concorda:

> Um dia comecei a retornar para uma cópia minha razoável... Eu tinha que descobrir o que desencadeava meus episódios e aprender a controlá-los. Isso eu fazia com o terapeuta analítico com quem comecei a trabalhar... Uma vez que você tenha ficado deprimido e, sobretudo, depois de ter permitido que a medicação redefinisse seus estados mentais, você precisa entender fundamentalmente quem você é...
>
> Agora eu tenho uma psicofarmacologista e um psicanalista, e não seria quem sou hoje sem o trabalho deles e sem o trabalho que fiz com os dois. A tendência das explicações biológicas da depressão parece esquecer que a química tem um vocabulário diferente para um conjunto de fenômenos que também podem ser descritos sob o aspecto psicodinâmico. Nossa farmacologia e visão analítica não são avançadas o suficiente para realizar todo o trabalho; abordar a questão da depressão a partir dos dois ângulos é descobrir não apenas como se recuperar, mas também como viver a vida durante a recuperação.[13]

Em um estudo recente de pessoas com depressão, Mayberg forneceu a cada pessoa uma terapia cognitivo-comportamental ou um medicamento antidepressivo. Ela descobriu que os indivíduos que começaram com atividade basal abaixo da média na região insular anterior direita responderam bem à terapia cognitivo-comportamental, mas não ao antidepressivo. Pessoas com atividade acima da média responderam ao antidepressivo, mas não à terapia cognitivo--comportamental. Desse modo, Mayberg descobriu que poderia prever a resposta de um indivíduo deprimido a tratamentos específicos a partir da atividade basal na região insular anterior direita.[14]

Esses resultados demonstram quatro coisas muito importantes sobre a biologia dos distúrbios cerebrais. Primeiro, os circuitos neurais afetados por distúrbios psiquiátricos são complexos. Segundo, podemos identificar marcadores mensuráveis específicos de um distúrbio cerebral, e esses biomarcadores podem prever o resultado de dois tratamentos diferentes: psicoterapia e medicação. Em terceiro lugar, a psicoterapia é um tratamento biológico; produz mudanças físicas duradouras e detectáveis em nosso cérebro. E quarto, os efeitos da psicoterapia podem ser estudados de maneira empírica.

Muitos psicoterapeutas demoraram para investigar a base empírica de seu tratamento, em parte porque vários deles acreditam que o comportamento hu-

As emoções e a integridade do *self*: depressão e transtorno bipolar **63**

mano é muito difícil de estudar em termos científicos. A constatação de Mayberg de que a terapia cognitivo-comportamental é um tratamento biológico propicia agora uma oportunidade para avaliar o resultado da psicoterapia de modo precisamente objetivo.

Terapias de estimulação cerebral

Algumas pessoas com depressão não respondem a medicamentos ou psicoterapia. Para muitas dessas pessoas, terapias como a eletroconvulsoterapia e a estimulação cerebral profunda se mostraram benéficas.

A eletroconvulsoterapia (eletrochoque) ganhou má reputação durante as décadas de 1940 e 1950, pois os pacientes recebiam altas doses de eletricidade sem anestesia, resultando em dor, fraturas ósseas e outros efeitos colaterais graves. Hoje, a eletroconvulsoterapia é indolor. Depois que o paciente está sob anestesia geral e recebe um relaxante muscular, essa técnica é aplicada por meio de pequenas correntes elétricas que induzem uma breve convulsão, e geralmente é muito eficaz. Muitos pacientes são submetidos a 6-12 sessões durante um período de várias semanas. Os cientistas ainda não compreendem muito bem como essa terapia funciona, mas acredita-se que ela alivie a depressão ao produzir alterações na química do cérebro. Infelizmente, os efeitos da eletroconvulsoterapia em geral não duram muito tempo.

Na década de 1990, a estimulação cerebral profunda foi aprimorada por Mahlon DeLong, da Emory University, e Alim-Louis Benabid, da Joseph Fourier University, em Grenoble, França, para tratar pessoas com doença de Parkinson. Nesse tratamento, os cirurgiões colocam um eletrodo na região disfuncional de um circuito neural e implantam um dispositivo em outra parte do corpo do paciente que envia impulsos elétricos de alta frequência para aquela região – como um marca-passo ao regular os batimentos cardíacos. Os impulsos bloqueiam o disparo de neurônios cujos sinais anormais causam os sintomas da doença de Parkinson.

Mayberg estava familiarizada com esses avanços e achava que reduzir a frequência de disparo dos neurônios na área 25 poderia aliviar os sintomas da depressão. Ela usou estimulação cerebral profunda na região insular anterior para tratar 25 pessoas com depressão resistente ao tratamento. Mayberg colaborou com uma equipe de neurocirurgiões, primeiro na Universidade de Toronto e depois na Emory, que implantou os eletrodos. Quando ligou a eletricidade na sala de cirurgia, observou mudanças quase imediatas no humor dos pacientes, que já não sentiam a infindável dor psíquica característica da depressão. Além disso, os outros sintomas da depressão também foram gradualmente abolidos. As pessoas se recuperaram e se estabilizaram em longo prazo.[15]

Transtorno bipolar

O transtorno bipolar é caracterizado por mudanças extremas de humor, pensamento, energia e comportamento que geralmente alternam entre depressão e mania. Esses humores alternados distinguem o transtorno bipolar da depressão maior.

Os episódios maníacos são caracterizados por humor elevado, expansivo ou irritável, acompanhado de vários outros sintomas, como aumento de atividade, aceleração de pensamentos, impulsividade e diminuição da necessidade de sono. Esses episódios são frequentemente associados a comportamentos de alto risco como abuso de substâncias, promiscuidade sexual, gastos excessivos ou até mesmo violência. Durante um episódio maníaco, as pessoas podem dizer e fazer coisas que desgastam seus relacionamentos com os outros. Elas podem ter problemas com a lei ou no trabalho. Os episódios maníacos podem ser assustadores, tanto para os indivíduos com transtorno bipolar como para pessoas próximas a eles.

Cerca de 25% das pessoas com depressão maior passam por um episódio maníaco. O episódio maníaco inicial geralmente é desencadeado por uma situação pessoal, uma circunstância ambiental ou ambas. Gatilhos comuns incluem acontecimentos estressantes da vida (positivos ou negativos); conflitos ou relações estressantes com outras pessoas; rotina ou padrões de sono afetados; estimulação excessiva; e doença física. O episódio maníaco é seguido por um episódio depressivo. Embora normalmente os surtos depressivos retornem em qualquer forma de depressão, sua recorrência é duas vezes mais frequente no transtorno bipolar, o qual consiste em períodos alternados de mania e depressão, o que resulta em episódios maníacos que retornam com igual frequência.

Quando ocorre o primeiro episódio maníaco – em geral por volta dos 17-18 anos –, o cérebro sofre alteração de um modo que ainda não entendemos, de tal forma que mesmo eventos menores podem desencadear um episódio maníaco posterior. Após o terceiro ou quarto episódio maníaco, pode não haver necessidade de um gatilho. Quando uma pessoa com transtorno bipolar envelhece, a doença avança e os intervalos entre os episódios podem se tornar mais curtos, sobretudo se ela interromper o tratamento.

O transtorno bipolar afeta cerca de 1% dos americanos, ou seja, mais de 3 milhões de pessoas. Enquanto a depressão afeta mais mulheres do que homens, o transtorno bipolar afeta igualmente homens e mulheres. O transtorno assume vários tipos, porém os mais comuns são conhecidos como bipolar I e bipolar II. As pessoas com transtorno bipolar tipo I têm episódios maníacos e, às vezes, passam à psicose com sintomas como delírios e alucinações, enquanto pessoas com transtorno bipolar tipo II apresentam episódios *hipomaníacos* menos graves. Algumas pessoas experimentam sintomas de mania e depressão ao mesmo tempo, uma condição conhecida como estado misto.

Não sabemos exatamente o que causa o transtorno bipolar, mas sabemos que suas origens são complexas e envolvem fatores genéticos, bioquímicos e ambientais. Estamos todos sujeitos a oscilações de humor: um acontecimento empolgante pode nos tornar eufóricos, enquanto um desagradável pode nos abater. A maioria de nós retorna ao estado normal em pouco tempo. No entanto, o mesmo evento pode levar uma pessoa com transtorno bipolar a mergulhar em depressão profunda ou mania por muito tempo. Dois fatores de risco são particularmente importantes no transtorno bipolar: primeiro, uma predisposição genética, como indicada por um irmão ou um dos pais com o transtorno; e segundo, períodos de grande estresse.

Os episódios depressivos no transtorno bipolar são semelhantes aos da depressão maior. Dessa forma, a pesquisa realizada sobre a biologia da depressão maior – o papel crítico do estresse, o circuito neural da depressão, a desconexão entre pensamento e emoção, a ação dos antidepressivos e a importância da psicoterapia – aplica-se à fase depressiva do transtorno bipolar também. Infelizmente, nossa compreensão sobre as bases moleculares da mania não é tão avançada quanto a da depressão.

Tratando pessoas com transtorno bipolar

Pessoas com transtorno bipolar por vezes não estão cientes da necessidade de tratamento contínuo, sobretudo durante a fase maníaca. É muito difícil, por exemplo, convencer um jovem de 18 anos que fica acordado a noite toda – cheio de energia, repleto de ideias aparentemente ótimas, com pensamento rápido e frenético – de que ele está doente. À medida que a mania progride, entretanto, a pessoa pode se tornar desorganizada, psicótica e autodestrutiva.

Kay Jamison (Fig. 3.2), a quem já nos referimos anteriormente, percebeu pela primeira vez que estava doente quando tinha cerca de 17 anos e estava no último ano do ensino médio. Ela descreveu seu transtorno bipolar e a interação de medicamento e psicoterapia ao tratá-lo:

> Há um tipo especial de dor, exultação, solidão e pavor envolvidos nessa classe de loucura. Quando se está para cima, é fantástico. As ideias e sentimentos são velozes e frequentes como estrelas cadentes, e você os segue até encontrar algum melhor e mais brilhante. A timidez some; as palavras e os gestos certos de repente aparecem; o poder de cativar os outros, uma certeza incontestável. Descobrem-se interesses em pessoas desinteressantes. A sensualidade é difusa; e o desejo de seduzir e ser seduzida, irresistível. Sensações de desenvoltura, ener-

Figura 3.2 Kay Redfield Jamison.

gia, poder, bem-estar, onipotência financeira e euforia estão impregnadas em nosso cerne. Mas, em algum ponto, tudo muda. As ideias rápidas são velozes demais e surgem em grande quantidade. Uma confusão arrasadora toma o lugar da clareza. A memória desaparece. O humor e o prazer na face dos amigos são substituídos por medo e preocupação. Tudo que antes era favorável agora é adverso – você fica irritadiça, zangada, assustada, incontrolável e totalmente presa nos antros mais sombrios da mente. Você nunca soube que esses antros existiam. E isso nunca termina, pois a loucura esculpe sua própria realidade.[16]

Estudos de neuroimagem funcional mostraram amplas diferenças entre cérebros de pessoas saudáveis e com transtorno bipolar. Isso não é surpresa. No entanto, se os episódios maníacos são o que distingue o transtorno bipolar da depressão, deveríamos então observar alterações adicionais ou distintas nos cérebros de pessoas com transtorno bipolar, as quais causam os sintomas de mania e a transição de um estado para o outro. Na verdade, porém, tem sido difícil documentar diferenças convincentes. As melhores informações são decorrentes das tentativas de entender como o lítio – administrado no tratamento de maior sucesso para a doença maníaca – afeta o cérebro.

No século II d.C. o médico grego Soranus tratava pacientes maníacos com águas alcalinas hoje reconhecidas como de alto teor de lítio. O benefício do lítio

As emoções e a integridade do *self*: depressão e transtorno bipolar **67**

foi redescoberto em 1948 pelo psiquiatra australiano John Cade, ao notar que a substância tornava as cobaias temporariamente letárgicas. Cade introduziu oficialmente o lítio no tratamento moderno do transtorno bipolar em 1949, e ele tem sido usado desde então.

Ao contrário de outros medicamentos usados para tratar doenças psiquiátricas, o lítio é um sal; consequentemente, não se liga a um receptor na superfície do neurônio. Em vez disso, ele entra no neurônio por transporte ativo através dos canais de íons de sódio na membrana celular que se abrem em resposta a um estímulo externo (ver Cap. 1). Quando um canal de íon de sódio se abre, o sódio e o lítio entram na célula. Posteriormente, o sódio é bombeado para fora da célula, mas o lítio não. Ao permanecer no interior do neurônio, o lítio pode estabilizar as mudanças de humor ao afetar a ação dos neurotransmissores, diretamente ou por meio da interação com um sistema de segundo mensageiro.

Como pudemos notar, os neurotransmissores ligam-se a receptores na membrana celular. Isso ativa os sistemas de segundo mensageiro, que transmitem sinais dos receptores para moléculas no interior do neurônio. O lítio pode neutralizar a ativação dos sistemas de segundo mensageiro, reduzindo, assim, a transmissão do sinal. O lítio também pode atenuar a capacidade de resposta de um neurônio aos neurotransmissores no interior da célula. Isso poderia explicar por que o lítio atua de modo tão eficaz no transtorno bipolar: ele pode diminuir a sensibilidade do neurônio a estímulos externos e internos. Além disso, o lítio afeta os neurotransmissores moduladores serotonina e dopamina, assim como o neurotransmissor mediador GABA. Portanto, sua eficácia pode ser atribuída a seus efeitos neurobiológicos amplos, e não a um único mecanismo.

Outra maneira possível de o lítio exercer seus efeitos benéficos é restaurar a homeostase iônica em neurônios excessivamente ativos. A ideia aqui é que o lítio restitua o estado de repouso aos neurônios pelo aumento ou diminuição de sua sensibilidade aos estímulos. Mais uma vez, o lítio pode atuar diretamente sobre os receptores de superfície dos neurônios ou por meio da interação com os sistemas intracelulares de segundo mensageiro.

Um aspecto fascinante do tratamento com lítio para a mania é o fato de que ele não faz efeito por vários dias, e seus efeitos não desaparecem imediatamente após o tratamento ser descontinuado.

Hoje, o transtorno bipolar é tratado com uma combinação de drogas estabilizadoras do humor e psicoterapia. A psicoterapia ajuda as pessoas com transtorno bipolar a reconhecer as situações emocionais e físicas específicas que desencadeiam episódios depressivos ou maníacos e enfatiza a importância de administrar e reduzir o estresse. Episódios depressivos de transtorno bipolar que não são contidos por estabilizadores de humor como lítio, antipsicóticos atípicos ou drogas antiepilépticas são tratados com antidepressivos. Embora o lítio reduza a gravidade e a frequência dos episódios maníacos em muitos pacientes, nem todos com transtorno bipolar respondem a ele. Além disso, o lítio tem efeitos colaterais desagradáveis. Portanto, precisamos encontrar tratamentos ainda melhores.

Transtornos do humor e criatividade

A associação entre transtornos do humor e criatividade, sobretudo a relação entre criatividade e transtorno bipolar, foi observada ao longo da história, desde a Grécia Antiga até a era moderna. Vincent van Gogh, por exemplo, sofreu de depressão durante grande parte de sua vida adulta e cometeu suicídio aos 37 anos. No entanto, apesar de enfrentar episódios graves de depressão psicótica e mania durante os últimos dois anos de sua vida, ele produziu trezentos de seus trabalhos mais importantes durante esse período. Essas obras revelaram-se importantes na história da arte moderna porque Van Gogh não usava a cor para transmitir a realidade da natureza, mas de forma arbitrária, para transmitir os estados de ânimo.

Estudos empíricos de artistas e escritores contemporâneos encontraram altos índices de transtorno bipolar entre esses grupos. Vamos considerar ainda mais a relação entre criatividade e transtornos do humor no Capítulo 6.

A genética dos transtornos do humor

Na maior parte das vezes, nossos genes determinam se há probabilidade de desenvolvermos um transtorno do humor. Como vimos no Capítulo 1, estudos de gêmeos idênticos criados separadamente – a melhor maneira de separar a natureza da criação – indicam que, se um gêmeo tem transtorno bipolar, o outro tem 70% de chance de desenvolvê-lo. A probabilidade é de 50% para a depressão maior.

Os cientistas descobriram recentemente que distúrbios cerebrais complexos, como depressão, transtorno bipolar, esquizofrenia e autismo, compartilham algumas variantes genéticas que aumentam o risco de desenvolver um desses distúrbios. Dessa forma, o transtorno bipolar surge de uma interação de fatores genéticos e do desenvolvimento com fatores ambientais. Os cientistas também descobriram dois genes que podem gerar risco para a esquizofrenia e os transtornos do humor. Portanto, é evidente que nenhum gene único afeta de maneira significativa o desenvolvimento do transtorno bipolar ou da esquizofrenia. Muitos genes diferentes estão envolvidos, e se associam a fatores ambientais de maneira complexa. Discutiremos essas e outras descobertas da pesquisa genética em mais detalhes no Capítulo 4.

Um grupo internacional analisou recentemente informações genéticas de 2.266 pessoas com transtorno bipolar e 5.028 indivíduos semelhantes sem o transtorno. Eles mesclaram suas informações com as de milhares de outras pessoas de estudos anteriores. Ao todo, o banco de dados incluiu material genético de 9.747 pessoas com transtorno bipolar e 14.278 pessoas sem o transtorno.

Os pesquisadores analisaram cerca de 2,3 milhões de regiões diferentes do DNA. Essa pesquisa os levou a cinco regiões que pareciam estar associadas ao transtorno bipolar.[17] Duas regiões contêm novos genes candidatos que provavelmente predispõem uma pessoa ao transtorno bipolar, uma no cromossomo 5 e outra no cromossomo 6; foi confirmado que as três regiões restantes, previamente suspeitas de associação, estão relacionadas ao distúrbio. Um dos genes recém-descobertos, o *ADCY2*, foi de particular interesse. Esse gene controla a produção de uma enzima que facilita a sinalização neural, uma descoberta que se ajusta muito bem à observação de que a transferência de informação em certas regiões do cérebro é prejudicada em pessoas com transtorno bipolar.

Identificar os genes que nos tornam suscetíveis ao transtorno bipolar, como esse grupo fez, é um passo importante para compreender como se desenvolvem os transtornos do humor. Uma vez que entendemos suas bases biológicas, podemos começar a desenvolver tratamentos mais eficazes e precisos. Também podemos reconhecer indivíduos em risco, levando a uma intervenção precoce e a uma compreensão dos fatores ambientais que interagem com genes para gerar transtornos do humor. Por fim, ao compreendermos a biologia dos transtornos do humor, também começamos a entender os fundamentos biológicos dos estados normais de humor em que se baseia nosso bem-estar emocional cotidiano.

Pensar no futuro

Nossa compreensão sobre a genética da depressão e do transtorno bipolar ainda está na fase inicial. Trata-se, afinal de contas, de doenças muito complexas. Elas interrompem as conexões entre as estruturas cerebrais responsáveis por emoção, pensamento e memória – conexões cruciais para o nosso senso de *self*. É por isso que as pessoas com transtornos do humor apresentam uma série de sintomas psicológicos e físicos. Apenas recentemente os neurocientistas puderam ver, em tempo real, o que se passa no cérebro de indivíduos com esses distúrbios, oferecendo, assim, a possibilidade de correlacionar genética, fisiologia cerebral e comportamento.

No entanto, enormes avanços foram feitos em outras áreas de pesquisa, sobretudo sobre depressão – descoberta do circuito neural para depressão, utilização da estimulação cerebral profunda para mudar o disparo de neurônios naquele circuito, visualização da desconexão entre as estruturas cerebrais responsáveis pela emoção e pelo pensamento, bem como a compreensão da natureza biológica da psicoterapia. Esses e outros avanços proporcionaram melhores tratamentos para pessoas com transtornos do humor.

Hoje, com vigilância constante, tratamento adequado e assistência especializada e solidária de profissionais de saúde atualizados, a maioria das pessoas com transtornos do humor pode recuperar e manter o equilíbrio emocional e viver bem. Com a compreensão por parte dos membros da família e amigos – entendimento sobre a experiência do paciente e a ciência da doença –, pode-se evitar ou reparar prejuízos aos relacionamentos. Em decorrência de termos a compreensão biológica do *self*, os transtornos do humor tornaram-se doenças tratáveis.

4

A capacidade de pensar, de tomar decisões e executá-las: esquizofrenia

A esquizofrenia provavelmente se inicia antes do nascimento, mas em geral não se manifesta até o final da adolescência ou início da idade adulta. Quando essa doença surge, muitas vezes tem efeitos devastadores sobre o pensamento, a volição, o comportamento, a memória e a interação social – os fundamentos do nosso senso de *self* – exatamente na época em que os jovens estão se tornando independentes. Da mesma forma que a depressão e o transtorno bipolar, a esquizofrenia é um transtorno psiquiátrico complexo que afeta inúmeras regiões do cérebro e, no final, compromete a integridade do *self*.

A biologia da esquizofrenia é, sobretudo, de difícil esclarecimento por causa das vastas consequências do transtorno no cérebro e no comportamento. Este capítulo apresenta o que os neurocientistas tiveram a oportunidade de descobrir sobre a esquizofrenia até agora: quais circuitos ela afeta no cérebro, quais tratamentos estão disponíveis aos pacientes e quais componentes genéticos e do desenvolvimento estão por trás do distúrbio. A nova perspectiva da esquizofrenia, como um transtorno do neurodesenvolvimento que, ao contrário do autismo, se manifesta mais tarde na vida, surgiu da significativa pesquisa genética realizada sobre a doença.

Avanços técnicos recentes em genética e neuroimagem têm proporcionado aos cientistas novos conhecimentos sobre a biologia da esquizofrenia. Com base nesses avanços, estamos começando a entender como a esquizofrenia afeta o cérebro e a desenvolver modelos animais que nos permitam testar hipóteses específicas e explorar como a doença começa. Esses avanços recentes podem constituir um meio para a intervenção e o tratamento precoces.

Os sintomas característicos da esquizofrenia

A esquizofrenia produz três tipos de sintomas, cada um decorrente de distúrbios em uma região diferente do cérebro. Isso faz dela um transtorno particularmente difícil de entender e tratar.

Os sintomas positivos da esquizofrenia – denominados "positivos" não porque sejam bons, mas porque representam novos tipos de comportamento da pessoa que os apresenta – são os sintomas associados com mais frequência à doença e os primeiros que os pacientes geralmente reconhecem. Sintomas positivos refletem a volição e o pensamento desordenados. Pelo pensamento desordenado a pessoa se desliga da realidade, o que resulta em percepções e comportamentos alterados, como alucinações e delírios. Esses sintomas psicóticos podem ser aterrorizantes não apenas para as pessoas que os possuem, mas também para aquelas que os presenciam. Eles também constituem uma das principais causas do estigma associado às pessoas com esquizofrenia.

O artista inglês Louis Wain transmitiu sua experiência com os sintomas positivos da esquizofrenia (em especial a percepção alterada) em seus desenhos de gatos (Fig. 4.1). Como Kraepelin reconheceu, e como veremos no Capítulo 6, às vezes capacidades artísticas notáveis se manifestam pela primeira vez em pessoas que desenvolveram esquizofrenia. Desse modo, artistas que se tornam esquizofrênicos podem continuar a pintar, e algumas pessoas com esquizofrenia que nunca pintaram antes podem usar a pintura como meio de extravasar seus sentimentos.

As alucinações, o sintoma positivo mais comum, podem ser visuais ou auditivas. Alucinações auditivas são muito perturbadoras: os pacientes ouvem vozes

Figura 4.1 Desenhos de gatos do artista Louis Wain (1860-1939), que sofria de esquizofrenia.

que proferem duras críticas e às vezes coisas abusivas. As vozes podem causar danos ao doente ou aos outros. Delírios, ou falsas convicções sem base em fatos, também são comuns. Entre as várias categorias de delírios, o tipo mais comum é o delírio de perseguição (paranoide). Os pacientes geralmente sentem que outras pessoas estão tentando pegá-los, segui-los ou prejudicá-los. Não raro, eles acreditam que alguém esteja tentando envená-los, sobretudo com seus medicamentos.

Outro tipo muito comum de delírio envolve a referência ou controle. Os pacientes sentem que estão recebendo mensagens especiais, apenas para eles, da televisão ou do rádio; muitas vezes sentem que outras pessoas podem controlar suas mentes. Por fim, os pacientes podem ter delírios de grandeza, a sensação de ter poderes especiais.

Os sintomas negativos da esquizofrenia – isolamento social e falta de motivação – habitualmente ocorrem antes dos sintomas positivos, mas muitas vezes são negligenciados até que a pessoa enfrente um episódio psicótico. O isolamento social pode não implicar, na verdade, evitar pessoas, mas sim estar isolado e contido em um mundo separado. A falta de motivação é evidente pela indiferença e apatia.

Os sintomas cognitivos da esquizofrenia refletem problemas com a volição, com as funções executivas envolvidas na organização da vida e com a memória de trabalho (um tipo de memória de curto prazo), assim como as características iniciais da demência. Às vezes os pacientes não conseguem organizar seus pensamentos ou seguir uma linha de raciocínio. Além disso, pode ser que eles não consigam fazer as coisas habituais necessárias para ter sucesso profissional ou manter relacionamentos com os outros. Desse modo, eles têm grande dificuldade em manter um emprego ou casar e criar filhos.

Ao longo do tempo, exames de imagem do cérebro de pessoas com esquizofrenia não tratadas revelam uma sutil, mas perceptível, perda de substância cinzenta, a qual contém corpos celulares e dendritos de neurônios do córtex cerebral. Acredita-se que essa perda de substância cinzenta, que contribui para os sintomas cognitivos da esquizofrenia, resulte da excessiva poda de dendritos durante o desenvolvimento, o que leva à perda de conexões sinápticas entre os neurônios, como veremos mais adiante neste capítulo.

Para se ter uma ideia de como esses sintomas da esquizofrenia podem reduzir nossa conexão com a realidade e sabotar nossa independência e senso de *self*, vamos observar alguém que tem o distúrbio: Elyn Saks (Fig. 4.2), professora de direito na Universidade do Sul da Califórnia e fundadora do Saks Institute for Mental Health Law, Policy, and Ethics. Em 2007, Saks publicou um livro intitulado *The Center Cannot Hold*, no qual ela apresenta um retrato franco e comovente de sua experiência com a esquizofrenia, assim como um argumento

Figura 4.2 Elyn Saks.

de que não impomos limitações às pessoas com esquizofrenia, mas permitimos que elas encontrem seus próprios limites. Em setembro de 2015, foi agraciada com a premiação "Genius" Grant da MacArthur Foundation. Ela descreveu sua terrível experiência psicótica inicial:

> São dez horas da noite de sexta-feira. Estou sentada com minhas duas colegas de turma na biblioteca da Escola de Direito de Yale. Elas não estão muito felizes em estar aqui; afinal de contas, é final de semana – há muitas outras coisas divertidas que elas poderiam fazer. No entanto, estou determinada a realizar nossa pequena reunião. Nós temos um memorando como tarefa; temos que fazê-lo, temos que terminá-lo, temos que entregá-lo, temos que... Espere um minuto. Não, espere. "Memorandos são visitas", eu disse. "Eles têm certos pontos. O ponto está em sua cabeça. Você já matou alguém?"
> Minhas colegas de estudo olham para mim como se elas – ou eu – tivessem sido atingidas por um balde de água fria no rosto. "Isso é uma piada, não?", pergunta uma delas. "Do que você está falando, Elyn?", pergunta a outra.
> "Ah, o de sempre. Céu e inferno. Quem é o quê, o que é quem. Ei!" Eu digo, saltando da minha cadeira. "Vamos sair para o telhado!"
> Eu praticamente corro para a janela grande mais próxima, subo e saio para o telhado, alguns instantes depois seguida pelas minhas relutantes parceiras de crime. "Este é meu verdadeiro eu!", anuncio, acenando os braços sobre minha cabeça.

"Venha para o limoeiro da Flórida! Venha para o mato ensolarado da Flórida! Onde eles fazem limões. Onde há demônios. Ei, qual é o problema com vocês?"

"Você está me assustando", diz repentinamente uma delas. Depois de alguns momentos de incerteza a outra diz: "Vou voltar para dentro". Elas parecem assustadas. As duas viram um fantasma ou algo assim? Ei, espere um minuto – elas estão voltando rapidamente pela janela.

"Por que estão voltando?", eu pergunto. Mas elas já estão lá dentro e eu estou sozinha. Alguns minutos depois, com certa relutância, subo e retorno pela janela também.

Uma vez que estamos novamente todas sentadas em volta da mesa, eu empilho meus livros com cuidado e depois reorganizo minhas anotações. Em seguida, rearranjo-os novamente. Eu percebo o problema, mas não consigo ver a solução. Isso é muito preocupante. "Eu não sei se, como eu, vocês percebem palavras pulando pelas páginas", eu digo. "Acho que alguém se infiltrou nas minhas cópias dos processos. Nós temos que examinar a articulação. Eu não acredito em articulações. Mas elas realmente sustentam seu corpo." Ao examinar meus textos, levanto o olhar e vejo as duas colegas me encarando. "Eu... eu tenho que ir", diz uma delas. "Eu também", diz a outra. Elas parecem nervosas enquanto arrumam suas coisas apressadamente e saem, com uma vaga promessa de me encontrar mais tarde para trabalhar no memorando.

Eu me escondo nas pilhas de livros até bem depois da meia-noite, sentada no chão e murmurando sozinha. O silêncio aumenta. As luzes estão sendo apagadas. Temendo ser trancada, eu finalmente desato a correr e fujo da biblioteca sombria para não ser vista por qualquer segurança. Está escuro lá fora. Não gosto da sensação de voltar ao meu dormitório, e, uma vez lá, não consigo mais dormir. Minha cabeça está muito cheia de barulho. Muito cheia de limões, memorandos jurídicos e assassinatos em massa pelos quais eu serei responsável. Tenho de trabalhar. Eu não posso trabalhar. Não consigo pensar.[1]

História da esquizofrenia

Como aprendemos no Capítulo 3, Emil Kraepelin, o fundador da psiquiatria científica moderna, classificou as principais doenças psiquiátricas em transtornos do humor e transtornos do pensamento. Ele conseguiu estabelecer essa distinção porque transmitiu a seus estudos de doença mental não apenas observações clínicas muito perspicazes, mas também seu treinamento no laboratório de Wilhelm Wundt, o pioneiro da psicologia experimental. Ao longo de sua carreira, Kraepelin se esforçou para basear os conceitos de psiquiatria em pesquisa psicológica confiável.

76 Mentes diferentes

Kraepelin denominou o transtorno primário do pensamento *dementia praecox* (demência precoce), a demência dos jovens, pois começa mais cedo na vida do que a demência de Alzheimer. Logo em seguida, o psiquiatra suíço Eugen Bleuler contestou o termo. Bleuler alegava que a demência era apenas um componente da doença. Além disso, alguns de seus pacientes desenvolveram a doença mais tarde na vida. Outros exibiram boas condições funcionais depois de muitos anos com a doença: conseguiram trabalhar e ter uma vida familiar. Por essas razões, Bleuler a chamou de *esquizofrenias*. Ele considerava a esquizofrenia uma divisão da mente – uma desorientação de sensações da cognição e da motivação – e utilizava o substantivo no plural para reconhecer os vários transtornos inseridos nessa categoria. As ideias de Bleuler são essenciais para a compreensão da doença, e sua definição ainda é válida.

Tratamento de pessoas com esquizofrenia

A esquizofrenia não é um transtorno raro. Ela acomete cerca de 1% das pessoas no mundo e cerca de 3 milhões nos Estados Unidos, independentemente de classe social, raça, sexo ou cultura, e varia muito em gravidade. Muitas pessoas com esquizofrenia grave têm dificuldade para estabelecer ou manter relacionamentos pessoais, trabalhar ou mesmo viver de forma independente. Por outro lado, alguns indivíduos com formas mais leves do transtorno, como o escritor Jack Kerouac, o ganhador do Prêmio Nobel de Economia John Nash e o músico Brian Wilson, tiveram carreiras notáveis. Seus sintomas são quase sempre mantidos sob controle pelo tratamento medicamentoso e pela psicoterapia.

Os primeiros medicamentos desenvolvidos para tratar pessoas com esquizofrenia se concentravam em aliviar os sintomas positivos do transtorno – isto é, os sintomas psicóticos: alucinações e delírios. Os medicamentos antipsicóticos têm sido bastante eficazes; na verdade, a maioria dos medicamentos existentes hoje alivia os sintomas positivos de certa forma em até 80% das pessoas com esquizofrenia. No entanto, os antipsicóticos não são muito eficazes contra os sintomas negativos e cognitivos do distúrbio – e esses sintomas podem ser os mais danosos e debilitantes para os pacientes.

A psicoterapia também é um tratamento essencial para pessoas com esquizofrenia. Curiosamente, a psicoterapia também está sendo usada de maneira preventiva, para os sintomas cognitivos e negativos, a fim de tentar evitar o surgimento de sintomas psicóticos em adolescentes e adultos jovens de risco. Uma das muitas coisas que a psicoterapia pode conseguir é ajudar os pacientes a perceberem que eles têm um distúrbio, uma doença: eles não são pessoas ruins, mas boas pessoas que sofrem delírios ou alucinações.

Tratamentos biológicos

Os cientistas tiveram uma ideia inicial da biologia da esquizofrenia da mesma forma que tomaram conhecimento acerca da biologia da depressão – quando surgiu a primeira droga eficaz. Nas duas situações, essa droga surgiu por acaso, a partir de outras destinadas a atuar em problemas diferentes.

Paul Charpentier, um químico francês que trabalhava para a empresa farmacêutica Rhône-Poulenc, começou a desenvolver um anti-histamínico que esperava ser eficaz contra alergias, mas sem produzir os vários efeitos colaterais dos anti-histamínicos existentes. A droga que ele desenvolveu em 1950 se chamava Thorazine (seu nome genérico é clorpromazina). Quando o Thorazine foi submetido a ensaios clínicos, todos ficaram impressionados com seu efeito: ele tornou as pessoas mais calmas e muito mais relaxadas.

Ao observar os efeitos calmantes do Thorazine, Pierre Deniker e Jean Delay, dois psiquiatras franceses, decidiram administrá-lo a seus pacientes psicóticos. O efeito foi incrivelmente benéfico, sobretudo para os pacientes com esquizofrenia. Em 1954, quando a Food and Drug Administration (FDA) dos EUA aprovou a droga, 2 milhões de pessoas naquele país foram tratadas com Thorazine. A grande maioria delas conseguiu deixar os hospitais psiquiátricos do Estado.

No início, pensava-se que o Thorazine atuasse como tranquilizante, acalmando os pacientes sem sedá-los indevidamente. No entanto, em 1964, ficou evidente que o Thorazine e as drogas relacionadas produzem efeitos específicos sobre os sintomas positivos da esquizofrenia: mitigam ou abolem delírios, alucinações e alguns tipos de pensamentos desordenados. Além disso, se os pacientes os ingerem durante períodos de remissão, esses medicamentos antipsicóticos tendem a reduzir a taxa de recaída. No entanto, as drogas têm efeitos colaterais significativos, incluindo sintomas neurológicos característicos da doença de Parkinson. As pessoas que as tomam desenvolvem tremor nas mãos, inclinam-se para a frente quando andam e apresentam rigidez corporal.

Os cientistas finalmente desenvolveram novas drogas com muito menos efeitos colaterais neurológicos graves. Essas drogas incluem a clozapina, a risperidona e a olanzapina, todas eficazes no controle dos sintomas positivos da doença. Apenas a clozapina é considerada mais eficaz do que os antipsicóticos mais antigos no tratamento dos sintomas negativos e déficits cognitivos da esquizofrenia, e mesmo sua vantagem é marginal. As novas drogas são denominadas antipsicóticos "atípicos", pois todas produzem menos efeitos colaterais semelhantes aos sinais e sintomas da doença de Parkinson do que as drogas "típicas" anteriores.

O primeiro indício do modo de ação dos antipsicóticos típicos decorre da análise de seus efeitos colaterais neurológicos. Uma vez que essas drogas produzem os mesmos efeitos motores que a doença de Parkinson, que é causada por uma deficiência no neurotransmissor modulador dopamina, os cientistas cogitaram que as drogas poderiam agir reduzindo a dopamina no cérebro. Eles também argumentaram, consequentemente, que a esquizofrenia poderia resultar, em parte, da ação excessiva da dopamina. Em outras palavras, a redução de dopamina no cérebro poderia explicar os efeitos terapêuticos das drogas e seus efeitos colaterais adversos.

Como isso funcionaria? Como poderia um medicamento produzir ao mesmo tempo efeitos indesejáveis e benéficos? Depende do local em que a droga atua no cérebro.

Quando os neurônios liberam dopamina em uma sinapse, ela normalmente se liga a receptores nos neurônios-alvo. Se esses receptores são bloqueados por antipsicóticos, a ação da dopamina é atenuada. Acontece que muitos antipsicóticos típicos atuam bloqueando os receptores de dopamina. Essa descoberta reforçou a ideia de que a produção excessiva de dopamina ou um número excessivo de receptores de dopamina é um fator importante na causa da esquizofrenia. Isso também apoiou a ideia proveniente de estudos sobre a doença de Parkinson de que a deficiência de dopamina causa movimentos anormais. Por isso, compreender o papel que a dopamina desempenha na esquizofrenia também nos ensinou um pouco mais sobre o funcionamento normal desse neurotransmissor.

A maioria dos neurônios produtores de dopamina está localizada em dois grupamentos no mesencéfalo: a área tegmental ventral e a substância negra. Os axônios que se projetam para fora desses dois grupamentos neuronais formam os circuitos neurais conhecidos como *vias dopaminérgicas*. Duas delas, a *via mesolímbica* e a *via nigroestriatal*, estão entre as preferencialmente afetadas na esquizofrenia e são, portanto, as mais importantes a serem estudadas na busca por tratamentos (Fig. 4.3).

A via mesolímbica estende-se da área tegmental ventral até partes do córtex pré-frontal, hipocampo, corpo amigdaloide e núcleo *accumbens*. Essas regiões são importantes para o pensamento, a memória, a emoção e o comportamento – funções mentais prejudicadas pela esquizofrenia. A via nigroestriatal começa na substância negra e se estende ao estriado dorsal, uma região do cérebro que está envolvida com funções espaciais e motoras. Essa é a via que sofre degeneração na doença de Parkinson. As drogas antipsicóticas atuam em ambas as vias, o que permite explicar como elas podem produzir efeitos terapêuticos e efeitos colaterais adversos.

Para testar a validade da ideia de que os antipsicóticos típicos bloqueiam os receptores de dopamina, os cientistas tiveram que identificar os receptores específicos de dopamina sobre os quais as drogas exercem seu efeito. Existem cinco tipos principais de receptores de dopamina, D1 a D5. Descobriu-se que

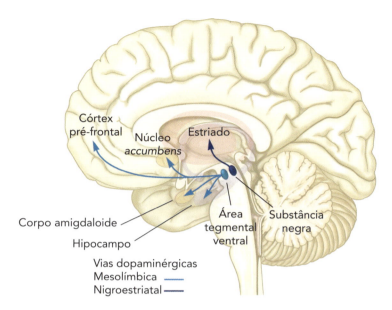

Figura 4.3 As duas vias dopaminérgicas afetadas pelos antipsicóticos: mesolímbica e nigroestriatal. Os neurônios produtores de dopamina estão concentrados na área tegmental ventral, que transmite dopamina pela via mesolímbica, e na substância negra, que envia dopamina pela via nigroestriatal.

os antipsicóticos típicos têm alta afinidade com o receptor D2; antipsicóticos atípicos têm menor afinidade com esse receptor.

Em geral, os receptores D2 estão presentes em grande número especialmente no estriado e em menor quantidade no corpo amigdaloide, no hipocampo e em partes do córtex cerebral. Pesquisas sugerem que o bloqueio abundante de receptores D2 na via nigroestriatal resulta em quantidade muito pequena de dopamina nas regiões do estriado que requerem quantidade adequada dessa substância para o movimento normal. Isso explica os efeitos semelhantes aos sinais e sintomas da doença de Parkinson causados pelos antipsicóticos típicos. Os antipsicóticos atípicos também bloqueiam os receptores D2 no estriado, mas, como essas drogas têm menor afinidade com esses receptores, poucos são bloqueados e o movimento permanece intacto.

Outra maneira pela qual os antipsicóticos atípicos diferem dos típicos é o fato de que suas afinidades são mais diversas. Os antipsicóticos atípicos ligam-se aos receptores D4 de dopamina e também aos receptores de outros neurotransmissores moduladores, em especial a serotonina e a histamina. Essa diversidade de ação cogita a possibilidade de que a esquizofrenia envolva anormalidades nas vias serotoninérgica e histaminérgica, assim como nas vias dopaminérgicas.

Intervenção precoce

Um fator determinante para melhorar o tratamento de qualquer distúrbio clínico é a intervenção precoce. Os cientistas identificaram com sucesso os estilos de vida de alto risco para um ataque cardíaco e desenvolveram intervenções para preveni-los. Por que não fazer o mesmo com a esquizofrenia?

Sabemos que fatores genéticos e ambientais atuam no cérebro em desenvolvimento antes do nascimento e na primeira infância para aumentar o risco de esquizofrenia, e somos capazes, finalmente, de identificá-los e intervir antes que a doença se manifeste anos mais tarde. Uma variação genética que atua no cérebro em desenvolvimento já foi identificada, como veremos mais adiante. Além disso, neuroimagens computadorizadas podem, às vezes, indicar áreas de aumento da atividade da dopamina, que pode servir como um biomarcador da doença antes que a psicose se desenvolva.

Como pudemos constatar, o primeiro episódio psicótico de esquizofrenia geralmente surge no final da adolescência ou no início da idade adulta, quando o estresse da vida diária pode se revelar um ônus grande demais para suportar. Se o tratamento é iniciado de imediato, os jovens geralmente podem ser estabilizados. No entanto, muitas vezes eles só procuram tratamento depois de vários anos convivendo com o transtorno. Além disso, se uma pessoa com esquizofrenia parar de tomar medicação, haverá interrupção da regulação das vias dopaminérgicas e de outros circuitos neurais, e ela começará a ter sintomas novamente.

O tratamento preventivo mais promissor até o momento é oferecer psicoterapia cognitiva para adolescentes e adultos jovens que exibem sinais precoces de esquizofrenia, na chamada *fase prodrômica*. Esses sinais, que precedem o primeiro episódio psicótico, infelizmente são um pouco vagos. Um jovem pode estar ligeiramente deprimido, não lidar com o estresse tão bem como de costume ou se sentir menos inibido do que o habitual – muitas vezes dizendo em voz alta o que está pensando. Como sabemos, os principais transtornos psiquiátricos são caracterizados frequentemente por exageros do comportamento diário, de modo que pode ser difícil reconhecer alterações iniciais e sutis.

Tratamentos preventivos são designados para ajudar os jovens a desenvolver a capacidade cognitiva e as funções executivas do córtex pré-frontal que regulam sua capacidade de controlar o comportamento. Isso melhorará a capacidade de controlar o estresse diário e organizar suas vidas de maneira mais eficaz, reduzindo, assim, a probabilidade de manifestar um episódio psicótico.

Anormalidades anatômicas predisponentes

Durante a gravidez, fatores ambientais, como déficits nutricionais, infecções ou exposição a estresse ou toxinas, podem interagir com genes para aumentar o risco de o feto desenvolver vias dopaminérgicas disfuncionais. O mau funcionamento das vias cria condições para desenvolver esquizofrenia anos mais tarde, momento em que o cérebro do adolescente responde ao estresse da vida diária produzindo dopamina em excesso.

Os mesmos eventos ou situações ambientais adversos durante a gravidez podem afetar o modo como certos circuitos no córtex pré-frontal se desenvolvem, circuitos que medeiam o pensamento e as funções executivas do cérebro. Anormalidades nesses circuitos neurais resultam nos sintomas cognitivos apresentados por pessoas com esquizofrenia, sobretudo um distúrbio da memória de trabalho.

Pense na memória de trabalho como a capacidade de lembrar, por um curto período de tempo, as informações de que você precisa para conduzir seus pensamentos ou comportamento. Neste momento, você está usando sua memória de trabalho para ter em mente os assuntos que acabou de ler, a fim de que o próximo tópico a ser lido observe uma sequência lógica. A memória de trabalho prejudicada tornaria isso difícil, assim como dificultaria que você planejasse seu dia ou realizasse uma tarefa.

A memória de trabalho se desenvolve desde a infância até o final da adolescência e melhora progressivamente ao longo do tempo. Aos 7 anos, as crianças que serão diagnosticadas com esquizofrenia 10 ou 15 anos depois têm memória de trabalho normal. No entanto, aos 13 anos, sua memória de trabalho atingirá um nível bem abaixo de onde deveria estar naquele estágio de desenvolvimento. Um componente fundamental da memória de trabalho são os neurônios piramidais do córtex pré-frontal, que recebem essa denominação porque seu corpo celular tem a forma aproximada de um triângulo. Em todos os demais aspectos essas células são como outros neurônios, seja sob o aspecto estrutural ou funcional.

Como pudemos perceber, os neurônios enviam informações pelo axônio, que estabelece conexões sinápticas com os dendritos de uma célula-alvo. A maior parte das sinapses de um neurônio piramidal ocorre por meio de pequenas protrusões dos dendritos denominadas *espinhos dendríticos*. O número de espinhos dendríticos de um neurônio é uma medida aproximada da quantidade e riqueza de informações que recebe.

Os espinhos dendríticos começam a se formar nos neurônios piramidais durante o terceiro trimestre de gestação. Desde então, nos primeiros anos de vida, a quantidade de espinhos dendríticos e suas sinapses aumentam rapidamente.

82 Mentes diferentes

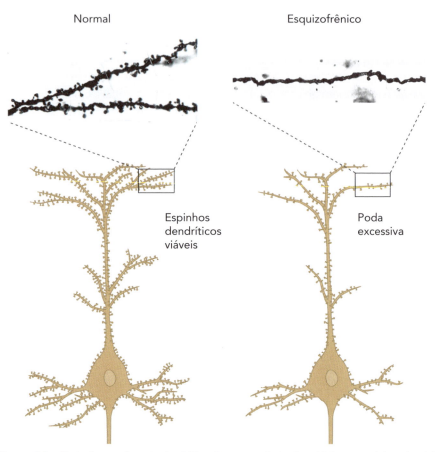

Figura 4.4 Poda do crescimento dendrítico de um neurônio piramidal – os espinhos dendríticos no cérebro normal e no cérebro de uma pessoa com esquizofrenia.

O cérebro de uma criança de 3 anos contém, de fato, duas vezes mais sinapses que o cérebro de um adulto. A partir da puberdade, a poda sináptica remove os espinhos dendríticos não utilizados pelo cérebro, incluindo aqueles que realmente não ajudam na memória de trabalho. A poda sináptica se torna efetiva sobretudo durante a adolescência e o início da idade adulta.

Na esquizofrenia, a poda sináptica parece se descontrolar durante a adolescência ao eliminar espinhos dendríticos demais (Fig. 4.4). Em decorrência disso, os neurônios piramidais estabelecem poucas conexões sinápticas no córtex pré-frontal para formar os circuitos neurais estáveis de que precisamos para uma memória de trabalho adequada e outras funções cognitivas complexas. Essa hipótese de poda excessiva para a esquizofrenia, proposta pela primeira vez por Irwin Feinberg, agora na Universidade da Califórnia, em Davis,[2] foi documentada por David Lewis e Jill Glausier na Universidade de Pittsburgh.[3] Acredita-se que um defeito semelhante afete os neurônios piramidais localizados no hipocampo de pessoas com esquizofrenia, o que provocaria efeitos negativos sobre a memória.

Uma vez que a poda sináptica ocorre para que o cérebro descarte os dendritos não utilizados, Lewis argumentou que a poda excessiva poderia resultar de não ter dendritos funcionais suficientes – ou seja, algo poderia estar impedindo os neurônios piramidais de receber sinais sensoriais suficientes para manter os espinhos dendríticos ocupados e funcionais. O provável culpado nesse caso seria o tálamo, a parte do cérebro que deve retransmitir sinais sensoriais ao córtex pré-frontal. Se o tálamo deixa de executar seu trabalho, pode ser que ele tenha perdido células. Alguns estudos descobriram que o tálamo de pessoas com esquizofrenia é, de fato, menor que aquele de pessoas saudáveis.

Dessa forma, a esquizofrenia representa um problema bem diferente da depressão ou do transtorno bipolar. Como estudamos no Capítulo 3, esses distúrbios resultam de um defeito *funcional*, no qual os circuitos neurais adequadamente formados não funcionam corretamente. Esses defeitos geralmente podem ser revertidos. A esquizofrenia, da mesma forma que os transtornos do espectro do autismo, envolve um defeito *anatômico*, em que certos circuitos neurais não se desenvolvem da maneira correta. Para remediar esses defeitos anatômicos na esquizofrenia, os cientistas terão que pensar em alguma maneira de intervir na poda sináptica durante o desenvolvimento ou elaborar substâncias que posteriormente estimulem o crescimento de novos espinhos.

A esquizofrenia também é caracterizada por outras anormalidades anatômicas. Elas incluem o adelgaçamento das camadas de substância cinzenta nas regiões temporal e parietal do córtex e no hipocampo, assim como a dilatação dos ventrículos laterais – cavidades por onde circula o líquido cerebrospinal. A dilatação dos ventrículos laterais provavelmente decorre secundariamente da perda de substância cinzenta no córtex. Essas anormalidades cerebrais, assim como a poda sináptica excessiva, surgem nas fases iniciais da vida, o que indica que contribuem para o desenvolvimento da esquizofrenia. A existência de anormalidades anatômicas em paralelo com o surgimento de sintomas cognitivos tem reforçado a antiga crença de que os sintomas cognitivos da esquizofrenia resultam do funcionamento anormal da substância cinzenta do córtex cerebral.

A genética da esquizofrenia

Se você tivesse um irmão gêmeo idêntico com esquizofrenia, sua chance de desenvolver a doença seria de cerca de 50%, sem importar o fato de terem sido criados juntos ou separados. Esse risco de desenvolver esquizofrenia é muito

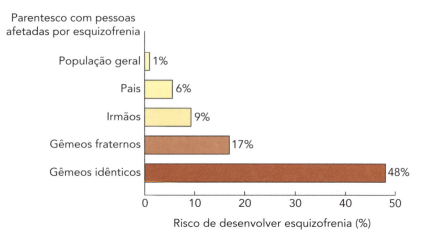

Figura 4.5 Risco genético de desenvolver esquizofrenia. De acordo com este gráfico, a população geral apresenta um risco de 1 em 100, ou 1%, de desenvolver esquizofrenia, enquanto os parentes de um indivíduo com o transtorno têm um risco maior, chegando a quase 50% em gêmeos idênticos.

maior do que 1% para a população em geral. As informações sobre gêmeos indicam duas coisas: primeiro, a esquizofrenia tem um forte componente genético, independentemente do ambiente; e segundo, esses genes não atuam sozinhos, pois o risco não é 100%. Os genes e o meio ambiente devem interagir para causar a doença (Fig. 4.5).

Nos últimos anos, um consórcio envolvendo inúmeros cientistas e dezenas de milhares de pacientes esquizofrênicos e suas famílias foi estabelecido para entender esse risco genético. Os pesquisadores pretendiam determinar quais genes contribuem para as anormalidades cerebrais das pessoas com esquizofrenia e que tipos de funções são mediadas por esses genes.[4] Embora os sintomas da doença não apareçam até o final da adolescência, os cientistas descobriram que muitos genes envolvidos na esquizofrenia atuam no cérebro em desenvolvimento antes do nascimento. Esse achado é compatível com o fato de que as pessoas são vulneráveis a fatores de risco ambientais no início da vida, mesmo que não manifestem sinais da doença por muito tempo.

Cientistas descobriram recentemente que variações genéticas que contribuem para distúrbios complexos como autismo, esquizofrenia ou transtorno bipolar podem ser comuns ou raras. Uma variação comum é aquela que foi introduzida no genoma humano há muitas gerações e agora está presente em mais de 1% da população mundial; essas variações são denominadas *polimorfismos*. Variações raras, ou mutações, ocorrem em menos de 1% da população mundial. Os dois tipos de variação podem contribuir para o risco de ter uma doença ou distúrbio de desenvolvimento. Cada tipo de variação pode predispor uma pessoa à esquizofrenia.

O mecanismo variante raro da doença demonstra que mutações raras no genoma de uma pessoa aumentam muito o risco de ela desenvolver um distúrbio relativamente comum. Como vimos no Capítulo 2, uma alteração rara na estrutura de um cromossomo, conhecida como variação no número de cópias, pode aumentar bastante o risco de transtornos do espectro do autismo. O mesmo se aplica à esquizofrenia – na verdade, a mesma variação no número de cópias no cromossomo 7, que aumenta o risco de transtornos do espectro do autismo, também aumenta o risco de esquizofrenia. Além disso, tal como acontece com os transtornos do espectro do autismo, raras mutações *de novo* no DNA – mutações que ocorrem espontaneamente no espermatozoide do pai – aumentam o risco de esquizofrenia e transtorno bipolar. Pelo fato de se formarem espermatozoides em homens mais velhos e essas células mais velhas sofrerem mutações mais frequentes, os pais mais velhos têm maior probabilidade de ter filhos que podem desenvolver esquizofrenia do que os pais mais novos.

O mecanismo variante comum da doença revela que a esquizofrenia e os transtornos do espectro do autismo resultam do fato de que muitos polimorfismos comuns de vários genes diferentes agem juntos para aumentar o risco. Ao contrário da mutação rara, que tem enorme repercussão sobre o risco, cada uma dessas variantes comuns exerce apenas um efeito muito pequeno. A mais forte evidência do mecanismo variante comum provém do estudo colaborativo da esquizofrenia. Esses cientistas estudaram associações entre a esquizofrenia e milhões de variantes comuns nos genomas de dezenas de milhares de indivíduos. Cerca de cem variantes genéticas relacionadas à esquizofrenia já foram encontradas. Em razão disso, a genética da esquizofrenia é muito similar à de outras condições médicas comuns como diabetes, doenças cardíacas, acidentes vasculares cerebrais e doenças autoimunes.

Por algum tempo, os mecanismos variantes raro e comum da doença foram considerados mutuamente exclusivos, entretanto estudos recentes sobre autismo, esquizofrenia e transtorno bipolar sugerem que cada distúrbio apresenta um risco genético subjacente, independentemente de qualquer variação genética rara causada por variações no número de cópias ou mutações *de novo* (Cap. 1, Tab. 1). O risco subjacente à esquizofrenia, por exemplo, é de 1%, ou 1 em 100 pessoas na população geral. A contribuição relativa de variações genéticas raras e comuns ao risco subjacente é um pouco diferente para cada distúrbio, mas certas características parecem ser universais. Variações comuns, cada uma com um pequeno risco, contribuem para o distúrbio em um número relativamente grande de pessoas, enquanto mutações raras, cada uma com um risco maior, geralmente contribuem para o distúrbio em menos de 1 em cada 100 indivíduos afetados.

Talvez a descoberta recente mais surpreendente desvendada pelo grande esforço colaborativo sobre a genética da esquizofrenia é o fato de que alguns genes que constituem um risco para a esquizofrenia também geram risco de transtorno bipolar. Além disso, um grupo diferente de genes que constitui um risco para esquizofrenia também o constitui para transtornos do espectro do autismo.

Então, aqui temos três diagnósticos diferentes – autismo, esquizofrenia e transtorno bipolar – compartilhando variantes genéticas. Essa sobreposição sugere que os três distúrbios apresentam outras características em comum no início da vida.

Genes deletados

Um em cada quatro mil bebês nasce com um segmento do cromossomo 22 ausente em seu genoma. A quantidade de DNA ausente pode variar, mas geralmente envolve cerca de 3 milhões de unidades básicas de DNA, conhecidas como *pares de bases*, que resultam na perda de 30 a 40 genes. Em virtude do fato de o DNA ausente pertencer a uma região próxima ao centro do cromossomo, em um local denominado q11, diz-se que as pessoas com essa ausência sofrem da síndrome de deleção 22q11.

A síndrome pode causar sintomas altamente variáveis. Quase todas as pessoas com a deleção apresentam anormalidades na cabeça, inclusive na face, como fissura labial ou fissura palatina, e mais da metade tem distúrbios cardiovasculares. Além disso, exibem déficits cognitivos que variam de prejuízo da memória de trabalho e da função executiva, assim como leves dificuldades de aprendizado, até retardo mental. Cerca de 30% dos adultos com a síndrome são diagnosticados com transtornos psiquiátricos, incluindo transtorno bipolar e de ansiedade. No entanto, a esquizofrenia é, sem dúvida, o distúrbio mais prevalente. Na realidade, o risco de esquizofrenia em uma pessoa com síndrome de deleção 22q11 é 20-25 vezes maior que o risco de esquizofrenia na população geral.

A fim de identificar quais genes podem ser responsáveis pelas várias complicações médicas associadas à síndrome, os cientistas procuraram por um animal que pudesse ser utilizado como modelo para deleção. Acontece que um segmento de DNA no cromossomo 16 do camundongo possui quase todos os genes presentes na região q11 do cromossomo 22 em humanos. Ao excluir um segmento distinto da região de diferentes camundongos, os cientistas conseguiram produzir vários modelos de camundongo da síndrome humana.

Os modelos revelaram que a perda de um fator de transcrição – uma proteína envolvida na expressão gênica – é responsável por várias condições clínicas não psiquiátricas presentes em humanos, incluindo a fissura palatina e alguns defeitos cardíacos. Hoje, muitos cientistas estão usando modelos de camundongo para determinar os genes específicos na região 22q11 que, quando ausentes, contribuem para a esquizofrenia. Levando em conta a prevalência de esquizofrenia em pessoas com essa deleção, há uma boa chance de que os cientistas identifiquem esses genes.

Em 1990, David St. Clair, à época na Universidade de Edimburgo, e seus colegas descreveram uma família escocesa com alta prevalência de doença mental.[5] Trinta e quatro membros dessa família carregam o que é conhecido como translocação autossômica equilibrada. Isso significa que segmentos de dois cromossomos distintos, não ligados ao sexo, foram fragmentados e permutados mutuamente. Dos 34 membros da família que carregam essa translocação específica, cinco foram diagnosticados com esquizofrenia ou transtorno esquizoafetivo (esquizofrenia com mania e/ou depressão) e sete com depressão.

Os pesquisadores identificaram dois genes que são rompidos pela translocação: *DISC1* (do inglês, *disruption in schizophrenia 1*) e *DISC2* (*disruption in schizophrenia 2*). Embora essa translocação específica tenha sido encontrada em apenas uma família, a incidência excepcionalmente alta de transtornos psiquiátricos nessa família sugere que *esses dois genes*, e outros genes próximos ao local de rompimento nos cromossomos, podem ser responsáveis por sintomas psicóticos na esquizofrenia e nos transtornos do humor. Dois grupos distintos de pesquisadores encontraram outro indício genético: alguns polimorfismos no gene *DISC1* ocorrem juntos com frequência e parecem contribuir para o risco de esquizofrenia.[6] Até agora, os estudos se concentraram no gene *DISC1* porque o *DISC2* não produz uma proteína; no entanto, acredita-se que o gene *DISC2* desempenhe um papel na regulação do *DISC1*.

Diversos estudos em mosquinhas-das-frutas e camundongos revelaram que o *DISC1* afeta uma variedade de funções celulares em todo o cérebro, incluindo sinalização intracelular e expressão gênica. O *DISC1* é particularmente importante no cérebro em desenvolvimento, pois ajuda os neurônios a migrar para o local apropriado no cérebro fetal, a se posicionar e a se diferenciar em vários tipos de células. O rompimento do gene *DISC1* compromete sua capacidade de desempenhar essas funções essenciais durante o desenvolvimento.

Todos esses modelos de camundongos, em conjunto, mostram claramente que as funções afetadas do gene *DISC1* resultam em déficits típicos da esquizofrenia. Além disso, todos os modelos mostram alterações na estrutura cerebral semelhantes àquelas observadas em pessoas com esquizofrenia. Os estudos de neuroimagem de um modelo, por exemplo, mostram os ventrículos laterais aumentados e o córtex mais delgado, observados em pessoas com esquizofrenia. Outro modelo revela que a interrupção da função do gene logo após o nascimento gera um comportamento anormal no animal adulto. O papel evidente do gene *DISC1* na esquizofrenia e os achados em camundongos são consistentes

88 Mentes diferentes

com a ideia de que a esquizofrenia pode ser considerada um transtorno do desenvolvimento cerebral.

Os genes e a poda sináptica excessiva

A poda sináptica normal, na qual o cérebro elimina conexões desnecessárias entre os neurônios, é extremamente ativa durante a adolescência e o início da idade adulta e ocorre sobretudo no córtex pré-frontal. Como vimos, pessoas com esquizofrenia possuem menos sinapses nessa área do cérebro do que pessoas saudáveis; portanto, os pesquisadores suspeitam há muito tempo de que a poda sináptica é excessiva na esquizofrenia.

Steven McCarroll, Beth Stevens, Aswin Sekar e seus colegas da Harvard Medical School forneceram, recentemente, mais evidências para apoiar essa ideia. Eles também descreveram como e por que a poda pode fracassar, e identificaram o gene responsável.[7]

Os pesquisadores concentraram-se em uma região específica do genoma humano, um lócus denominado complexo principal de histocompatibilidade (MHC, do inglês *major histocompatibility complex*). Esse complexo de genes no cromossomo 6 codifica proteínas que são essenciais para o reconhecimento de moléculas estranhas, uma etapa crítica na resposta imune do corpo. O lócus do MHC, que havia sido fortemente associado à esquizofrenia em estudos genéticos anteriores, contém um gene denominado *C4*. A atividade do gene *C4* – ou seja, seu nível de expressão – varia de maneira significativa entre os indivíduos. Os pesquisadores desejavam descobrir como as variações no gene *C4* estão relacionadas ao seu nível de expressão e se esse nível está relacionado à esquizofrenia.

McCarroll, Stevens, Sekar e seus colegas analisaram os genomas de mais de 64 mil pessoas com e sem esquizofrenia e descobriram que os indivíduos com esquizofrenia eram mais propensos a portar uma variante específica do gene *C4* conhecida como *C4-A*. Esse achado sugeriu que o gene *C4-A* pode aumentar o risco de esquizofrenia.

Estudos anteriores revelaram que proteínas produzidas por genes no lócus do MHC desempenham um papel na imunidade e estão envolvidas na poda sináptica durante o desenvolvimento normal. Isso levantou uma questão fundamental: qual é exatamente o papel do produto proteico produzido pelo gene *C4-A*? Para responder a essa pergunta, os cientistas criaram ratos sem o gene. Eles observaram uma poda sináptica abaixo do normal nesses ratos, o que indica que a proteína tem o papel de promover a poda e sugere que em grande quantidade ela leva à poda excessiva. Estudos realizados com esses ratos permitiram a McCarroll, Stevens, Sekar e seus colegas descobrir também que, durante o desenvolvimento normal, a proteína *C4-A* "marca" as sinapses a serem podadas. Quanto mais ativo o gene *C4*, mais sinapses são eliminadas.

Esses estudos, em conjunto, sugerem que a superexpressão da variante *C4-A* resulta em poda sináptica excessiva. O excesso de poda durante o final da adolescência e o início da idade adulta – quando a poda sináptica normal chega ao máximo – altera a anatomia do cérebro, sendo responsável pelo início tardio da esquizofrenia e pelo adelgaçamento do córtex pré-frontal das pessoas com o transtorno.

Carregar uma variante genética que facilita a poda agressiva não é suficiente para, sozinha, causar esquizofrenia; muitos outros fatores também influenciam. Em um pequeno subgrupo de pessoas, entretanto, um gene específico – o gene *C4-A* – promove alterações anatômicas que levam à esquizofrenia. Dessa forma, McCarroll, Stevens, Sekar e seus colegas nos proporcionaram o primeiro grande estudo sobre a etiologia da esquizofrenia, que pode finalmente contribuir para novos tratamentos. Além disso, estudos importantes como esses inspiram outros pesquisadores tentarem usar a genética para melhorar nossa compreensão sobre os transtornos psiquiátricos.[8]

Criando modelos com os sintomas cognitivos da esquizofrenia

Aprendemos anteriormente que a produção excessiva de dopamina pode contribuir para o desenvolvimento da esquizofrenia e que os antipsicóticos produzem seus efeitos ao bloquear os receptores de dopamina na via mesolímbica. Também aprendemos que os estudos de neuroimagem revelaram maior quantidade de dopamina e receptores D2 no estriado de pessoas com esquizofrenia. Além disso, uma quantidade de receptores D2 acima do normal pode ser determinada geneticamente, pelo menos em algumas pessoas. À luz dessas descobertas, Eleanor Simpson, Christoph Kellendonk e eu nos propusemos a determinar se um número excessivo de receptores D2 no estriado causa os sintomas cognitivos da esquizofrenia.[9]

Para isso, criamos um modelo de camundongo com um gene humano que expressa amplamente receptores D2 no estriado. Descobrimos que esse gene transferido (transgene) ao camundongo prejudica os mesmos processos cognitivos afetados em pessoas com esquizofrenia. Além disso, o camundongo não tinha motivação, um déficit característico dos sintomas negativos da esquizofrenia. No entanto, o resultado mais interessante foi que, embora os déficits motivacionais tenham desaparecido depois que o transgene foi desligado, os déficits cognitivos persistiram por muito tempo. A ação do transgene durante o período de desenvolvimento pré-natal por si só foi de fato suficiente para causar déficits cognitivos na idade adulta.

Essas descobertas sugerem três novas ideias importantes.

Primeiro, a ação excessiva da dopamina na via mesolímbica, resultante da superabundância de receptores D2, poderia ser a principal causa dos sintomas cognitivos da esquizofrenia – porque essa via se conecta com o córtex pré-frontal, local dos sintomas cognitivos. Segundo, os antipsicóticos que bloqueiam os receptores D2 aliviam os sintomas positivos da esquizofrenia, mas têm pouco ou nenhum efeito benéfico sobre os sintomas cognitivos. Por quê? Pelo fato de esse medicamento ser administrado em uma fase tardia do desenvolvimento – muito tempo após ocorrerem mudanças irreversíveis. Terceiro, como os sintomas cognitivos e negativos estão fortemente correlacionados em pessoas com esquizofrenia, eles podem ser causados por alguns dos mesmos fatores.

Todas essas manipulações notáveis – criação de deleções, inserção de transgenes e aumento do número de receptores D2 em camundongos – são apenas alguns dos vários recursos que os cientistas têm usado para descobrir as causas da esquizofrenia, da depressão e do transtorno bipolar. De maneira geral, essas manipulações estão começando a nos fornecer algumas informações sobre a relação entre a neurociência e a psicologia cognitiva e entre cérebro e mente.

Pensar no futuro

Antes de passarmos às considerações sobre outros distúrbios cerebrais, vale a pena reexaminar algumas das importantes contribuições da pesquisa para nossa compreensão do cérebro saudável com base em estudos sobre transtornos do espectro do autismo, transtornos do humor e esquizofrenia.

A importância da neuroimagem dificilmente pode ser subestimada. Nosso entendimento de onde e como os transtornos psiquiátricos e do espectro do autismo afetam o cérebro progrediu lado a lado com os avanços na tecnologia de imagem. Além disso, como os estudos de imagem geralmente comparam o cérebro de pessoas com e sem um transtorno mental específico, eles também nos forneceram informações adicionais sobre o cérebro humano saudável. Os exames de imagem avançaram até o ponto em que podem nos mostrar quais regiões e, às vezes, até mesmo quais circuitos neurais nessas regiões são essenciais para seu funcionamento normal.

Os estudos de imagem também confirmaram que a psicoterapia é um tratamento biológico – ela altera fisicamente o cérebro, como as drogas. Esses estudos até previram, em alguns casos de depressão, quais pacientes podem ser tratados de maneira mais adequada com drogas, psicoterapia ou com ambas.

Também vimos que as descobertas fundamentais sobre a natureza da depressão e da esquizofrenia surgiram ao acaso, quando se observou que os medicamentos elaborados para tratar outro distúrbio afetavam os pacientes com esses transtornos cerebrais. Pesquisas subsequentes sobre a ação das drogas no cére-

A capacidade de pensar, de tomar decisões e executá-las: esquizofrenia **91**

bro revelaram importantes bases bioquímicas da depressão e da esquizofrenia e resultaram em melhores tratamentos para pessoas com esses distúrbios.

Os avanços na genética estão revelando como as variantes – comuns ou raras – geram risco de desenvolver distúrbios cerebrais complexos. Particularmente fascinante é a descoberta de genes compartilhados que operam na esquizofrenia e no transtorno bipolar, e também na esquizofrenia e nos transtornos do espectro do autismo. Essas descobertas sobre a natureza molecular da depressão e da esquizofrenia também melhoraram nossa compreensão sobre o humor normal e o pensamento organizado.

Por fim, é preciso novamente nos lembrarmos do quanto devemos aos modelos animais de doenças. Estudos genéticos do comportamento social em animais mostraram que alguns dos mesmos genes que contribuem para o comportamento social em modelos animais também contribuem para o nosso próprio comportamento social; mutações nesses genes podem, portanto, estar envolvidas em transtornos do espectro do autismo. Estudos recentes sobre esquizofrenia, em particular, têm se baseado sobretudo em modelos de camundongos para obter indícios vitais das causas desse transtorno de pensamento e volição.

De forma geral, os estudos sobre autismo, depressão, transtorno bipolar e esquizofrenia – e as funções cerebrais que eles afetam – forneceram uma visão profunda sobre a natureza de nossa mente e nosso senso de *self*. Essas ideias estão construindo uma nova compreensão da natureza humana e, assim, contribuindo para o surgimento de um novo humanismo.

5

Memória, o reservatório do *self*: demência

Aprendizagem e memória estão entre as capacidades mais impressionantes de nossa mente. Aprendizagem é o processo pelo qual adquirimos novos conhecimentos sobre o mundo, e memória consiste no meio de reter esse conhecimento ao longo do tempo. A maior parte do nosso conhecimento sobre o mundo e a maioria de nossas habilidades não são intrínsecas, mas aprendidas, desenvolvidas ao longo da vida. Em decorrência disso, somos quem somos em grau considerável pelo que aprendemos e lembramos.

A memória é parte integrante de todas as funções cerebrais, da percepção à ação. Nosso cérebro cria, armazena e revisa memórias, utilizando-as de maneira constante para dar sentido ao mundo. Dependemos da memória para pensar, aprender, tomar decisões e interagir com outras pessoas. Quando a memória é prejudicada, essas faculdades mentais essenciais são afetadas. A memória é, portanto, a cola que mantém nossa vida mental coesa. Sem sua força aglutinante, nossa consciência seria fragmentada em tantos pedaços quanto os segundos que existem em um dia.

Não é à toa que nos preocupamos com a confiabilidade contínua de nossa memória.

Temos visto que alterações de memória acompanham a depressão e a esquizofrenia, mas e quanto à perda de memória? Ela é inevitável à medida que envelhecemos? A perda de memória normal relacionada à idade é diferente da memória afetada pela doença de Alzheimer e outros distúrbios?

Este capítulo descreve inicialmente o que sabemos sobre memória, incluindo como aprendemos e como nosso cérebro armazena o que aprendemos em forma de memória. Em seguida, ele contempla o envelhecimento do cérebro e três distúrbios neurológicos que afetam a memória: perda de memória relacionada à idade, doença de Alzheimer e demência frontotemporal. Acredita-se que tanto a doença de Alzheimer como a demência frontotemporal, assim como as doenças de Parkinson e de Huntington, que discutiremos no Capítulo 7, são causadas em parte pelo enovelamento inadequado de proteínas. No entanto, antes de explorar o envelhecimento do cérebro e o enovelamento de proteínas, vamos abordar diferentes tipos de memórias, como são criadas e onde são armazenadas no cérebro.

A busca pela memória

A memória é uma função mental tão complexa que, de fato, os cientistas questionaram inicialmente se era mesmo possível que ela fosse armazenada em uma região específica do cérebro. Muitos pensaram que não. No entanto, como vimos no Capítulo 1, o notável neurocirurgião canadense Wilder Penfield fez uma descoberta surpreendente na década de 1930. Quando ele estimulava o lobo temporal de pacientes epilépticos antes da cirurgia (Fig. 5.1), alguns deles pareciam evocar memórias, como uma canção de ninar que suas mães costumavam cantar ou a lembrança de um cachorro perseguindo um gato.

Penfield já havia esboçado mapas sensoriais e motores de função cerebral, mas a memória era um tema diferente e mais complicado. Ele chamou Brenda Milner, uma jovem psicóloga cognitiva extraordinariamente talentosa da equipe do Montreal Neurological Institute, para juntos investigarem o lobo temporal, sobretudo sua face medial (interna), e seu papel na memória.

Um dia, Penfield recebeu um telefonema de William Scoville, um neurocirurgião que trabalhava em New Haven, Connecticut, e recentemente havia operado um homem que sofria de convulsões graves. O homem era H.M. (Fig. 5.2), que se tornou um dos pacientes mais importantes na história da neurociência.

H.M. foi atropelado por um ciclista aos 9 anos. O traumatismo na cabeça o levou à epilepsia. Aos 16 anos, começou a ter grandes convulsões. Foi tratado

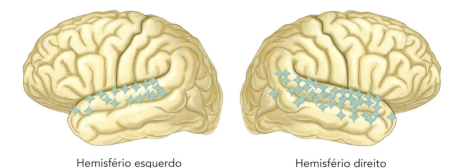

Hemisfério esquerdo   Hemisfério direito

Figura 5.1 Pontos de estimulação *(estrelas)* no lobo temporal que evocam a memória auditiva nos hemisférios cerebrais esquerdo e direito.

Figura 5.2 H.M.

com doses máximas de anticonvulsivante disponíveis na época, mas a medicação não o ajudou. Embora ele fosse brilhante, apresentou grande dificuldade para terminar o ensino médio e manter um emprego em virtude das convulsões frequentes. Depois de um tempo, H.M. procurou Scoville para obter ajuda. Scoville deduziu que H.M. padecia de cicatrizes das estruturas hipocampais situadas profundamente nos lobos temporais. Em vista disso, ele removeu uma parte da região medial do lobo temporal – incluindo o hipocampo – em ambos os lados do cérebro de H.M. (Fig. 5.3).

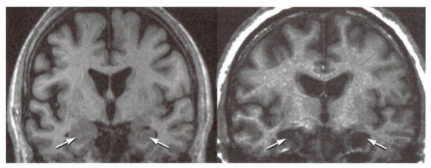

Cérebro intacto   Cérebro de H.M.

Figura 5.3 Comparação entre um cérebro intacto e o cérebro de H.M., do qual parte da região medial de ambos os lobos temporais foi removida *(setas)*.

Memória, o reservatório do *self*: demência

A cirurgia basicamente curou a epilepsia de H.M., mas o deixou com graves distúrbios de memória. Embora permanecesse o jovem educado, gentil, calmo e agradável que sempre fora, havia perdido a capacidade de formar novas memórias de longo prazo. Ele se lembrava de pessoas que havia conhecido muitos anos antes da cirurgia, mas não se recordava daquelas que conhecera depois dela. Ele não conseguia nem se lembrar de como chegar ao banheiro do hospital. Scoville convidou Milner para estudar H.M., e ela acabou trabalhando com ele por vinte anos. A cada vez que ela entrava na sala, era como se H.M. a estivesse encontrando pela primeira vez.

Por muito tempo, Milner achou que o déficit de memória de H.M. se aplicasse a todas as áreas do conhecimento. Então ela fez uma descoberta notável. Pediu a H.M. para traçar o contorno de uma estrela enquanto olhava para sua própria mão, o lápis e o papel no espelho. Todo mundo que tenta essa tarefa do traçado comete erros no primeiro dia, risca fora do contorno da estrela e precisa se readaptar, mas as pessoas com memória normal melhoram seu desempenho até quase atingir a perfeição no terceiro dia. Se a perda de memória de H.M. fosse aplicável a todas as áreas do conhecimento, ele não deveria apresentar essa melhoria. No entanto, depois de três dias, e apesar de não ter memória sobre a prática da tarefa ou de ter visto Milner antes, H.M. havia aprendido essa tarefa motora tão bem como qualquer outra pessoa (Fig. 5.4).

Como H.M. não conseguia se lembrar de ter praticado a tarefa, os cientistas especularam que a aprendizagem motora, ao contrário de qualquer outra forma de aprendizagem, deve envolver uma forma especial de memória. Ela deve ser mediada por outros sistemas no cérebro.

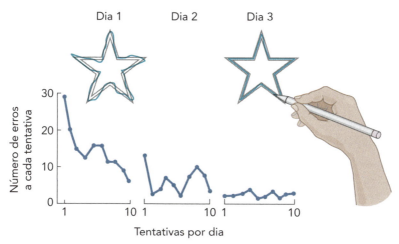

Figura 5.4 Aprendendo uma tarefa motora.

Os neurocientistas pensaram nisso por muito tempo – até que Larry Squire, da Universidade da Califórnia, em San Diego, descobriu que indivíduos com lesões na região medial de ambos os lobos temporais (as mesmas áreas removidas em H.M.) podem aprender mais do que habilidades motoras. Sua capacidade de linguagem é normal, além de conseguirem executar toda a variedade de habilidades perceptivas aprendidas, como ler impressões invertidas no espelho. Eles também podem adquirir hábitos e outras formas simples de aprendizagem. Se essa gama de competências de aprendizagem permanecia, pensava Squire, talvez essas pessoas recorressem a um tipo distinto de sistema de memória.[1]

Squire percebeu que existem dois grandes sistemas de memória no cérebro. Um constitui a *memória explícita ou declarativa*, que nos permite lembrar de pessoas, lugares e objetos de maneira consciente. É isso que queremos dizer quando nos referimos à "memória" na linguagem cotidiana. Ela reflete nossa capacidade consciente de lembrar fatos e eventos. A memória explícita depende da região medial do lobo temporal, e isso explica por que H.M. não conseguia mais se lembrar de novos fatos, pessoas ou eventos com o passar dos dias.

O segundo tipo de memória, identificada por Squire, é a *memória implícita ou não declarativa*, utilizada pelo nosso cérebro para habilidades motoras e perceptivas daquilo que fazemos de maneira automática, como dirigir um carro ou usar a gramática correta. Quando fala, você geralmente não aplica a gramática correta de modo consciente – apenas fala. O que torna a memória implícita tão misteriosa – e a razão pela qual é raro que lhe dediquemos atenção – é o fato de que ela é predominantemente inconsciente. Nosso desempenho em uma tarefa melhora em decorrência da experiência, mas não temos ciência disso, muito menos a sensação de utilizar a memória quando realizamos a tarefa. Estudos mostram que o desempenho em tarefas implícitas pode, de fato, ser prejudicado quando refletimos sobre a ação de modo consciente.

Não é de estranhar que a memória implícita dependa de sistemas cerebrais diferentes daqueles utilizados pela memória explícita. Em vez de basear-se em áreas cognitivas superiores, como a região medial do lobo temporal, a memória implícita depende sobretudo de áreas cerebrais que respondem a estímulos, por exemplo, o corpo amigdaloide, o cerebelo e os núcleos da base, ou, nos casos mais simples, das próprias vias reflexas.

Uma subclasse particularmente importante de memória implícita é evidente na memória associada ao condicionamento. Aristóteles foi a primeira pessoa a sugerir que certos tipos de aprendizagem requerem a associação de ideias. Por exemplo, sempre que você vê uma árvore coberta de luzes, pensa no Natal. Essa concepção foi elaborada e formalizada pelos empiristas britânicos John Locke, David Hume e John Stuart Mill, os precursores da psicologia moderna.

Em 1910, o fisiologista russo Ivan Pavlov desenvolveu um pouco mais essa ideia. Em estudos anteriores com cães, ele havia notado que os animais começavam a salivar quando ele entrava na sala, mesmo quando não estava levando o alimento deles. Em outras palavras, os cães haviam aprendido a associar um estímulo neutro (sua entrada na sala) a um estímulo positivo (alimento). Pavlov chamou o estímulo neutro de *condicionado* e o estímulo positivo de *não condicionado* – e denominou *condicionamento* essa forma de aprendizagem associativa.

Com base em sua observação, Pavlov elaborou um experimento para verificar se um cachorro aprenderia a salivar em resposta a qualquer sinal que previsse a chegada de alimento. Ele tocava uma campainha e, em seguida, dava alimento ao cachorro. No início, tocar a campainha não produziu resposta. No entanto, após vários episódios em que o som da campainha foi associado ao alimento, o cão salivou em resposta ao toque, mesmo quando não havia alimento.

O trabalho de Pavlov teve um impacto extraordinário na psicologia: representou uma mudança decisiva em direção a um conceito comportamental de aprendizagem. Para Pavlov, a aprendizagem envolvia não apenas uma associação entre ideias, mas também uma associação entre estímulo e comportamento. Isso tornou a aprendizagem passível de análise experimental: as respostas aos estímulos podiam ser medidas de maneira objetiva, e os parâmetros de uma resposta podiam ser especificados ou até modificados.

A descoberta de Squire de que a memória não é uma função unitária – diferentes tipos de memórias são processados de maneiras distintas e armazenados em diferentes regiões do cérebro – foi um grande avanço em nossa compreensão da memória e do cérebro, mas, inevitavelmente, suscitou uma nova série de perguntas. Como os neurônios armazenam esses diferentes tipos de memórias? Células distintas são responsáveis por memórias implícitas e explícitas? Nesse caso, elas atuam de forma distinta?

A memória e a força das conexões sinápticas

Os primeiros estudos partiram do princípio de que era necessário um circuito neural bastante complexo para formar e armazenar uma memória do que aprendemos. No entanto, meus colegas e eu na Universidade Columbia e Jack Byrne, um dos meus ex-alunos, agora no Centro de Ciências da Saúde da Universidade do Texas, em Houston, encontramos um mecanismo de aprendizado associativo no invertebrado *Aplysia*, um molusco marinho que não requer um circuito neural complexo.[2] A *Aplysia* possui um importante reflexo de defesa, mediado pelas conexões entre um pequeno número de neurônios sensitivos e motores. A aprendizagem leva à ativação de neurônios moduladores, que reforçam as conexões entre os neurônios sensitivos e motores. Meus colegas e eu descobrimos que esse mecanismo contribui para a aprendizagem implícita do condicionamento clássico em animais invertebrados. Ele também exerce atividade sobre o corpo amigdaloide, a estrutura do cérebro dos mamíferos essencial para o aprendizado implícito da emoção, sobretudo o medo.

Outra pessoa que desafiou a ideia de que é necessário um circuito neural complexo para a aprendizagem foi o psicólogo canadense Donald Hebb. Ele propôs que o aprendizado associativo poderia ser produzido pela simples interação de dois neurônios: se o neurônio A estimular repetidamente o neurônio B a disparar um potencial de ação – impulso elétrico que se propaga pelo axônio até a sinapse –, ocorrerá uma alteração em uma ou ambas as células. Essa mudança reforça a conexão sináptica entre os dois neurônios. A conexão reforçada cria e armazena, por um curto período de tempo, uma memória da interação.[3] Posteriormente, dois pesquisadores que trabalhavam na Universidade de Gotemburgo, na Suécia, Holger Wigström e Bengt Gustafsson, apresentaram as primeiras evidências de que o mecanismo de Hebb poderia ajudar na formação de memória explícita no hipocampo.[4]

As memórias implícita e explícita podem ser armazenadas por curto prazo, durante minutos, e por longo prazo, durante dias, semanas ou até mais. Cada forma de armazenamento de memória requer alterações específicas no cérebro. A memória de curto prazo decorre do reforço das conexões sinápticas existentes, fazendo-as funcionar melhor, enquanto a memória de longo prazo resulta do crescimento de novas sinapses. Em outras palavras, a memória de longo prazo resulta em alterações anatômicas no cérebro, enquanto a memória de curto prazo não. Quando as conexões sinápticas enfraquecem ou desaparecem com o tempo, a memória diminui ou se perde.

Memória e envelhecimento cerebral

Graças aos inúmeros avanços na medicina, a previsão é de que cada americano nascido hoje viva cerca de 80 anos, em comparação a apenas cinquenta anos em 1900. No entanto, para muitos americanos idosos, esse oportuno aumento da expectativa de vida é marcado pela deterioração das capacidades cognitivas, sobretudo da memória (Fig. 5.5).

É normal que haja algum declínio da memória, aproximadamente a partir dos 40 anos. Até pouco tempo, entretanto, não se sabia ao certo se essa perda de memória relacionada à idade, também denominada *esquecimento senescente benigno*, era somente a fase inicial da doença de Alzheimer ou uma entidade distinta. A resposta a essa pergunta não é apenas uma questão de elevado interesse científico, mas também de enorme consequência financeira e emocional para nossa sociedade e sua população de idosos.

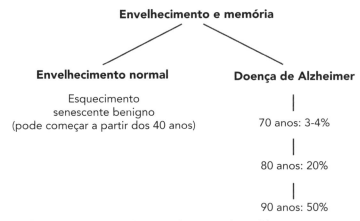

Figura 5.5 Prevalência de perda de memória na população idosa.

Pelo fato de as memórias implícita e explícita serem controladas por diferentes sistemas no cérebro, o envelhecimento as afeta de maneira diferente. Em geral, a memória implícita apresenta-se bem preservada na velhice, mesmo nos estágios iniciais da doença de Alzheimer. Isso ocorre porque a doença não afeta o corpo amigdaloide, o cerebelo ou outras áreas importantes para a memória implícita até bem tarde em seu curso. Isso também explica por que as pessoas que não conseguem lembrar os nomes dos entes queridos ainda podem andar de bicicleta, ler uma frase e tocar piano. Por outro lado, a memória explícita – aquela para fatos e eventos – é precocemente degradada nas pessoas com doença de Alzheimer.

Com o intuito de determinar se a perda de memória da doença de Alzheimer e a relacionada à idade são biologicamente diferentes, dois grupos de cientistas da Columbia University, um liderado por Scott Small e outro por mim, compararam três variáveis: idade de início e progressão de cada distúrbio, regiões cerebrais envolvidas e defeitos moleculares em cada região identificada.

Para comparar a idade de início e progressão, meus colegas e eu recorremos aos camundongos.[5] Esses animais não desenvolvem a doença de Alzheimer, mas nós descobrimos que eles apresentam perda de memória relacionada à idade, concentrada no hipocampo. Essa perda de memória começa na meia-idade, conforme a perda de memória relacionada à idade parece ocorrer nas pessoas. Portanto, em camundongos, pelo menos, pudemos observar que a perda de memória relacionada à idade ocorre como uma entidade distinta, independente da doença de Alzheimer.

A fim de identificar quais áreas do cérebro estão envolvidas na perda de memória relacionada à idade e quais estão envolvidas na doença de Alzheimer, Small e seu grupo utilizaram a neuroimagem para estudar voluntários humanos com idades entre 38-90 anos. Da mesma maneira que em estudos anteriores, eles descobriram que a doença de Alzheimer começa no córtex entorrinal e também que a perda de memória relacionada à idade envolve o giro denteado, uma estrutura do hipocampo.[6]

O grupo de Small e o meu trabalharam em parceria para determinar se o giro denteado contém quaisquer defeitos moleculares que estão ausentes no córtex entorrinal.[7] Para tanto, examinamos o cérebro de pessoas submetidas à necropsia, com idades entre 40-90 anos, que *não* apresentavam doença de Alzheimer. Por intermédio do Affymetrix GeneChips, uma tecnologia que nos permitiu analisar alterações na expressão de 23 mil genes, encontramos dezenove *transcritos* de genes que variavam com a idade do voluntário. (Transcritos são moléculas de RNA de fita única produzidas na etapa inicial da expressão gênica.) A primeira e mais significativa alteração ocorreu em um gene denominado *RbAp48*. Esse gene tornou-se cada vez menos ativo no giro denteado de voluntários mais velhos, e isso resultou em menos transcrição de RNA e menos síntese da proteína RbAp48. Além disso, a mudança ocorreu apenas no giro denteado e não em qualquer outra área do hipocampo ou no córtex entorrinal.

O RbAp48 tornou-se uma proteína interessante. Faz parte do complexo CREB, um grupo de proteínas essenciais para ativar a expressão gênica necessária para a conversão de memória de curto prazo em memória de longo prazo.

Por fim, Small e eu voltamos aos camundongos para verificar se também há redução da expressão da proteína RbAp48 no giro denteado desses animais à medida que envelhecem. Descobrimos que sim – e, mais uma vez, a diminuição ocorre apenas no giro denteado. Além disso, descobrimos que a inativação do gene *RbAp48* fazia com que camundongos jovens tivessem um desempenho tão ruim em tarefas espaciais quanto os velhos. Por outro lado, aumentar a expressão do gene *RbAp48* em camundongos velhos eliminou a perda de memória relacionada à idade, de modo a apresentarem desempenho similar ao de camundongos jovens.

Nesse momento, ocorreu algo surpreendente. Gerard Karsenty, geneticista da Columbia University, se deu conta de que o osso é um órgão endócrino e libera um hormônio denominado osteocalcina. Karsenty descobriu que a osteocalcina atua em muitos órgãos do corpo e também chega ao cérebro, onde promove a memória espacial e a aprendizagem ao influenciar a produção de serotonina, dopamina, GABA e outros neurotransmissores.[8]

Karsenty e eu unimos forças para investigar se a osteocalcina também afeta a perda de memória relacionada à idade.[9] Meu colega Stylianos Kosmidis injetou osteocalcina no giro denteado de camundongos e descobriu que isso ocasiona aumento da PKA, CREB e RbAp48 – proteínas necessárias para a formação da memória. Os camundongos que não receberam as injeções possuíam menor quantidade de proteínas CREB e RbAp48. Curiosamente, quando administramos osteocalcina a camundongos velhos, seu desempenho em tarefas de memória, como o reconhecimento de novos objetos – que havia declinado com a idade –, melhorou. A memória deles correspondia, de fato, à de camundongos jovens. Além disso, a osteocalcina ainda melhorou as capacidades de aprendizagem de camundongos jovens.[10]

Esses achados – o fato de que a osteocalcina diminui com a idade e pode reverter a perda de memória relacionada à idade em camundongos – podem ser outra razão para os efeitos benéficos do exercício físico sobre o envelhecimento do cérebro humano. Sabemos que o envelhecimento está associado a uma redução da massa óssea e que a resultante diminuição da osteocalcina contribui para a perda de memória relacionada à idade em camundongos, e, possivelmente, em nós também. Além disso, sabemos que exercícios vigorosos aumentam a massa óssea. Portanto, é provável que a osteocalcina liberada pelos ossos melhore a perda de memória relacionada à idade em pessoas e camundongos.

É evidente que, como mostram esses estudos, a perda de memória relacionada à idade é um distúrbio distinto da doença de Alzheimer – ela intervém em processos distintos em uma região diferente do cérebro. Além disso, o ideal romano de uma mente sã em um corpo sadio agora parece ter uma base científica.

Essa é uma boa notícia para pessoas que possuem um cérebro com envelhecimento normal. Elas podem manter as funções mentais essenciais até a velhice, desde que se alimentem de maneira saudável, se exercitem e interajam com outras pessoas. Assim como aprendemos a prolongar a vida do corpo, também devemos prolongar a vida da mente. Felizmente, como pudemos observar, várias linhas de pesquisa nos estimulam a acreditar que um dia as doenças que afetam a memória poderão ser evitadas.

É importante, ainda, notar que muitos aspectos da função cognitiva que não exigem memória desenvolvem-se muito bem. Sabedoria e perspectiva certamente aumentam com a idade. A ansiedade tende a diminuir. O desafio para todos nós é maximizar os benefícios do envelhecimento à medida que fazemos o possível para minimizar as desvantagens.

Doença de Alzheimer

O envelhecimento parece afetar áreas específicas do cérebro, e, como vimos, o hipocampo é uma das mais vulneráveis. Às vezes, é comprometido pela ausência de fluxo sanguíneo ou pela morte celular, mas é danificado com frequência pela doença de Alzheimer.

A doença de Alzheimer é caracterizada por déficits na memória recente. É o resultado da perda de sinapses, o ponto de contato onde os neurônios se comunicam. O cérebro pode regenerar sinapses nos estágios iniciais da doença, mas em fases posteriores os neurônios efetivamente morrem. Nosso cérebro não pode regenerar neurônios, portanto essa morte celular resulta em dano permanente. O tratamento para a doença de Alzheimer parece mais eficaz quando instituído no início, antes da morte celular extensa, de modo que os neurologistas têm tentado desenvolver neuroimagens funcionais e outros métodos para identificar a doença o mais cedo possível.

Os cientistas começaram a desvendar a cascata de eventos subjacentes aos sintomas da doença de Alzheimer, além de terem aprendido muito sobre a biologia molecular da doença. Cada detalhe incorporado a essa bagagem de conhecimento nos fornece outro alvo em potencial para uma droga, outra maneira possível de interromper o progresso dessa doença devastadora.

A descoberta da doença de Alzheimer remonta a 1906, quando Alois Alzheimer, psiquiatra alemão e colega de Emil Kraepelin, descreveu o caso de uma mulher de 51 anos, Auguste D., que passou a ter um ciúme repentino e irracional do marido. Logo depois, desenvolveu déficits de memória e perda progressiva de capacidade cognitiva. Com o tempo, sua memória ficou tão prejudicada que ela não conseguia mais se orientar, mesmo em sua própria casa. Ela escondia objetos e começou a acreditar que as pessoas pretendiam matá-la. Auguste foi internada em uma clínica psiquiátrica e morreu menos de cinco anos após o início dos sintomas.

Alzheimer realizou a necropsia de Auguste D. e encontrou três alterações específicas no córtex cerebral que, desde então, provaram ser características da doença. Primeiro, seu cérebro estava encolhido e atrofiado. Em segundo lugar, a superfície externa das células nervosas continha depósitos de um material denso que formava o que hoje denominamos *placas amiloides*. Terceiro, no interior dos neurônios havia um acúmulo de fibras proteicas emaranhadas que passamos a chamar de *emaranhados neurofibrilares*. Em virtude da importância dessa descoberta, Kraepelin nomeou a doença em homenagem a Alois Alzheimer.

Parte do que um patologista visualiza do material de necropsia ao microscópio, agora podemos ver com a neuroimagem. A Figura 5.6 mostra as placas amiloides e os emaranhados neurofibrilares característicos da doença de Alzheimer. A princípio, os cientistas pensaram que esses agregados anormais de proteínas fossem apenas subprodutos da doença, mas agora sabemos que são fundamentais para causá-la. Uma das coisas fascinantes sobre eles é que se formam 10 a 15 anos *antes* que a memória ou o pensamento de uma pessoa comece a mudar. Se essas estruturas puderem ser detectadas quando começarem a surgir, talvez seja possível evitar lesões ao cérebro e interromper a progressão da doença de Alzheimer.

As placas se formam inicialmente em áreas específicas e restritas do cérebro. Um desses locais é o córtex pré-frontal. Conforme já aprendemos, essa parte

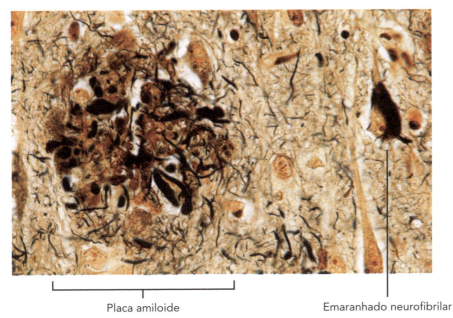

Placa amiloide   Emaranhado neurofibrilar

Figura 5.6   Fotomicrografia de uma placa amiloide e um emaranhado neurofibrilar no cérebro.

do cérebro está envolvida na atenção, autocontrole e solução de problemas. Os emaranhados começam a se formar no hipocampo. Nessas duas áreas, as placas amiloides e os emaranhados são responsáveis pelo declínio cognitivo e pela perda de memória em pessoas com Alzheimer. No início, o cérebro é capaz de compensar tão bem que nem sequer um membro da família é capaz de distinguir uma pessoa que possui essa lesão inicial de outra que não a tem. Com o tempo, porém, à medida que cada vez mais conexões são danificadas e neurônios começam a morrer, regiões como o hipocampo se desintegram e o cérebro começa a perder funções essenciais, como o armazenamento de memória. Os sintomas relacionados à perda de memória tornam-se evidentes.

O papel das proteínas na doença de Alzheimer

O que faz com que placas e emaranhados se formem? Os cientistas descobriram que o *peptídeo beta-amiloide* é responsável pela formação de placas amiloides. Esse peptídeo é parte de uma proteína muito maior denominada *proteína precursora de amiloide* (APP), supostamente ancorada na membrana celular dos dendritos, os processos curtos e ramificados dos neurônios (Fig. 5.7). Duas enzimas distintas cortam a proteína precursora, cada uma em um local diferente, o que libera o peptídeo beta-amiloide (Fig. 5.7). Uma vez liberado da membrana celular, o peptídeo flutua no meio extracelular.

A produção e a liberação do peptídeo beta-amiloide são ocorrências normais no cérebro de todos. Em pessoas com doença de Alzheimer, entretanto, a produção da proteína pode estar acelerada ou a depuração da proteína do meio extracelular pode ser mais lenta. Ambas as ações podem resultar em acúmulos anormais de peptídeos. Além disso, esses peptídeos são grudentos. Eles aderem um ao outro e, por fim, formam as placas amiloides características da doença de Alzheimer.

Outra proteína envolvida na doença de Alzheimer, denominada *tau*, está situada no interior do neurônio. A função de uma proteína depende de sua estrutura tridimensional. Ela assume essa forma por meio de dobramento, um processo em que os aminoácidos que compõem a proteína se torcem em uma conformação muito específica. Pense nisso como um origami extraordinariamente complexo. Quando um defeito molecular faz com que a proteína tau não se dobre da maneira correta, ela forma aglomerados tóxicos (Fig. 5.8) que criam emaranhados neurofibrilares.

A combinação desses dois tipos de agregados – placas fora da célula nervosa e emaranhados em seu interior – causa a morte de neurônios e é responsável pela progressão da doença de Alzheimer.

Estudos genéticos sobre a doença de Alzheimer

Enquanto a doença de Alzheimer geralmente ocorre em pessoas a partir de 70 ou 80 anos, cujas famílias não apresentam histórico da doença, uma forma rara e de início precoce acomete algumas famílias de maneira expressiva. John Hardy, agora na University College London, teve uma oportunidade inusitada de estudar a base genética da doença de Alzheimer quando Carol Jennings procurou por ele.

No início da década de 1980, o pai de Carol foi diagnosticado com doença de Alzheimer aos 58 anos. Pouco tempo depois, uma irmã e um irmão dele, ambos em torno dos 50 anos, desenvolveram a doença. Acontece que o bisavô de Carol havia desenvolvido a doença, assim como seu avô e o tio-avô. No principal ramo da família, cinco em cada dez crianças tinham a doença, todas na mesma época. A idade média de manifestação da doença era de aproximadamente 55 anos (o recorde de início precoce da doença de Alzheimer familiar foi registrado ao final da segunda década de vida).

Hardy e seus colegas pretendiam identificar quais genes eram herdados por todos os irmãos afetados na família Jennings, mas não pelos irmãos saudáveis. Eles descobriram que um primo e os cinco irmãos afetados compartilhavam um segmento idêntico do menor cromossomo do genoma humano, o 21. No entanto, dois irmãos não afetados também possuíam uma pequena parte desse

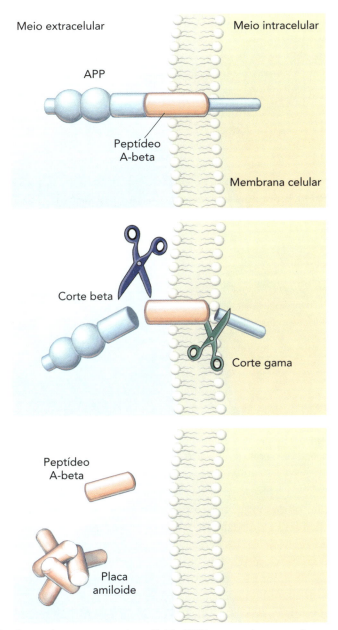

Figura 5.7 A proteína precursora de amiloide (APP), ancorada na membrana celular, contém o peptídeo beta-amiloide (A-beta) *(superior)*. Duas enzimas cortam a proteína precursora de amiloide: o corte beta, seguido pelo corte gama *(centro)*. Esses cortes liberam o peptídeo beta-amiloide para o meio extracelular, onde ele poderá formar placas amiloides *(inferior)*.

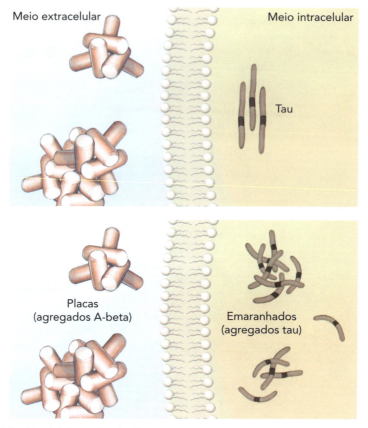

Figura 5.8 Um defeito molecular faz com que a proteína tau se dobre de forma incorreta. Quando isso acontece, a proteína se aglomera no interior da célula, formando emaranhados neurofibrilares.

segmento do cromossomo 21. Isso permitiu a Hardy perceber que o gene responsável pela doença de Alzheimer *não* estava na porção do cromossomo 21 compartilhado com os irmãos não afetados. Ele então examinou cuidadosamente a parte do cromossomo 21 que havia sido herdada apenas pelos membros da família com Alzheimer e encontrou o gene defeituoso que promove o agregado de peptídeos beta-amiloides.[11]

Esse foi o primeiro gene identificado na doença de Alzheimer, e desencadeou o seu estudo. Os patologistas já haviam observado que os peptídeos beta-amiloides formam placas, mas Hardy mostrou que na família Jennings a doença começa com uma mutação no gene da proteína precursora de amiloide responsável por causar a aglomeração de peptídeos.

Depois disso, Hardy e outros cientistas descobriram várias outras mutações. Um grupo de cientistas em Toronto encontrou famílias com Alzheimer hereditário que possuem mutações nos genes codificantes para uma proteína denominada presenilina.[12] Essas mutações impedem a presenilina de ajudar a digerir peptídeos beta-amiloides que flutuam no espaço entre os neurônios. Esse achado se encaixa perfeitamente na descoberta de Hardy. Os dois estudos mostram que todas as famílias com Alzheimer de início precoce apresentam mutações que resultam na formação de agregados fatais por peptídeos beta-amiloides no cérebro. Em outras palavras, todas as mutações parecem convergir para uma única via que leva à doença de Alzheimer familiar de início precoce (Fig. 5.9).

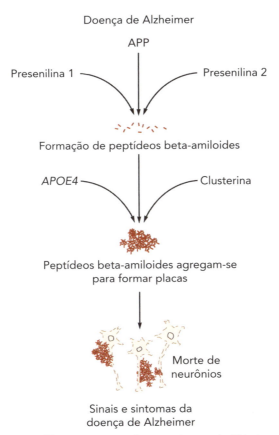

Figura 5.9 Várias vias diferentes que ocasionam a doença de Alzheimer de início precoce convergem para produzir um produto comum: agregados de peptídeo beta-amiloide. A clusterina é um tipo de proteína produzida em quantidades acima do habitual em pessoas com doença de Alzheimer. Ela interage com peptídeos beta-amiloides para exacerbar a perda de tecido no córtex entorrinal.

Mentes diferentes

Esses estudos genéticos de famílias com Alzheimer hereditário levaram os cientistas a cogitar a existência de mutações que reduzem o número de peptídeos beta-amiloides. Se tais mutações existem, elas protegem contra a doença de Alzheimer?

Thorlakur Jonsson e seus colegas da deCODE Genetics, uma empresa de biotecnologia da Islândia, encontraram exatamente essa mutação.[13] Ela ocasiona a substituição de um aminoácido por outro na proteína precursora de amiloide e, em decorrência disso, menor quantidade de peptídeos beta-amiloides gerados. Essa mutação é particularmente interessante porque uma substituição diferente de aminoácidos no mesmo local da proteína precursora *causa* a doença de Alzheimer. Ainda mais impressionante: pessoas com mais de 80 anos que têm a mutação protetora apresentam melhor desempenho cognitivo do que as pessoas da mesma idade que não a possuem.

Fatores de risco para a doença de Alzheimer

Vários cientistas estão tentando descobrir os fatores de risco para o Alzheimer de início tardio mais comum. O fator de risco mais importante encontrado até o momento é o gene da *apolipoproteína E (APOE)*. Esse gene codifica para uma proteína que se combina com gorduras (lipídios) a fim de formar uma classe de moléculas denominadas *lipoproteínas*, as quais acondicionam o colesterol e outras gorduras e os transportam pela corrente sanguínea. Níveis normais de colesterol no sangue são essenciais para uma boa saúde, mas quantidades anormais podem obstruir artérias e causar acidentes vasculares cerebrais e ataques cardíacos. Um alelo, ou variação, desse gene é o *APOE4*. O alelo *APOE4* é raro na população em geral, mas coloca as pessoas em risco de desenvolver a doença de Alzheimer de início tardio. Na verdade, cerca de metade das pessoas com Alzheimer de início tardio possui esse alelo.

Já que não podemos mudar nossos genes, há algo mais que possamos fazer para diminuir o risco de desenvolver a doença de Alzheimer? Uma possibilidade surgiu recentemente e tem a ver com a maneira como nosso corpo lida com a glicose à medida que envelhecemos.

A glicose é a principal fonte de energia do corpo e provém dos alimentos que ingerimos. O pâncreas libera insulina, que basicamente permite que os músculos absorvam glicose. À medida que envelhecemos, nos tornamos um pouco resistentes à insulina, ou seja, nossos músculos são menos sensíveis aos efeitos dela.

Em decorrência disso, o pâncreas tenta secretar um pouco mais de insulina, e isso torna a regulação da glicose menos estável. Se a regulação da glicose se torna instável demais, desenvolvemos diabetes tipo 2.

Vários estudos mostraram que o diabetes tipo 2 é um fator de risco para a doença de Alzheimer. Além disso, alterações na regulação da glicose que acompanham o diabetes tipo 2 parecem afetar as áreas do hipocampo envolvidas na perda de memória relacionada à idade. O importante é que podemos realmente modificar essas alterações relacionadas à idade por meio de dieta e exercício físico, o que pode aumentar a sensibilidade de nossos músculos à insulina e, dessa forma, ajudar na absorção de glicose.

Fatores ambientais e *comorbidades*, ou outras doenças existentes, também podem contribuir para a suscetibilidade à doença de Alzheimer, mas todos os estudos realizados até o momento apontam para os agregados amiloides como a causa fundamental da demência. Essa é uma hipótese muito forte e tem sido extremamente útil para orientar a pesquisa. Estudos recentes, portanto, têm se concentrado na prevenção da agregação e na depuração de agregados amiloides preexistentes por meio de anticorpos com capacidade de reconhecimento específico desses aglomerados. Como pudemos notar, transtornos como esquizofrenia e depressão parecem ser causados não por um único gene, mas por centenas deles; portanto, é muito mais difícil descobrir como ocorrem esses distúrbios. Embora pareça lento, nosso progresso na compreensão da doença de Alzheimer tem sido surpreendentemente rápido.

Demência frontotemporal

A doença de Alzheimer não é a única demência comum. Outro tipo usual é a demência frontotemporal, descoberta uma década antes da doença de Alzheimer por Arnold Pick, professor de psiquiatria da Universidade de Praga. O transtorno geralmente era considerado raro, mas agora sabemos que, juntamente com a doença de Alzheimer, é responsável pela maioria dos casos de demência em pessoas com mais de 64 anos. Além disso, a demência frontotemporal é a causa mais frequente de demência em pessoas com *menos de* 65 anos e afeta cerca de 45 mil a 65 mil pessoas nos Estados Unidos. Em geral, começa em idade mais jovem e progride de modo mais rápido que a doença de Alzheimer.

A demência frontotemporal inicia em áreas muito pequenas do lobo frontal do cérebro envolvidas com inteligência social, sobretudo nossa capacidade de inibir impulsos (Fig. 5.10). Há algum tempo, era considerado impossível distinguir esse transtorno da doença de Alzheimer em uma pessoa viva, mas hoje isso não é mais verdade. Na maioria das vezes, a demência frontotemporal resulta em profunda alteração do comportamento social e do raciocínio moral. As pessoas podem cometer atos antissociais atípicos, como furtos em lojas. Um estudo constatou que, no início da doença, cerca de metade de todos os pacientes foram

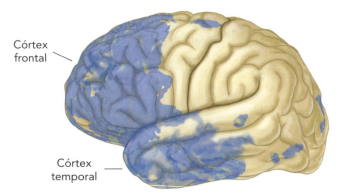

Figura 5.10 A demência frontotemporal afeta os córtices frontal e temporal do cérebro.

presos ou poderiam ter sido presos por algo que fizeram. Esse comportamento não é característico das pessoas com doença de Alzheimer.

A demência frontotemporal afeta também partes do cérebro que permitem que nos relacionemos com os outros. Indivíduos com esse transtorno que antes eram amáveis e gentis podem se tornar indiferentes às pessoas ao seu redor. Além disso, se tornam vulneráveis ao vício, comendo regularmente em demasia e adotando hábitos prejudiciais, como o tabagismo. Às vezes não conseguem controlar seus gastos e vão à falência. Essa demência tem enormes repercussões nas famílias, pois afeta pessoas na meia-idade, muitas com filhos.

A genética da demência frontotemporal

O mecanismo biológico da demência frontotemporal – um transtorno que decorre da degradação dos lobos frontal e temporal – é o mesmo da doença de Alzheimer: mutações genéticas resultam em dobramento anormal de proteínas que formam agregados no cérebro. É por isso que as pessoas com esses dois distúrbios têm sintomas comuns. No entanto, alguns genes responsáveis pelo dobramento anormal das proteínas são diferentes em cada distúrbio. Os três genes mutados responsáveis pela demência frontotemporal são o *C9ORF72* e aqueles que codificam para a proteína tau e para a progranulina, uma proteína com várias funções no cérebro. Cada gene mutado afeta a mesma região do cérebro por meio do dobramento anormal de proteínas (Fig. 5.11).

O gene da progranulina mutado produz a proteína normal (progranulina), só não produz o suficiente. (Acredita-se que a progranulina normal impede o dobramento anormal de outra proteína, a TDP-43.) A simplicidade desse mecanismo é encorajadora. Ele sugere que uma maneira plausível de tratar a demência frontotemporal é encontrar uma droga que aumente a quantidade de progranulina no

Memória, o reservatório do *self*: demência 111

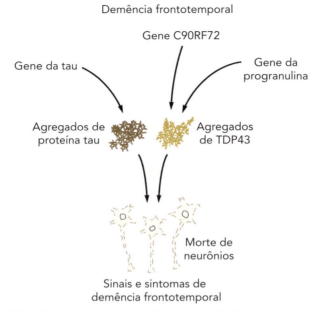

Figura 5.11 Mutações em três genes resultam em demência frontotemporal.

sangue e no cérebro ou descobrir uma maneira de fornecer progranulina ao cérebro. A propósito, Bruce Miller, da Universidade da Califórnia, em São Francisco, estudou exaustivamente a demência frontotemporal e acredita que pode ser uma das doenças neurodegenerativas mais simples de tratar. Atualmente, ele está testando drogas elaboradas para elevar as concentrações de progranulina no sangue e no cérebro.[14]

Miller fez outra descoberta, que corrobora os achados de John Hughlings Jackson, um notável neurologista do século XIX. Jackson foi o primeiro a perceber que os dois hemisférios do cérebro estão associados a funções mentais diferentes: o hemisfério esquerdo ocupa-se de funções lógicas, como linguagem e números; e o hemisfério direito, de funções mais criativas, como música e arte. Além disso, Jackson sugeriu que um hemisfério inibe o outro. Portanto, uma lesão no lado esquerdo do cérebro o tornaria incapaz de inibir o lado direito, liberando, assim, a criatividade do lado direito. Miller descreveu uma série de pacientes com demência frontotemporal restrita ao hemisfério esquerdo. Algumas dessas pessoas exibem rompantes de criatividade, sobretudo aquelas com propensão a serem mais criativas antes de a doença danificar seu hemisfério esquerdo. A lesão no hemisfério esquerdo parece ter liberado o hemisfério direito criativo e musical.

Essas descobertas demonstram um princípio marcante da função cerebral geral: quando um circuito neural é desligado, outro pode ser ativado. Por quê? Porque o circuito inativado normalmente inibe o outro circuito.

Pensar no futuro

O primeiro cientista a descrever um transtorno de dobramento de proteínas foi Stanley Prusiner, que observou anormalidades nos dobramentos durante a década de 1980 na doença de Creutzfeldt-Jakob, um distúrbio raro. Outros cientistas, como já vimos, revelaram que o dobramento anormal de proteínas contribui para a doença de Alzheimer e a demência frontotemporal. A princípio pode parecer que essas demências têm pouco, se houver algo, em comum com os distúrbios de movimento. No entanto, um exame mais detalhado revela que as doenças de Parkinson e de Huntington também decorrem do dobramento anormal de proteínas. Abordaremos esses distúrbios cerebrais no Capítulo 7.

Primeiro, porém, vamos explorar o que os distúrbios cerebrais podem nos revelar sobre outro aspecto da natureza humana: a criatividade. Assim como nossos sentimentos, pensamentos, comportamento, interações sociais e memória têm uma base biológica, o mesmo acontece com nossa criatividade inata. Os capítulos anteriores retrataram várias expressões de criatividade em pessoas com autismo, depressão, transtorno bipolar e esquizofrenia. Alguns indivíduos com Alzheimer e demência frontotemporal também se expressam de forma criativa, a maior parte das vezes em arte visual. No Capítulo 6, exploraremos o que aprendemos sobre criatividade em artistas com esses distúrbios cerebrais.

6

Nossa criatividade inata: distúrbios cerebrais e arte

Os artistas – pintores, escritores, escultores, compositores – parecem diferentes de outras pessoas, privilegiados com dons especiais que o restante de nós não possui. Os antigos gregos acreditavam que pessoas criativas eram inspiradas por musas, as deusas do conhecimento e das artes. Os poetas românticos do século XIX tinham uma visão diferente da criatividade. Eles alegavam que esta surge da doença mental, o que diminui as restrições impostas pelo hábito, pela convenção e pelo pensamento racional, além de permitir ao artista explorar os poderes criativos inconscientes.

Hoje sabemos que a criatividade tem origem no cérebro e possui uma base biológica. Também sabemos que, embora certas formas de criatividade surjam associadas a transtornos mentais, nossa capacidade criativa não depende deles. Além disso, a capacidade de ser criativo é universal. Cada um de nós expressa a criatividade de diversas maneiras e com diferentes graus de habilidade.

No entanto, os românticos não estavam totalmente errados. Para a maioria das pessoas, nossa capacidade criativa inata não é facilmente evocada. Os cientistas ainda não conseguiram desvendar os mecanismos biológicos da criatividade, mas descobriram alguns de seus precursores, um dos quais parece nos livrar de inibições, permitindo que nossas mentes vaguem livremente e busquem novas conexões entre ideias. Essa comunhão com o inconsciente é compartilhada por todas as pessoas criativas, mas às vezes é particularmente marcante em indivíduos criativos com transtornos mentais.

Este capítulo explora o que os distúrbios cerebrais psiquiátricos e neurológicos podem revelar sobre nossa capacidade criativa. Começaremos examinando a criatividade a partir de diferentes perspectivas. Primeiro, nos concentraremos no trabalho de um artista contemporâneo extraordinariamente talentoso. Em seguida, abordaremos a criatividade do ponto de vista do espectador. Por fim, exploraremos o que aprendemos acerca da natureza do processo criativo e da biologia da criatividade.

Nos capítulos anteriores, vimos pessoas com esquizofrenia, depressão e transtorno bipolar que expressam seus dons criativos na arte, literatura e ciência. Este capítulo se concentra principalmente na arte visual de pacientes com esquizofrenia – a chamada arte psicótica –, não apenas porque é bonita e comovente, mas porque foi compilada e estudada exaustivamente. Continuaremos a explorar sua influência na arte moderna, sobretudo no Dadaísmo e no Surrealismo. Em seguida, abordaremos a criatividade de pessoas com outros distúrbios cerebrais: transtorno bipolar, autismo, doença de Alzheimer e demência frontotemporal. Concluiremos com algumas impressões iniciais sobre o que os estudos cerebrais modernos revelaram sobre nossa capacidade para a criatividade inata.

Perspectivas sobre a criatividade

O artista

Chuck Close é disléxico e, quando criança, sabia que não podia fazer muitas coisas. No entanto, uma coisa que ele podia fazer – e fazer bem – era desenhar. Interessou-se, sobretudo, por desenhar faces, o que é intrigante porque Close também tem "cegueira para feições" – ou seja, ele pode reconhecer uma face como face, mas não pode associá-la a uma pessoa em particular.

Nossa capacidade de reconhecer faces reside no giro fusiforme* direito, na região inferomedial do lobo temporal do cérebro. Pessoas com lesões na parte anterior dessa região têm dificuldade para reconhecer faces, como Close. Pessoas com lesões na parte posterior desse giro não conseguem identificar face alguma. Close é provavelmente a única pessoa na história da arte ocidental a pintar retratos sem ter capacidade de reconhecer alguém pela face. Por que, então, ele se tornou um retratista? Close diz que sua arte era uma tentativa de dar sentido a um mundo que ele não entendia. Para ele, não é tão estranho fazer retratos. Foi motivado a fazê-los porque estava tentando entender as faces das pessoas que conhece e ama, bem como memorizá-las. Para ele, uma face precisa ser "achatada". Depois que a torna plana, ele pode memorizá-la de uma maneira que não poderia se estivesse olhando para ela de frente. Se ele olha para você e sua cabeça se move um centímetro, para ele é uma nova cabeça que nunca viu antes. No entanto, ao fotografar a face e a tornar plana, ele pode efetuar a transposição de um meio plano para outro.

---

*   N. T.: O giro fusiforme é denominado giro occipitotemporal lateral de acordo com a terminologia anatômica vigente.

Figura 6.1 Chuck Close, *Big Self-Portrait*, 1967-68. Acrílico sobre tela, 2,73 m × 2,12 m × 5 cm.

A transposição ocorre da seguinte maneira: primeiro, Close fotografa uma face. Em seguida, ele cobre a fotografia com uma lâmina de acrílico transparente e a pixeliza – ou seja, aplica uma matriz que separa a imagem em milhares de células minúsculas. Por fim, ele pinta cada um dos pequenos pixels, linha por linha, que juntos se fundem para formar um retrato. A imagem final é perfeitamente composta por essas células.

Em seus primeiros trabalhos, Close utilizou esse método para atingir um nível de realismo sem precedentes (Fig. 6.1), compatível com seu desejo de dar sentido ao mundo. Com o tempo, entretanto, começou a usar a matriz de forma mais experimental, revelando uma remoção progressiva de inibições. Primeiro, ele preencheu cada célula com uma marca repetida, um ponto, a fim de criar retratos incrivelmente complexos a partir de unidades incrementais muito simples. Por fim, a técnica evoluiu ao pintar cada célula como um minúsculo quadro abstrato constituído de círculos concêntricos (Fig. 6.2). Em vez de colorir cada quadrado com o mesmo tom de pele uniforme, Close criou vários anéis coloridos que, a distância, criam a ilusão de uma única cor e um retrato vibrante e incrível.

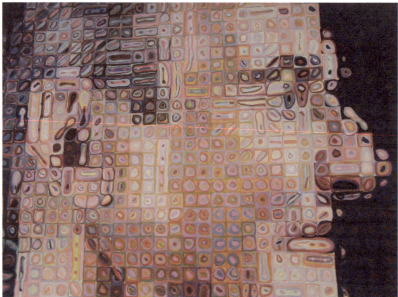

Figura 6.2 Chuck Close, *Roy II*, 1994. Óleo sobre tela, 2,59 m × 2,13 m *(superior)*, e ampliação da mesma pintura *(inferior)*.

Estudos mostraram que o hemisfério cerebral direito está mais preocupado em reunir ideias, em perceber novas combinações – ou seja, trabalha com aspectos da criatividade. O hemisfério esquerdo se preocupa com a linguagem e a lógica. Como discutimos no Capítulo 5, John Hughlings Jackson, fundador da neurologia moderna, alegou há um século que o hemisfério cerebral esquerdo inibe o direito, e, em decorrência disso, lesões no hemisfério esquerdo podem aumentar a criatividade. O hemisfério esquerdo de Close está comprometido, conforme se evidencia em sua dislexia, e, como muitos outros artistas, ele é canhoto, o que revela ainda a dominância do hemisfério cerebral direito.

Close não apenas aproveitou ao máximo esse possível acesso à criatividade, mas também trabalhou, como um atleta talentoso, para fazer melhor o que já faz bem. Usou a dislexia para aprimorar seus atributos artísticos; além disso, ressaltou que tudo o que faz é motivado por seus transtornos de aprendizagem. Não usou álgebra, geometria, física ou química. Passou a vida fazendo cursos e projetos de arte suplementares para mostrar ao professor que ele estava interessado em suas aulas, mesmo que não pudesse se lembrar de fatos mais tarde. Recebeu ajuda por demonstrar que tinha habilidades, e isso o fez se sentir especial. Por isso, sua habilidade artística é extraordinária e sua representação de faces está em constante evolução.

Close exemplifica dois aspectos importantes da criatividade, além da supressão de inibições: a determinação de trabalhar duro e superar as dificuldades e a enorme plasticidade do nosso cérebro. Como pudemos notar nos capítulos sobre autismo e doença de Alzheimer, os danos em algumas regiões do cérebro podem ser compensados pelo aumento da força e eficácia em outras regiões. A capacidade do cérebro de compensar os danos também pode aumentar a capacidade do artista de fazer coisas novas, mais interessantes e criativas.

O espectador

Ao mesmo tempo que os antigos gregos e os românticos eram fascinados pelo artista criativo, a experiência de arte do espectador não foi destaque até a virada do século XX. A ideia de que tanto o observador como o artista se envolvem em processos mentais criativos foi introduzida pela primeira vez por volta de 1900 por Alois Riegl, fundador da Vienna School of Art History.

Riegl e seus dois grandes discípulos, Ernst Kris, que depois se tornou psicanalista, e Ernst Gombrich, alegavam que, quando olhamos para uma obra de arte, cada um de nós a vê de modo ligeiramente diferente. Isso ocorre porque há ambiguidade em quase todos os objetos que vemos, sobretudo em grandes obras de arte. Cada um de nós interpreta essa ambiguidade de maneira diferente, e, em decorrência disso, cada um de nós vê uma determinada obra de arte de modo distinto. Isso significa que cada um de nós cria sua própria concepção da obra – ou seja, passamos por um processo criativo de natureza semelhante, embora de alcance mais modesto, ao processo criativo do artista. Esse processo criativo é conhecido como o *papel do espectador*.

Sabemos que isso é verdade porque, como vimos, as informações sensoriais reais de qualquer imagem que são levadas ao cérebro são rudimentares, fragmentadas. Nossos olhos não são uma câmera que retransmite uma imagem completa para o nosso cérebro. Ao contrário, nosso cérebro recebe informações sensoriais incompletas e as interpreta à luz de nossas emoções, experiência e memória. Esse processo interpretativo, realizado pelo nosso cérebro, é o que nos permite reconstruir nossa própria percepção da imagem que vemos, e é a base do papel do espectador.

Ann Temkin, curadora-chefe de pintura e escultura no Museu de Arte Moderna de Nova York, usa o retrato de Roy Lichtenstein feito por Close (Fig. 6.2) como exemplo de resposta do espectador. "Nesses quadros há, sem dúvida, interações entre as marcas abstratas, o ato da pintura e a representação de alguém", diz ela. "Nenhuma representa a experiência completa. Parte da experiência são os círculos e quadrados abstratos, bem como formas esquisitas que você vê de perto, e parte disso é recuar e reconhecer que 'Ah, é Lichtenstein'. O processo pelo qual você reconhece Lichtenstein está tão incorporado à pintura que, como espectador, você quase o recriou."[1] Esse processo de reconhecimento também está incorporado à maneira como nosso cérebro constrói a face de Lichtenstein a partir das minúsculas formas geométricas de Close.

O processo criativo

Existe uma explicação para o fato de uma explosão de criatividade ocorrer em determinadas épocas da história e em certos lugares? Quer estejamos falando sobre o fermento cultural do Renascimento, os impressionistas de Paris, os expressionistas figurativos na Viena de 1900 ou os expressionistas abstratos de Nova York, a interação entre pessoas criativas é essencial. Eventualmente, essa interação ocorre na forma de rivalidade entre colegas ou, em vez disso, no desejo de apoiar um ao outro. As ideias geralmente surgem quando pessoas criativas conversam entre si em um café ou em uma festa. Em outras palavras, o mito do gênio isolado é exatamente isto: um mito.

Quais são, então, os fatores que contribuem para a criatividade individual? Para Close, como vimos, o aspecto essencial da criatividade é a solução de problemas: competência técnica e vontade de trabalhar duro. Estudos revelaram que certos elementos adicionais contribuem para o aumento da criatividade. O primeiro é a personalidade: alguns tipos de personalidade são mais propensos a serem criativos do que outros. Observe o plural – a criatividade não se limita a um único tipo de personalidade, como salienta o psicólogo do desenvolvimento Howard Gardner em seu trabalho sobre inteligências múltiplas. Na verdade, a criatividade manifesta-se de várias formas: alguns de nós dominam habilidades aritméticas, outros habilidades de linguagem, outros habilidades visuais.[2]

O segundo elemento é o período de preparação, quando uma pessoa lida com um problema de modo consciente e inconsciente. O terceiro elemento é o momento inicial de criatividade, o "momento Aha!", quando um súbito *insight* conecta fatores sem associação prévia no cérebro de uma pessoa. O último é o trabalho subsequente da ideia.

Depois de lidar conscientemente com um problema, precisamos de um período de incubação, quando evitamos o pensamento consciente e deixamos o nosso inconsciente passear. Esse período de incubação, diz o psicólogo Jonathan Schooler, é para "deixar a mente vagar".[3] Muitas vezes surgem novas ideias para nós não quando trabalhamos duro em um projeto, mas ao passearmos, tomarmos banho ou pensarmos sobre outra coisa. Esses são os momentos Aha!, os lampejos de criatividade, e agora estamos começando a ter uma ideia da biologia que está por trás deles.

Kris, um estudante de processos mentais inconscientes na criatividade, observou que pessoas criativas experimentam momentos em seu trabalho nos quais passam, de maneira controlada, por uma comunicação relativamente livre entre as partes inconscientes e conscientes de sua mente. Esse acesso controlado à nossa inconsciência é o que ele denomina "regressão a serviço do ego".[4] Isso significa que pessoas criativas retornam a uma forma mais primitiva de funcionamento psicológico, que lhes permite acessar seus impulsos e desejos inconscientes – e algum potencial criativo associado a eles. Pelo fato de o pensamento inconsciente ser mais livre e ter maior probabilidade de ser associativo – caracterizado por imagens, ao contrário de conceitos abstratos –, ele facilita o surgimento de momentos Aha! que promovem novas combinações e permutações de ideias.

A biologia da criatividade

Embora saibamos pouco sobre a biologia da criatividade, é evidente que a criatividade implica a supressão de inibições. A ideia de Jackson de que os hemisférios cerebrais esquerdo e direito se inibem e que os danos no hemisfério esquerdo liberam as capacidades criativas do hemisfério direito foi confirmada pela tecnologia moderna.

Os exames PET do cérebro, por exemplo, revelaram uma diferença fascinante na maneira como os hemisférios esquerdo e direito respondem a um estímu-

120 Mentes diferentes

lo repetido. O hemisfério esquerdo sempre responde ao estímulo (uma palavra ou um objeto), independentemente da frequência com que é apresentado. Por outro lado, o hemisfério direito costuma ficar entediado com estímulos sequenciais, mas responde ativamente a novos estímulos. Portanto, o hemisfério direito, mais preocupado com a novidade, tem maior capacidade de criatividade. Da mesma forma, o neurologista Bruce Miller, ao qual nos referimos no Capítulo 5, descobriu de maneira notável que pessoas com demência frontotemporal no hemisfério esquerdo às vezes experimentam uma explosão de criatividade, presumivelmente porque o distúrbio no hemisfério esquerdo está removendo sua restrição inibitória no hemisfério direito.[5]

Essa ideia foi levada adiante em uma parceria muito interessante entre Mark Jung-Beeman, da Northwestern University, e John Kounios, da Drexel University. Eles apresentaram problemas aos participantes do estudo, que poderiam ser resolvidos de modo sistemático ou por meio de um súbito *insight Aha!* Quando os participantes recorrem a um *insight Aha!*, uma região de seu hemisfério direito é ativada. Esses experimentos, embora nos estágios iniciais, apoiam a ideia de que repentinos lampejos de *insight*, momentos de criatividade, ocorrem quando nosso cérebro envolve processos neurais e cognitivos distintos, alguns localizados no hemisfério direito.[6]

Uma lição semelhante surge de experimentos com neuroimagem realizados por Charles Limb e Allen Braun no National Institutes of Health. Eles queriam entender as diferenças entre os processos mentais subjacentes à improvisação no *jazz* e a apresentação de uma sequência musical memorizada. Esses pesquisadores colocaram pianistas de *jazz* experientes em um tomógrafo e pediram que tocassem uma sequência musical improvisada ou uma música que haviam memorizado. Limb e Braun descobriram que a improvisação se baseia em um conjunto característico de alterações no córtex pré-frontal dorsolateral, uma área relacionada com o controle de impulsos.[7]

Como o impulso se relaciona com a criatividade? Limb e Braun descobriram que, antes que os pianistas começassem a improvisar, seu cérebro mostrava uma "desativação" do córtex pré-frontal dorsolateral. No entanto, quando tocavam a música memorizada, essa região permanecia ativa. Em outras palavras, enquanto improvisavam, o cérebro atenuava suas inibições, normalmente mediadas pelo córtex pré-frontal dorsolateral. Eles conseguiam criar novas músicas, em parte porque eram desinibidos e não tinham consciência de serem criativos.

No entanto, simplesmente desativar o córtex pré-frontal dorsolateral não transformará qualquer pessoa em um grande pianista. Aqueles pianistas se beneficiaram da supressão de inibições apenas porque, como a maioria das outras pessoas criativas de sucesso, passaram anos praticando sua forma de arte, preenchendo seus cérebros com ideias musicais que poderiam recombinar de modo espontâneo no palco.

A arte das pessoas com esquizofrenia

O movimento romântico, que floresceu na primeira metade do século XIX, enfatizou a intuição e a emoção sobre o racionalismo como fonte de experiência estética e despertou um forte interesse na criatividade de pessoas com doenças mentais. O romantismo caracterizou as psicoses como estados exaltados que libertam o indivíduo da razão convencional e dos costumes sociais e proporcionam acesso a domínios ocultos da mente que normalmente são inconscientes e, portanto, inacessíveis.

O primeiro a se interessar pela arte de pacientes psicóticos foi, na verdade, Philippe Pinel, o médico que desenvolveu uma abordagem psicológica e humana sobre os pacientes com transtornos psiquiátricos. Em 1801, ele escreveu sobre a arte de dois de seus pacientes e concluiu que a insanidade pode, às vezes, revelar talentos artísticos ocultos.[8] Em 1812, Benjamin Rush, pai fundador dos EUA e fundador da psiquiatria como disciplina distinta naquele país, apoiou a visão de Pinel. Rush escreveu que a insanidade é como um terremoto que, "ao abalar as camadas superficiais de nosso planeta, lança sobre sua superfície fósseis preciosos e esplêndidos, cuja existência era desconhecida pelos proprietários do solo em que estavam enterrados".[9]

Em 1864, o médico e criminologista italiano Cesare Lombroso compilou obras de arte de 108 pacientes e publicou *Genio e follia*, ou "Gênio e loucura", mais tarde traduzido para o inglês como *The man of genius*. Da mesma forma que Rush, Lombroso descobriu que a insanidade transformou em pintores algumas pessoas que nunca haviam pintado, mas ele considerava essa arte parte da doença do paciente e era insensível aos seus méritos estéticos.[10]

Emil Kraepelin, pai da psiquiatria científica moderna, adotou uma abordagem menos romântica, embora não menos reconhecida, da relação entre psicose e criatividade. Logo depois de se tornar diretor da clínica psiquiátrica da Universidade de Heidelberg em 1891, Kraepelin notou que alguns de seus pacientes esquizofrênicos pintavam. Ele começou a colecionar a arte desses pacientes como um *Lehrsammlung*, uma coleção de ensino, a fim de verificar se o estudo das pinturas poderia ajudar os médicos a diagnosticar o transtorno. Kraepelin também achava que a pintura poderia ser terapêutica para os pacientes, uma ideia que agora tem apoio considerável.

O diretor subsequente da clínica de Heidelberg, Karl Wilmanns, manteve a tradição de Kraepelin de colecionar pinturas de seus pacientes psicóticos e, em

1919, recrutou Hans Prinzhorn para trabalhar na coleção. Prinzhorn era um psiquiatra e historiador de arte treinado por Alois Riegl.

Prinzhorn começou a expandir a coleção. Uma vez que apenas cerca de 2% dos pacientes da clínica de Heidelberg estavam criando arte, ele pediu a diretores de outras instituições psiquiátricas – na Alemanha, Áustria, Suíça, Itália e Holanda – que lhe enviassem obras de arte criadas por seus pacientes psicóticos. Em decorrência desse apelo, Prinzhorn recebeu mais de 5 mil pinturas, desenhos, esculturas e colagens que representavam o trabalho de cerca de quinhentos pacientes.

Os pacientes cuja arte Prinzhorn colecionava apresentavam duas características marcantes: eram psicóticos e artisticamente *naïf*, isto é, não eram treinados em arte. Prinzhorn reconheceu que a arte de pacientes psicóticos não é simplesmente doença traduzida para uma linguagem visual. A ausência de formação artística demonstrada na maioria de seus desenhos não difere do que veríamos no trabalho de qualquer adulto inexperiente que começasse a desenhar; isso não reflete nada patológico. Prinzhorn percebeu que as imagens dos pacientes eram, em sua essência, obras criativas e exemplos notáveis de arte *naïf*.

Como Prinzhorn teve o cuidado de ressaltar, entretanto, a ingenuidade artística não se limita a artistas que sofrem de psicose. Um dos exemplos mais notáveis de artista sem formação acadêmica que não era psicótico é Henri Rousseau (1844-1910). Coletor de impostos francês, Rousseau costumava ser ridicularizado pelos críticos durante sua vida, mas seu trabalho tem extraordinária qualidade artística. Acabou sendo reconhecido como um gênio autodidata e importante pintor pós-impressionista (Figs. 6.3 e 6.4), e sua obra influenciou várias gerações de artistas, incluindo os surrealistas e Picasso. Embora Rousseau nunca tenha realmente saído da França, suas pinturas mais conhecidas retratam cenas da selva (Fig. 6.4), inspiradas em sua vida inconsciente de fantasia.

No início do século XX, pacientes hospitalizados com transtornos psiquiátricos geralmente passavam o resto de suas vidas – 20 a 40 anos – em uma instituição. Alguns deles começaram a pintar depois de hospitalizados. Rudolf Arnheim, um notável estudante de psicologia da arte, declara:

> Milhares de pacientes internados aproveitavam pedaços de papel de carta ou papel higiênico, papel de embrulho, papel de pão ou madeira para tornar visível a expressão dos fortes sentimentos de agitação mental gerados por sua angústia, frustração, protestos contra o confinamento e visões megalomaníacas. No entanto, entre os psiquiatras, apenas um predecessor profético ocasional pressentiu as possibilidades de diagnóstico dessas imagens misteriosas e talvez tenha especulado sobre seu significado oblíquo para a natureza da criatividade humana.[11]

Figura 6.3 Henri Rousseau, *A cigana adormecida*, 1897.

Figura 6.4 Henri Rousseau, *Os flamingos*, 1907.

A apreciação da criatividade e do valor estético da arte dos pacientes por Prinzhorn estabeleceu que muitos aspectos do que foi denominado "arte psicótica" não são meras curiosidades, mas merecem um estudo sério. Thomas Roeske, atual diretor da coleção Prinzhorn, salienta que as pinturas deram voz a pessoas que, de outra forma, não eram ouvidas – e a voz dessas pessoas era, muitas vezes, completamente distinta.[12]

Mestres esquizofrênicos de Prinzhorn

Em 1922, Prinzhorn publicou *Artistry of the mentally ill: a contribution to the psychology and psychopathology of configuration*, obra de grande influência, que ele ilustrou com exemplos da coleção de Heidelberg.[13] Dos quinhentos artistas representados na coleção, 70% tinham esquizofrenia, e os 30% restantes transtorno bipolar. As proporções refletem, em parte, as taxas de hospitalização das pessoas com essas doenças psiquiátricas. Prinzhorn concentrou-se sobretudo no trabalho de dez pacientes a quem ele se referia como "mestres esquizofrênicos". Ele apresentou a história clínica de cada artista, protegido por um pseudônimo, seguida de uma análise da obra do artista e de suas implicações clínicas para o diagnóstico e para a evolução da doença do artista.

Prinzhorn descreve esses pacientes como aqueles que sofrem de "isolamento autista completo... a essência da configuração esquizofrênica",[14] e descobriu que o trabalho deles era caracterizado por um "sentimento inquietante de estranheza".[15] Para Prinzhorn, a arte dos pacientes refletia as "erupções de um impulso criativo universal humano"[16] que neutralizavam a sensação de isolamento presente. Em virtude do fato de a maioria de seus artistas não possuírem formação artística, Prinzhorn também usava suas obras para demonstrar semelhanças surpreendentes com o trabalho de crianças e o de artistas de sociedades primitivas. Em todos os casos, as obras refletem a criatividade artística autodidata presente em todos nós. Para esses artistas, um pedaço de papel em branco geralmente representava um vazio inerte que clamava por ser preenchido. Como resultado, eles tratavam de cobrir cada centímetro da superfície. Isso é verificado nas pinturas de três mestres esquizofrênicos de Prinzhorn: Peter Moog (Fig. 6.5), Viktor Orth (Fig. 6.6) e August Natterer (Fig. 6.7).

Moog nasceu em 1871 e cresceu na pobreza. Acredita-se que seu pai fosse mentalmente perturbado, mas o próprio Moog era gentil e muito inteligente, dono de uma memória poderosa. Depois de deixar a escola, tornou-se garçom e começou a levar uma vida desregrada, com muito vinho, mulheres e música. Durante esse período, contraiu gonorreia. Casou-se em 1900, mas sua esposa morreu em 1907. Enquanto trabalhava como gerente de um grande hotel, começou a beber demais e, em 1908, vivenciou subitamente um episódio psicótico.

Nossa criatividade inata: distúrbios cerebrais e arte 125

Figura 6.5   Peter Moog, *Altar with priest and Madonna.*

Algumas semanas depois, foi diagnosticado com esquizofrenia e internado em um asilo, onde viveu até sua morte, em 1930. A perspectiva de Moog, como verificamos em *Altar with priest and Madonna* (Fig. 6.5), é dominada por imagens religiosas.[17]

Orth nasceu em 1853 em uma família antiga e nobre. Desenvolveu-se normalmente quando criança e mais tarde tornou-se um cadete da marinha, mas começou a ser atormentado pela paranoia aos 25 anos e ficou hospitalizado de 1883 até sua morte, em 1919. Em várias ocasiões acreditava ser o rei da Saxônia, o rei da Polônia e o duque de Luxemburgo. Em 1900, começou a pintar. Como disse Prinzhorn sobre as pinturas de Orth, em sua avidez "nenhuma superfície vazia é segura". Da mesma forma que Moog, ele cobria cada centímetro da página, mas não criava desenhos intrincadamente detalhados, ao contrário de Moog. Muitas pinturas de Orth eram paisagens marítimas e continham um navio de três mastros que Prinzhorn acreditava ser seu navio-escola. Na Figura

Figura 6.6 Viktor Orth, *Barque evening at sea*, aquarela, 29 cm × 21 cm.

6.6, vemos a versão abstrata de um navio de três mastros no mar. As áreas diagonais coloridas "juntas dão o efeito de um suave pôr do sol no mar", escreveu Prinzhorn.[18]

Outro "mestre esquizofrênico" de Prinzhorn foi August Neter, nascido August Natterer em 1868 na Alemanha. Ele estudou engenharia, casou-se e era um eletricista de sucesso, mas, de repente, passou a desenvolver ataques de ansiedade acompanhados de delírios. Em 1º de abril de 1907, teve uma alucinação impressionante do Juízo Final e disse que viu *flashes* de 10 mil imagens em meia hora. "As imagens foram manifestações do Juízo Final", disse Natterer. "Elas foram reveladas a mim por Deus para a conclusão da redenção [de Cristo]."[19]

Em sua obra artística, Natterer tentou capturar as 10 mil imagens de sua alucinação do Juízo Final. As imagens são sempre executadas em um estilo claro e objetivo, quase como um desenho técnico, como em *Axle of the world with rabbit* (Fig. 6.7). Natterer insistiu que essa pintura previa a Primeira Guerra Mundial – ele sabia de tudo antecipadamente. Segundo Natterer, o coelho na pintura representa "a incerteza da boa sorte. Ele começou a correr no rolo... o coelho então transformou-se em uma zebra (parte superior listrada) e depois em um burro (cabeça de burro) feito de vidro. Um guardanapo estava pendurado no burro; foi barbeado".[20]

Figura 6.7 August Natterer, *Axle of the world with rabbit*, 1919.

Algumas características da arte psicótica

As obras de arte retratadas nas páginas anteriores provavelmente se originam do mesmo tipo de capacidade criativa intrínseca que qualquer outra obra de arte, mas, como os artistas sofriam de esquizofrenia e não eram limitados por convenções artísticas ou sociais, os críticos da época consideravam suas obras a expressão mais pura de seus conflitos e desejos inconscientes. É por isso que a maioria das pessoas apresenta forte reação emocional à sua arte. É também por isso que esses trabalhos nos impressionam, mesmo com a nossa sensibilidade moderna, e parecem surpreendentemente originais. A publicação desses trabalhos no início da década de 1920 levou, de fato, as pessoas a reconsiderarem a ideia de "original" na arte ocidental. Boa parte do que consideramos arte, argumenta Roeske, tem cunho ideológico: "Esperamos certas coisas da arte". Ele continua: "A coleção Prinzhorn resgata muito mais aspectos da vida do indivíduo e da vida em sociedade do que a arte convencional".[21]

O que torna a arte colecionada por Prinzhorn diferente daquela de outros artistas, com formação artística ou não? A esquizofrenia, como sabemos, resulta em pensamentos desordenados, que isolam o indivíduo da realidade. Esse distúrbio na relação entre uma pessoa e seu ambiente social pode levar a impressionantes distorções de perspectiva, as quais frequentemente alteram a função da forma artística. Portanto, uma característica comum da arte esquizofrênica é a justaposição de elementos desvinculados. Outra é a representação de ilusões e imagens alucinatórias. E ainda há imagens ambíguas ou a remontagem de partes do corpo desmembradas. O trabalho de cada artista é caracterizado por motivos recorrentes que brotam de sua mente inconsciente. Assim, as obras têm, como Kraepelin previra, temas distintos específicos de seus criadores.

O impacto da arte psicótica na arte moderna

O Dadaísmo e o movimento subsequente, Surrealismo, surgiram principalmente em resposta à carnificina da Primeira Guerra Mundial. É difícil subestimar os efeitos psíquicos da Grande Guerra. Quando o conflito começou, muitos jovens aderiram a ele com entusiasmo, acreditando que a guerra levaria ao rejuvenescimento da sociedade. Em um ano, entretanto, muitas pessoas se viram com uma sensação de destruição total e sem sentido. A guerra pôs em discussão a crença na inevitabilidade do progresso social; ainda mais importante, afetou a essência da autocompreensão racional ocidental. A partir do fracasso da razão, surgiu a possibilidade de que a irracionalidade seja uma alternativa de afirmação da vida.

Foi em meio ao caos da guerra que o Dadaísmo surgiu, em Zurique, no ano de 1916. Logo em seguida surgiu o Surrealismo, em Paris, onde a maioria dos adeptos de Dadá se estabeleceu após a guerra. Embora tenha sido concebido como movimento literário, as técnicas e a orientação do Surrealismo mostraram-se mais adequadas à arte. Assim como os dadaístas, os surrealistas se opunham à tradição da arte acadêmica e aos valores por ela defendidos, mas estavam em busca de uma filosofia nova, mais criativa e positiva do que o caos do Dadaísmo. Eles encontraram essa filosofia no trabalho de Freud, Prinzhorn e pensadores correlatos.

Freud havia documentado a importância do pensamento inconsciente, que não é racional nem governado por um senso de tempo, espaço ou lógica. Além disso, ele apresentou os sonhos como o caminho privilegiado para o inconsciente. Os surrealistas tentaram eliminar a lógica de seu trabalho e recorrer a sonhos e mitos em busca de inspiração, liberando, assim, o poder da imaginação. Além disso, estavam determinados, como Cézanne e os cubistas que o sucederam, a mudar a arte de sua trajetória histórica representativa para uma nova.

Max Ernst, a princípio um líder do Dadaísmo e depois da arte surrealista, comprou um exemplar do livro de Prinzhorn e o levou para Paris, onde ele se tornou a "Bíblia ilustrada" dos surrealistas. Embora a maioria dos membros pa-

Nossa criatividade inata: distúrbios cerebrais e arte **129**

risienses do grupo surrealista não soubesse ler alemão, as imagens do livro de Prinzhorn falavam por si mesmas, ilustrando o que poderia ser realizado fora das atitudes e inibições burguesas convencionais.

A completa ingenuidade dos artistas psicóticos foi um forte incentivo para os surrealistas. Eles pretendiam liberar a criatividade das limitações do pensamento racional ao explorar as profundezas ocultas da mente inconsciente. Incentivavam-se mutuamente a explorar e expressar seus próprios impulsos eróticos e agressivos. Desse modo, todo artista surrealista dependia de motivos centrais que derivavam de seus processos mentais distintos e inconscientes, assim como os artistas psicóticos.

Em 2009, Roeske realizou uma exposição em Heidelberg, na qual comparou sistematicamente a arte surrealista e a arte psicótica da coleção Prinzhorn. A exposição, "Surrealismo e loucura", era centrada em quatro processos, ou técnicas, que os surrealistas empregaram para explorar o inconsciente, imitando artistas psicóticos.

O primeiro e mais importante processo foi o *desenho automático*. O automatismo é um método de exploração do inconsciente que foi introduzido por psiquiatras no século XIX. André Masson foi pioneiro no desenho automático. O segundo processo consistia em *combinar elementos desvinculados*. Quanto menor a relação entre os elementos, mais verdadeira e forte é a imagem. Ernst levou a técnica a um nível surpreendente de virtuosismo em suas colagens dadaístas. Roeske comparou uma imagem da coleção Prinzhorn feita por Heinrich Hermann Mebes a uma obra de Frida Kahlo (Fig. 6.8).

O terceiro processo, conhecido como *método crítico-paranoico*, foi desenvolvido por Salvador Dalí, que atribui o duplo sentido visual a suas pinturas, que são essencialmente quebra-cabeças, à mudança de percepção provocada pela paranoia. Ambiguidades semelhantes podem ser encontradas nas imagens da coleção Prinzhorn. Na exposição, Roeske colocou uma obra de Dalí ao lado de *Axle of the world with rabbit*, de Natterer (Fig. 6.9).

O quarto processo era a *fusão de imagens*, na qual partes desmembradas do corpo são reorganizadas e fundidas, geralmente com efeitos chocantes. O surrealista Hans Bellmer usava essa técnica em seus desenhos.

Os surrealistas pretendiam criar uma arte pictórica que já existia na arte de pacientes psicóticos, planejando maneiras de explorar sua própria mente inconsciente. Enquanto os artistas psicóticos faziam isso de maneira natural e inconsciente, os esforços deliberados dos surrealistas também foram bem-sucedidos, como demonstra a exposição de Roeske. Ambos os grupos de artistas evocam em nós o "inquietante sentimento de estranheza" descrito por Prinzhorn. Além disso, enquanto os artistas psicóticos eram autodidatas, os surrealistas faziam um grande esforço para desaprender sua técnica. Picasso afirmou que costu-

Figura 6.8 Heinrich Hermann Mebes, *Das brütende Rebhühn oder die herrschende Sünde* (superior); Frida Kahlo, *Sem esperança*, 1945 (inferior).

mava desenhar como Rafael e levou uma vida inteira para aprender a desenhar como uma criança.[22]

O que outros distúrbios cerebrais nos dizem sobre criatividade

A ideia de que a criatividade provém da loucura foi sustentada durante séculos pela prevalência incomum de transtornos do humor entre escritores e artistas. Foi detectado um tipo diferente de gênio, o *savant*, entre as pessoas no espectro do autismo. Até mesmo distúrbios neurológicos, como a doença de Alzheimer e a demência frontotemporal, podem expor a capacidade criativa.

Em seu livro *Tocados pelo fogo: a doença maníaco-depressiva e o temperamento artístico*, Kay Redfield Jamison analisa o extenso conjunto de estudos que

Nossa criatividade inata: distúrbios cerebrais e arte 131

Figura 6.9 August Natterer, *Axle of the world with rabbit*, 1919 *(superior)*; Salvador Dalí, *Remorso (ou Esfinge encravada na areia)*, 1931 *(inferior)*.

sugerem que escritores e artistas apresentam uma taxa muito maior de psicose maníaco-depressiva, ou transtorno bipolar, do que a população em geral.[23] Por exemplo, Vincent van Gogh e Edvard Munch, dois fundadores do Expressionismo, sofriam de doença maníaco-depressiva, assim como o poeta romântico Lord Byron e a romancista Virginia Woolf. Nancy Andreasen, psiquiatra da Universidade de Iowa, analisou a criatividade de escritores vivos e descobriu que eles têm quatro vezes mais chances de apresentar transtorno bipolar e três vezes mais chances de ter depressão do que pessoas que não são criativas.[24]

Jamison ressalta que pessoas com transtorno bipolar, na maior parte do tempo, não apresentam sintomas, mas, ao passar da depressão para a mania, vivenciam uma sensação impetuosa de energia e a capacidade de formular ideias que aumentam radicalmente sua criatividade artística. A tensão e a transição entre estados de humor oscilantes, assim como o sustento e a disciplina que as pessoas com transtorno bipolar extraem de períodos de saúde, são extremamente importantes. Algumas pessoas argumentam que são essas tensões e transições que, em última análise, conferem a um artista com transtorno bipolar seu poder criativo.[25]

Ruth Richards, da Universidade de Harvard, aprofundou ainda mais a análise.[26] Ela testou a ideia de que a vulnerabilidade genética ao transtorno bipolar pode ser acompanhada de uma predisposição à criatividade. Richards examinou os parentes de primeiro grau dos pacientes que não apresentavam transtorno bipolar e descobriu que essa correlação realmente existe. Ela sugere, portanto, que genes responsáveis por oferecer maior risco de transtorno bipolar também podem transmitir maior probabilidade de criatividade. Isso não significa que o transtorno bipolar cria predisposição à criatividade, mas que as pessoas que possuem os genes associados ao transtorno bipolar também têm maior exuberância, entusiasmo e energia, que lhes permitem expressar-se e contribuir para a criatividade. Esses estudos destacam a importância de fatores genéticos em termos de contribuição para a criatividade.

A criatividade em pessoas com autismo

Os indivíduos no espectro do autismo enfrentam a solução criativa de problemas de maneira diferente dos neurotípicos. Em um estudo de pessoas neurotípicas e pessoas no espectro do autismo, Martin Doherty, da University of East Anglia, na Inglaterra, e seus colegas descobriram que pessoas com elevado número de traços autistas geram ideias mais escassas, porém mais originais. Ele sugere que há maior probabilidade de essas pessoas terem ideias incomuns, pois não recorrem tanto a associações ou à memória, o que restringiria seu pensamento criativo.[27]

Em uma avaliação, foi solicitado aos participantes do estudo que identificassem o máximo de possíveis usos para um clipe de papel. Muitas pessoas disseram que um clipe de papel poderia ser usado como um gancho, um alfinete ou para limpar pequenos espaços. Respostas menos comuns incluíam usá-lo como peso em um avião de papel, fio para cortar flores ou marcador em um jogo. Os indivíduos que produziram as respostas mais inusitadas também possuíam elevado número de traços autistas. Da mesma forma, quando desenhos abstratos foram mostrados aos participantes e lhes foi solicitado apresentar o máximo de ideias possíveis para explicar as imagens, aqueles com o maior número de traços autistas produziram menos interpretações, porém mais atípicas.

Algumas pessoas do espectro do autismo possuem atributos notáveis, e poucas possuem imensa competência em música, cálculo numérico, desenho e

Nossa criatividade inata: distúrbios cerebrais e arte **133**

afins. Muitos desses *savants* autistas tornaram-se bem conhecidos. Um deles é Stephen Wiltshire, a quem Sir Hugh Casson, ex-presidente da Royal Academy of Arts, considerou talvez o melhor artista infantil da Grã-Bretanha. Depois de observar um prédio por alguns minutos, Wiltshire conseguiu desenhá-lo com rapidez, confiança e precisão. Ele desenhou tudo de memória, sem anotações, e raramente perdia ou acrescentava um detalhe. Como afirmou Casson, "Stephen Wiltshire desenha exatamente o que vê – nem mais nem menos".[28]

O renomado neurologista e autor Oliver Sacks ficou intrigado com o fato de Wiltshire ser tão talentoso do ponto de vista artístico, apesar de seus enormes déficits emocionais e intelectuais. Isso o levou a perguntar: "A arte não era, em sua essência, a expressão de uma visão pessoal, um *self*? Alguém poderia ser um artista sem ter um *self*?"[29] Ao que tudo indica, qualquer pessoa que tenha um senso de si (*self*) também deve ter um senso de empatia pelos outros. Sacks trabalhou com Wiltshire durante anos, e, nesse período, tornou-se cada vez mais evidente que o jovem possuía habilidades perceptivas extraordinárias, mas nunca desenvolveu grande empatia. Era como se os dois componentes da arte – o perceptivo e o empático – estivessem separados em seu cérebro.

Outra autista *savant* extraordinária foi Nadia, que aos 2,5 anos começou a desenhar cavalos e depois uma variedade de outros temas de maneira que os psicólogos consideravam simplesmente impossível. Aos 5 anos, ela podia fazer desenhos de cavalos equivalentes aos produzidos por profissionais. Ela mostrava rápido domínio de espaço e capacidade de representar imagens e sombras, um senso de perspectiva que artistas infantis talentosos não desenvolvem antes da adolescência.[30]

Não sabemos o que explica essa criatividade em pessoas autistas, todavia, uma revisão de vários estudos realizada por Francesca Happé e Uta Frith sugere que pode haver implicação de elevada acuidade sensorial, foco nos detalhes, memória visual e detecção de padrões, além de uma necessidade obsessiva de praticar. Quase 30% das pessoas no espectro do autismo exibem habilidades especiais em música, memória, cálculos numéricos e de calendário, desenho ou linguagem. Além disso, alguns indivíduos desenvolvem múltiplos talentos. Stephen Wiltshire, por exemplo, tem afinação perfeita e talento musical, além da capacidade de desenhar. Essas descobertas sugerem que a base biológica do talento em cálculos numéricos ou de calendário não difere consideravelmente da base do talento em arte ou música – uma conclusão que pode se estender também a pessoas neurotípicas.[31]

Darold Treffert, da Universidade de Wisconsin, que estuda *savants*, afirma que "o estudo sério da síndrome de *savant*, incluindo o *savant* autista, pode nos impulsionar além do que jamais estivemos na compreensão e maximização da função cerebral e do potencial humano".[32] Allan Snyder, diretor do Centro de

Estudos da Mente da Universidade de Sydney, Austrália, defende a ideia de que o controle do hemisfério cerebral esquerdo sobre o potencial criativo do hemisfério direito é reduzido em pessoas com autismo.[33]

A criatividade em pessoas com doença de Alzheimer

Muitas pessoas com doença de Alzheimer adotam a arte para se comunicar com sua família. Dessa forma, a arte se torna não apenas um meio de expressão criativa, mas também uma linguagem que esses indivíduos podem usar quando outros meios de comunicação não funcionam.

O inverso também é verdadeiro: artistas que desenvolvem a doença de Alzheimer podem continuar pintando trabalhos interessantes. Esse fenômeno era nitidamente evidente em Willem de Kooning, um dos fundadores do Expressionismo abstrato e da New York School. Em 1989, de Kooning foi examinado e descobriu-se que apresentava sintomas semelhantes aos da doença de Alzheimer. Ele sofreu grave perda de memória e muitas vezes ficava desorientado, mas, quando entrava em seu estúdio, voltava a ser convincente e comprometido. A simplicidade, a leveza e o lirismo de suas pinturas subsequentes representavam um distanciamento radical de seus trabalhos anteriores, e isso enriqueceu seu conjunto de obras.[34] Vários historiadores da arte argumentaram que isso não deveria causar estranheza, pois em muitos casos, sobretudo entre os artistas do Expressionismo abstrato como de Kooning, a criatividade deriva mais da intuição que do intelecto.

A criatividade em pessoas com demência frontotemporal

Quando a demência frontotemporal tem início no lado esquerdo do cérebro, normalmente afeta a fala, levando à afasia. Em 1996, Bruce Miller, da Universidade da Califórnia, São Francisco, notou que alguns de seus pacientes com demência que apresentavam distúrbio progressivo da linguagem começaram a exibir criatividade artística. As pessoas que já pintavam começaram a usar cores mais ousadas, e algumas que nunca tinham pintado começaram a fazê-lo. Alguns pacientes de Miller com lesões na área frontal esquerda do cérebro, especificamente, apresentaram aumento de atividade nas áreas posteriores direitas – regiões supostamente envolvidas na criação de arte.[35]

Esse rompante de criatividade artística corrobora a afirmação de John Hughlings Jackson de que os hemisférios cerebrais esquerdo e direito desempenham funções diferentes e inibem-se mutuamente. Embora essa distinção simplifique demais a natureza de processos complexos como a criatividade, que, sem dúvida, têm várias origens, agora temos evidências suficientes de estudos de imagem

Nossa criatividade inata: distúrbios cerebrais e arte **135**

para concluir que alguns aspectos da criatividade artística e musical provêm do hemisfério cerebral direito.

De maneira semelhante à doença de Alzheimer, a demência frontotemporal pode resultar em alterações drásticas no estilo de pintura de um artista, assim como em seu comportamento. No artigo intitulado "The mysterious metamorphosis of Chuck Close", o escritor Wil S. Hylton salienta que, aos 76 anos, o notável pintor havia alterado radicalmente seu estilo particular de retratar – na verdade, toda a sua vida. Hylton relata:

> Durante o ano passado, passei em várias casas e apartamentos na Costa Leste do país para ver Close, tentando lidar com as mudanças em sua vida e suas relações com seu trabalho. Na minha visita mais recente à sua casa de praia... ele parecia bronzeado e descansado... e havia trabalhado a manhã inteira no estúdio atrás de nós em um grande autorretrato, com o qual – eu sabia – estava entusiasmado... Foi um afastamento radical dos últimos vinte anos de sua arte. Sumiram todos os círculos e formas que ele normalmente pintava em cada célula da matriz. Em seu lugar, ele havia preenchido cada célula com apenas uma ou duas cores predominantes, criando um efeito digital deselegante, como os gráficos de um Commodore 64. As cores eram chocantes e brilhantes, rosa ofuscante e azul cintilante, enquanto a sua face no retrato estava cortada no meio, com um lado da tela pintado em tons diferentes do outro.[36]

Quando Close entrava na sala e começava a conversar com Hylton sobre a pintura, muitas vezes perdia a linha de raciocínio. Após várias tentativas, Hylton sugeriu que fizessem uma pausa e os dois concordaram em se encontrar novamente no dia seguinte. Ao pensar em seu encontro com Close e em seu novo estilo de pintura, Hylton refletiu sobre o que o crítico do século XIX William Hazlitt escreveu sobre a velhice dos artistas: "Percebe-se que eles não são muito mortais, que têm uma parte imperecível," o que Theodor Adorno chamou de "estilo tardio".[37]

Enquanto conversava com Hylton no dia seguinte, Close mencionou que havia sido diagnosticado erroneamente com a doença de Alzheimer no ano anterior. Depois de passar semanas em pânico, ele ficara ciente de que aquele diagnóstico estava errado e que, em vez deste, havia outro diagnóstico.[38] Desde então, ele menciona a outras pessoas que tem demência frontotemporal, o que explicaria sua mudança de comportamento e seu novo e brilhante estilo.

A criatividade como parte inerente da natureza humana

A ideia de que a criatividade está correlacionada com a doença mental é uma falácia romântica. A criatividade não provém de uma doença mental; é parte

136 Mentes diferentes

inerente da natureza humana. Como Rudolf Arnheim destaca, "a opinião psiquiátrica atual defende que a psicose não gera o gênio artístico, mas, na melhor das hipóteses, libera poderes da imaginação, que, em condições normais, pode permanecer bloqueada pelas inibições da convenção social e educacional".[39]

Nancy Andreasen adota uma abordagem um pouco diferente da questão da criatividade e da doença mental. Em seu ensaio "Segredos do cérebro criativo", ela pergunta: "Por que as mentes mais criativas do mundo estão entre as mais afetadas?"[40]

Para começar, os estudos de Andreasen e de muitos outros defendem a noção de que a criatividade não está relacionada ao QI. Muitas pessoas com QI alto não são criativas e vice-versa. A maioria das pessoas criativas é inteligente, mas, como Andreasen declara, elas não precisam ser "tão inteligentes".

O que Andreasen descobriu em seus estudos é que muitos escritores criativos sofreram de transtorno do humor em algum momento de suas vidas, em comparação com apenas 30% dos controles, que não eram tão criativos quanto os escritores, mas tinham escores de QI equivalentes. Da mesma forma, Jamison e o psiquiatra Joseph Schildkraut descobriram que 40-50% dos escritores e artistas criativos que estudaram sofriam de algum transtorno do humor, quer fosse depressão ou transtorno bipolar.[41]

Andreasen também descobriu que pessoas excepcionalmente criativas eram mais propensas a ter um ou mais parentes de primeiro grau com esquizofrenia do que os controles. Esse achado sugeriu que algumas pessoas particularmente criativas possuem dons decorrentes de uma variante subclínica de esquizofrenia que "reduz suas conexões associativas o suficiente para aumentar sua criatividade, mas não o bastante para deixá-las mentalmente doentes".[42]

Andreasen termina seu ensaio sobre criatividade citando *Uma mente brilhante*, biografia escrita por Sylvia Nasar sobre John Nash, um matemático esquizofrênico que ganhou o Prêmio Nobel de Economia:

> Nasar descreve a visita de um colega matemático a Nash enquanto estava internado no McLean Hospital. "Como você, matemático, um homem dedicado à razão e à verdade lógica", perguntou o colega, "acredita que extraterrestres estão lhe enviando mensagens? Como pode acreditar que está sendo recrutado por alienígenas do espaço sideral para salvar o mundo?" Ao que Nash respondeu: "Porque as ideias que eu tinha sobre seres sobrenaturais me ocorreram da mesma maneira que minhas ideias matemáticas. Então eu os levei a sério".[43]

Em um grande estudo recentemente publicado na *Nature Neuroscience*, Robert Power, cientista filiado ao deCODE Genetics, da Islândia, e seus colegas descobriram que fatores genéticos que aumentam o risco de transtorno bipolar e esquizofrenia são mais prevalentes em pessoas com profissões criativas.[44] Pintores, músicos, escritores e dançarinos tiveram, em média, 25% mais chances de portar essas variantes genéticas do que pessoas com profissões consideradas menos criativas: agricultores, trabalhadores manuais e vendedores. Kári Stefánsson, fundador e CEO da deCODE e coautor do estudo, afirmou: "Para ser criativo, você precisa pensar diferente. E, quando somos diferentes, temos a tendência a ser rotulados como estranhos, malucos e até doentes mentais".[45]

Ao considerar os estados psicóticos totalmente estranhos ao comportamento normal, deixamos de reconhecer que muitas vezes eles são representações extremas de tipos de caráter ou temperamentos encontrados na população em geral, e, frequentemente, identificados em maior grau nas mentes de pensadores, cientistas e artistas criativos. Sendo assim, pessoas com distúrbios cerebrais podem muito bem ter acesso mais rápido a certos aspectos do seu inconsciente em relação a pessoas mentalmente saudáveis. Essa diferença é particularmente crítica em termos de criatividade. Não menos importante, a pronta acessibilidade de um indivíduo com doença mental à criatividade de seu mundo inconsciente pode ser imitada, como tentaram mostrar os artistas surrealistas.

Pensar no futuro

Após afastar a ideia de que a criatividade é inspirada pelas musas ou pela loucura e assumir o fato de que ela está baseada no cérebro, ainda assim restam perguntas a serem respondidas.

A criatividade parece fora do comum para nós. Todos nós temos imaginação e a utilizamos de forma criativa para resolver problemas e criar novas ideias. No entanto, há algo inegavelmente diferente nas pessoas capazes de criar coisas novas notáveis. Automotivação e trabalho duro, embora essenciais, não parecem suficientes para explicar por que alguns indivíduos são extraordinariamente criativos.

Transtornos psiquiátricos como esquizofrenia e transtorno bipolar elucidaram o papel central dos processos mentais inconscientes na criatividade. Estudos de pessoas com autismo proporcionam novos indícios sobre a natureza do talento e da resolução criativa de problemas. A doença de Alzheimer e a demência frontotemporal revelam a plasticidade do nosso cérebro. Esses distúrbios podem danificar o lado esquerdo do cérebro, o que libera o lado direito, mais criativo, e resulta em criatividade nova ou radicalmente diferente.

O que aprendemos com a biologia até agora é que a criatividade decorre, em parte, da liberação das inibições e da criação inconsciente de novas associações no cérebro. O resultado são as novas maneiras de ver o mundo, que, segundo Andreasen, muitas vezes ocasionam fortes sentimentos de alegria e empolgação.[46]

Recorremos ao nosso inconsciente em qualquer tipo de esforço criativo, seja ao resolver um problema, perceber uma discreta e nova relação entre duas descobertas científicas, pintar ou observar um retrato.

O inconsciente! Recorremos a ele em cada ação, percepção, pensamento, memória, emoção e decisão que tomamos, na doença e na saúde. A consciência não é diferente. Ela é o último grande mistério do cérebro humano e, também, como veremos no Capítulo 11, envolve processos inconscientes.

7

Movimento: doenças de Parkinson e de Huntington

Pelo fato de o movimento parecer tão intuitivo para a maioria de nós, talvez não percebamos quão complexo ele é. Antes que possamos agir, nosso cérebro deve emitir comandos para o corpo, a fim de que os músculos recebam a ordem para contrair ou relaxar. Esses comandos são controlados pelo sistema motor, um conjunto especializado de circuitos e vias neurais que começam no córtex, estendem-se pela medula espinal e distribuem-se a cada centímetro do corpo.

Quando há algo de errado com o sistema motor, ocorrem comportamentos ou movimentos anormais, ou, ainda, perda de controle do movimento. Isso também se manifesta de forma clara no cérebro, e é por esse motivo que os neurologistas têm se concentrado de modo tão intenso na anatomia, com o intuito de associar os transtornos neurológicos aos circuitos neurais específicos no cérebro que os determinam.

Esses estudos de transtornos neurológicos contribuíram muito para a nossa compreensão da função cerebral normal. Na verdade, até a década de 1950, a neurologia clínica era espirituosamente conhecida como a disciplina médica que podia diagnosticar tudo, mas não tratava quase nada. No entanto, após esse período, novos conhecimentos sobre as bases moleculares dos transtornos neurológicos revolucionaram os tratamentos para pessoas com doença de Parkinson, acidentes vasculares encefálicos e até lesões de medula espinal.

Muitos conhecimentos atuais em neurologia provêm de estudos sobre dobramento de proteínas. As proteínas normalmente passam por esse processo a fim de assumir formas tridimensionais específicas. Se as proteínas apresentam dobramento anormal ou disfunção, podem se aglomerar no cérebro e causar a morte de células nervosas. Como pudemos notar, a doença de Alzheimer e a demência frontotemporal são distúrbios do dobramento de proteínas. Agora sabemos que as doenças de Huntington, de Parkinson e outras parecem também envolver o dobramento defeituoso de proteínas.

140 Mentes diferentes

Neste capítulo, examinamos inicialmente o funcionamento do sistema motor. Em seguida, abordamos o que se sabe sobre as doenças de Parkinson e de Huntington. Por fim, exploramos as características comuns dos distúrbios do dobramento de proteínas, a autopropagação de proteínas bizarras conhecidas como príons e os estudos genéticos sobre o dobramento anormal de proteínas.

As habilidades extraordinárias do sistema motor

O sistema motor controla mais de 650 músculos, o que origina um imenso repertório de ações possíveis, desde coçar-se em reação a uma irritação cutânea até as piruetas de uma bailarina, do espirro à caminhada na corda bamba. Algumas dessas ações são inatas, ou seja, nossa capacidade de realizá-las é intrínseca a nosso cérebro e medula espinal. Assim, por exemplo, somos programados para andar eretos. No entanto, muitas ações são aprendidas, o que exige milhares de horas de prática.

Coordenar todos esses músculos é um tremendo desafio; ainda assim, o sistema motor realiza a maioria dos movimentos sem nenhuma ordem consciente. Nós não pensamos em como correr, saltar ou alcançar um objeto, apenas fazemos isso. Como o cérebro inicia e coordena uma série complexa de ações?

Cerca de cem anos atrás, o fisiologista inglês Charles Sherrington percebeu que, embora nossos sentidos proporcionem muitas maneiras de a informação chegar ao cérebro, há apenas uma saída – o movimento. O cérebro recebe um fluxo constante de informações sensoriais e, em última instância, as converte em movimentos coordenados. Sherrington alegava que, se pudéssemos compreender o movimento, daríamos um passo gigantesco para entender o cérebro.

Ele descobriu que cada neurônio motor da medula espinal envia sinais a um ou mais dos 650 músculos do corpo. Percebeu inclusive que, além de iniciar movimentos e executá-los, o cérebro requer um *feedback* sobre o desempenho do corpo. O músculo realizou o movimento planejado? Com que velocidade? Qual a acurácia?

O cérebro tem uma classe especial de neurônios que informam sobre o movimento de cada músculo. Eles são conhecidos como *neurônios de feedback sensitivo*, mas não são iguais aos neurônios sensoriais que retransmitem para o cérebro informações sobre o mundo exterior dos nossos órgãos sensoriais. Os neurônios de *feedback* são componentes do sistema motor, e o cérebro utiliza suas informações para promover a sensação interna de nosso próprio corpo e a posição relativa de nossos membros no espaço, sentido conhecido como *propriocepção*. Sem a propriocepção, não conseguiríamos indicar uma área do nosso corpo com os olhos fechados ou dar um passo sem olhar para os pés.

Para estudar a ação coordenada do sistema motor, Sherrington recorreu ao circuito motor mais simples de todos, o reflexo. Os movimentos reflexos são controlados por uma via que conecta diretamente os neurônios de *feedback* do músculo com os neurônios motores da medula espinal – sem envolver o cérebro. É por isso que você não consegue exercer muito controle sobre um reflexo, mesmo que tente.

Ao testar reflexos em gatos, Sherrington descobriu que os neurônios motores recebem e respondem seletivamente a um dos tipos bem distintos de sinais: *excitatórios* e *inibitórios*. Sinais excitatórios estimulam a ação dos neurônios motores que iniciam a extensão de um membro, por exemplo, enquanto sinais inibitórios ordenam aos neurônios motores que controlem a flexão, o movimento oposto, que relaxem. Dessa forma, mesmo um simples reflexo patelar exige dois comandos simultâneos e opostos: os músculos que estendem o joelho devem ser excitados, enquanto os músculos opostos que flexionam o joelho devem ser inibidos.

Essa surpreendente descoberta levou Sherrington a formular um princípio que pode ser aplicado não apenas aos reflexos, mas também à lógica organizacional do cérebro como um todo. Em sentido mais amplo, a função de cada circuito do sistema nervoso é somar todas as informações excitatórias e inibitórias que recebe e determinar se a informação será conduzida adiante. Sherrington chamou esse princípio de "a ação integradora do sistema nervoso".[1]

Sherrington demonstrou, pela primeira vez, que podemos entender circuitos neurais complexos ao estudar os mais simples, um princípio agora bastante utilizado em neurociência. Nesse contexto, ele expôs os desafios que enfrentamos hoje e estabeleceu uma maneira de superá-los. Em 1932, ele e Edgar Adrian, que conhecemos no Capítulo 1, compartilharam o Prêmio Nobel de Fisiologia ou Medicina por suas descobertas sobre como os neurônios organizam a atividade.

Doença de Parkinson

Cerca de 1 milhão de pessoas nos Estados Unidos têm a doença de Parkinson. Cada ano, 60 mil novos casos são detectados e um número significativo de outros casos impede sua detecção. Em todo o mundo, 7-10 milhões de pessoas sofrem desse distúrbio, que geralmente começa por volta dos 60 anos.

A doença de Parkinson foi descrita pela primeira vez em 1817 pelo médico britânico James Parkinson em "Um ensaio sobre a paralisia agitante".[2] Parkinson descreveu seis pacientes, e todos apresentavam três características: tremor em repouso, postura anormal, lentidão e escassez de movimento (*bradicinesia*). Com o tempo, os sintomas dos pacientes pioraram.

142 Mentes diferentes

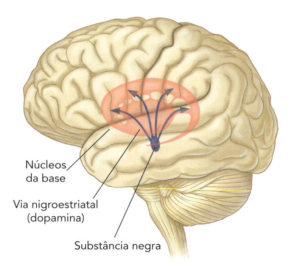

Figura 7.1 Regiões encefálicas afetadas pela doença de Parkinson. A dopamina produzida na substância negra é transmitida pela via nigroestriatal aos núcleos da base.

Um século se passou sem que algo mais fosse publicado sobre a doença. Em 1912, Frederick Lewy descreveu inclusões, ou aglomerados de proteínas, no interior de certos neurônios presentes no cérebro de pessoas que morreram em decorrência da doença de Parkinson. No ano de 1919, em Paris, Konstantin Tretiakoff, um estudante de medicina russo, descreveu a substância negra, uma área encefálica que ele acreditava estar envolvida na doença de Parkinson (Fig. 7.1).

A substância negra tem a aparência de uma faixa escura em cada lado do mesencéfalo. A cor que a caracteriza provém de um composto denominado *neuromelanina*, que agora sabemos ser derivada da dopamina. Durante a necropsia do cérebro de uma pessoa com doença de Parkinson, Tretiakoff encontrou menor quantidade de pigmento, indicando perda celular. Não só isso: ele viu as inclusões que Lewy havia descrito. Tretiakoff as denominou corpos de Lewy, característicos da doença.

Outros quarenta anos se passaram antes que Arvid Carlsson descobrisse a presença de dopamina – especificamente, baixas concentrações de dopamina – no cérebro das pessoas com doença de Parkinson. Carlsson estava interessado em três neurotransmissores: noradrenalina, serotonina e dopamina. Ele queria muito saber qual deles estava envolvido na doença de Parkinson induzida por drogas. Verificou-se que a reserpina, uma droga usada para tratar a pressão alta, causava sintomas parkinsonianos em pessoas e animais. Ninguém sabia como a reserpina atuava, mas os primeiros pesquisadores descobriram que ela causava redução de serotonina.

Carlsson queria saber se a reserpina também diminuía a quantidade de dopamina. Ele injetou a droga em coelhos e descobriu que ela os deixava apáticos; suas orelhas caíam e eles não conseguiam se mover. Na tentativa de neutralizar esses efeitos, ele injetou o precursor químico da serotonina nos coelhos. Nada aconteceu. Ele então injetou o precursor da dopamina, a levodopa, e surpreendentemente os animais acordaram. Carlsson reconheceu a importância de sua descoberta e, em 1958, sugeriu que a dopamina, de alguma forma, estava envolvida na doença de Parkinson.[3]

Estudos subsequentes de Carlsson mostraram que a dopamina é essencial para a regulação do movimento muscular.[4] Como aprendemos no Capítulo 4, os antipsicóticos usados para tratar pessoas com esquizofrenia podem reduzir o nível de dopamina no cérebro, o que resulta em movimentos musculares anormais típicos da doença de Parkinson. Em seguida, Carlsson descobriu que os primeiros sintomas da doença de Parkinson decorrem da morte de neurônios produtores de dopamina na substância negra, embora ele não soubesse a causa da morte celular.[5] Hoje, sabemos que esses neurônios morrem em decorrência de um distúrbio do dobramento de proteínas: os corpos de Lewy no interior dos neurônios produtores de dopamina são aglomerados de proteínas com dobramento anormal que provavelmente destroem as células. À medida que a doença piora, outras áreas encefálicas, além da substância negra, participam do processo.

Oleh Hornykiewicz, da Áustria, descobriu na necropsia que há depleção de dopamina no cérebro de pessoas com Parkinson (Fig. 7.2).[6] Em 1967, George Cotzias, do Brookhaven National Laboratory em Nova York, administrou levodopa aos pacientes para repor a dopamina depletada.[7] No início, a levodopa era considerada a solução, mas, após uma lua de mel de vários anos, perdeu popularidade porque só era eficaz enquanto houvesse células produtoras de dopamina na substância negra. Constatou-se que, à medida que mais células produtoras de dopamina morriam, a droga perdia rapidamente seus efeitos benéficos e os pa-

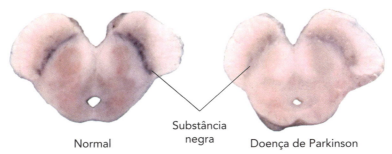

Figura 7.2 Pessoas com doença de Parkinson perdem células produtoras de dopamina (áreas escuras) na substância negra.

cientes permaneciam com movimentos involuntários denominados *discinesias*. Era evidente a necessidade de um tratamento alternativo.

Uma alternativa foi a cirurgia. Os primeiros tratamentos cirúrgicos eficazes para a doença de Parkinson foram realizados por neurocirurgiões desesperados para ajudar pacientes com tremores excessivos e incontroláveis, além de movimentos limitados, 150 anos após Parkinson descrever o distúrbio pela primeira vez. Os cirurgiões identificaram, sobretudo por tentativa e erro, regiões específicas de circuitos neurais nos núcleos da base e no tálamo que eram responsáveis pelo tremor e aliviavam os sintomas de seus pacientes ao destruí-las.

Durante as décadas de 1970 e 1980, houve um grande progresso no entendimento da anatomia e fisiologia do sistema motor, principalmente por Mahlon DeLong, naquela época na Johns Hopkins University e agora na Emory University. Ele descobriu que uma área específica dos núcleos da base, o *núcleo subtalâmico*, também é rica em células nervosas produtoras de dopamina e desempenha um papel essencial no controle dos movimentos.[8]

Na mesma ocasião em que DeLong investigava o núcleo subtalâmico, uma nova droga, anunciada pelos traficantes como "heroína sintética", surgia na rua. Essa droga foi contaminada com MPTP (1-metil-4-fenil-1,2,3,6-tetra-hidropiridina), uma substância que causa lentidão de movimento, tremor e rigidez muscular típicos da doença de Parkinson. Após a morte de alguns jovens que usaram a droga, as necropsias revelaram que o MPTP havia destruído seu núcleo subtalâmico e, com ele, as células cerebrais que produzem dopamina. Essa lesão não pôde ser revertida nos sobreviventes, mas eles responderam positivamente à levodopa.

Os cientistas logo usaram o MPTP para criar um modelo simiesco da doença de Parkinson. Eles esperavam encontrar que a destruição das células produtoras de dopamina resultasse em hipoatividade do núcleo subtalâmico, o que levava aos sintomas da doença de Parkinson. Mas, quando DeLong começou a registrar sinais elétricos de neurônios individuais no núcleo subtalâmico dos macacos, ele descobriu algo bem diferente: os neurônios estavam anormalmente ativos. Para sua surpresa, os sintomas da doença de Parkinson não eram causados pela diminuição da atividade desses neurônios, mas por um aumento anormal da atividade.

Para testar se essa atividade anormal era responsável pelo tremor e rigidez da doença de Parkinson, DeLong destruiu o núcleo subtalâmico em um lado do cérebro, interrompendo a atividade anormal. Em 1990, ele publicou o grande resultado: a lesão do núcleo subtalâmico em um lado do cérebro de um macaco com doença de Parkinson fez com que o tremor e a rigidez muscular no outro lado do corpo desaparecessem.[9]

A descoberta de DeLong induziu Alim-Louis Benabid, neurocirurgião da Joseph Fourier University em Grenoble, França, a começar a pensar em usar a es-

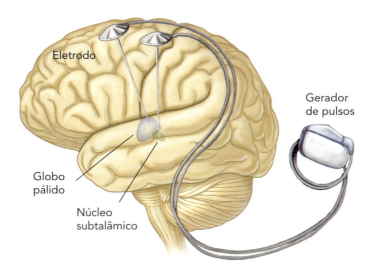

Figura 7.3 Estimulação cerebral profunda.

timulação cerebral profunda para tratar pessoas com Parkinson. A estimulação cerebral profunda, como vimos, envolve a implantação de eletrodos no cérebro e um dispositivo operado por bateria em outras partes do corpo. O dispositivo envia impulsos elétricos de alta frequência para um circuito neural, neste caso o núcleo subtalâmico. Os impulsos basicamente inativam o circuito, da mesma maneira que a lesão no núcleo subtalâmico do macaco, de modo a impedir que a atividade anormal interfira no movimento controlado (Fig. 7.3). O tratamento é ajustável e reversível.

Na década de 1990, a estimulação cerebral profunda praticamente substituiu todos os outros tratamentos cirúrgicos para a doença de Parkinson. Ela não funciona para todos e não é uma cura: apenas trata os sintomas da doença. Se houver falha da bateria que envia impulsos elétricos ou se os fios forem desconectados, o que raramente acontece, os benefícios do tratamento são perdidos quase de imediato.

A estimulação cerebral profunda também tem sido usada com sucesso no tratamento de pessoas com transtornos psiquiátricos, como a depressão. Em vez de estimular o circuito motor para aliviar os sintomas dos distúrbios de movimento, os pulsos elétricos estimulam o sistema de recompensa do cérebro para aliviar os sintomas da depressão. Dessa forma, a estimulação cerebral profunda pode, em última instância, revelar-se um tratamento para circuitos neurais específicos e não para doenças específicas.

Doença de Huntington

Cerca de 30 mil pessoas nos EUA têm doença de Huntington, um distúrbio que afeta ambos os sexos na mesma proporção. A idade em que a doença aparece pela primeira vez varia muito, mas a média é de 40 anos. O distúrbio foi descrito pela primeira vez em 1872 por George Huntington, médico graduado pela Universidade Columbia que observou a natureza hereditária, movimentos involuntários e alterações na personalidade e no funcionamento cognitivo que caracterizam o distúrbio. Sua descrição era tão clara e precisa que outros médicos podiam estabelecer prontamente o diagnóstico do distúrbio e o nomearam em sua homenagem.

Ao contrário da doença de Parkinson, bastante localizada no início, a doença de Huntington pode se difundir muito cedo e resultar em defeitos cognitivos e motores, incluindo distúrbios do sono e demência. Ela acomete principalmente os núcleos da base, mas também o córtex cerebral, o hipocampo, o hipotálamo, o tálamo e, ocasionalmente, o cerebelo (Fig. 7.4).

Muitos anos se passaram sem que houvesse progresso no combate à doença de Huntington, mas em 1968 um renomado psicanalista – Milton Wexler, cuja esposa havia desenvolvido a doença – fundou a Hereditary Disease Foundation. Wexler tinha um duplo propósito em mente: arrecadar fundos para pesquisa básica e organizar uma força-tarefa científica a fim de concentrar a pesquisa na

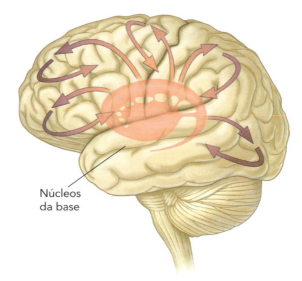

Figura 7.4 A doença de Huntington afeta os núcleos da base logo após o início e depois se dissemina por todo o córtex.

doença de Huntington. Essa fundação teve um grande impacto no avanço da nossa compreensão sobre a doença.

Em virtude do fato de a doença de Huntington ser hereditária, o foco inicial da fundação foi encontrar o gene crítico. Em 1983, David Housman e James Gusella utilizaram uma nova estratégia, denominada amplificação de éxons, para localizar a doença de Huntington em um gene na extremidade do cromossomo 4; eles o designaram gene da *huntingtina*.[10]

Dez anos depois, um grupo colaborativo internacional denominado Gene Hunters, organizado pela Hereditary Disease Foundation, finalmente isolou e sequenciou o gene mutante da *huntingtina*.[11] Uma vez isolado, o gene poderia ser inserido em um parasita, uma mosca ou um camundongo para observar a progressão da doença. Os Gene Hunters notaram que uma parte do gene da *huntingtina* é maior que o normal. Essa porção é denominada expansão CAG e é a causa da doença.

Nossos genes representam basicamente um manual de instruções escrito em um alfabeto de quatro letras: C (citosina), A (adenina), T (timina) e G (guanina). Cada palavra é composta de três letras. A palavra CAG codifica para o aminoácido glutamina e determina que ele seja inserido em uma proteína quando ela está sendo sintetizada. Na doença de Huntington, uma parte do gene mutante repete várias vezes a palavra CAG, o que resulta na inserção de muitas glutaminas. Essa cadeia expandida de glutaminas faz com que a proteína se aglomere no interior do neurônio, matando a célula. Todos nós temos várias repetições CAG nessa porção do gene da *huntingtina*, mas uma pessoa que herda a versão mutante desse gene e, consequentemente, tem mais de 39 CAG desenvolverá a doença de Huntington (Fig. 7.5).

Em pouco tempo, descobriu-se que outras dez doenças apresentavam essa expansão CAG, incluindo a síndrome do cromossomo X frágil, várias formas distintas de ataxia espinocerebelar e distrofia miotônica. Todas essas doenças afetam o sistema nervoso, envolvem proteínas com dobramento anormal que formam aglomerados e todas causam morte celular.

Características comuns dos distúrbios de dobramento de proteínas

Agora sabemos que a principal causa molecular das doenças de Parkinson e de Huntington se assemelha à de várias outras doenças neurodegenerativas: doença de Creutzfeldt-Jakob, doença de Alzheimer, demência frontotemporal, encefalopatia traumática crônica (degeneração progressiva do cérebro observada em pessoas que sofreram concussões repetidas na cabeça) e a forma genética da esclerose lateral amiotrófica (ELA, ou doença de Lou Gehrig). Todas essas

Figura 7.5 Longas cadeias de CAG em uma proteína fazem com que ela se aglomere no interior da célula, tornando-se tóxica. O risco da doença de Huntington aumenta com o número de repetições CAG.

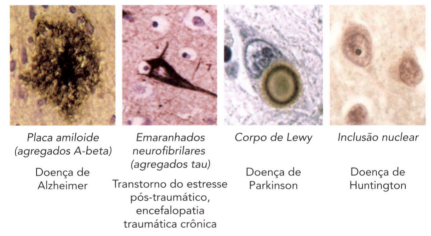

Figura 7.6 Proteínas com dobramento anormal formam aglomerados no cérebro, o que resulta em distúrbios neurodegenerativos.

doenças resultam de proteínas anormalmente dobradas que formam aglomerados no cérebro, tornam-se tóxicas e, por fim, matam os neurônios (Fig. 7.6).

Em 1982, Stanley Prusiner, da Universidade da Califórnia em São Francisco, anunciou uma descoberta notável: uma proteína infecciosa decorrente de dobramento anormal está envolvida na doença de Creutzfeldt-Jakob, um raro distúrbio encefálico degenerativo.[12] Prusiner chamou essa proteína de *príon*.

Os príons são formados quando há dobramento anormal das proteínas precursoras. Em sua conformação normal, essas proteínas medeiam funções ce-

Movimento: doenças de Parkinson e de Huntington 149

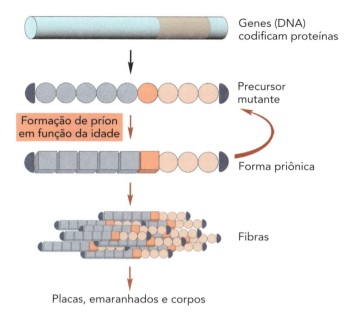

Figura 7.7 Formação de príons em função da idade: proteínas precursoras mutantes podem induzir proteínas normais a mudar sua conformação.

lulares normais e estão por toda parte no cérebro. Os neurônios, como outras células, possuem mecanismos internos que monitoram a forma das proteínas. Em geral, esses mecanismos neutralizam mutações ou lesões celulares, mas, à medida que envelhecemos, eles se tornam mais fracos e menos eficazes ao prevenir alterações de forma. Quando isso acontece, um gene mutante ou lesão celular pode fazer com que as proteínas precursoras se dobrem de modo a assumir uma conformação priônica letal. Os príons formam aglomerados insolúveis no interior do neurônio, o que determina prejuízo de sua função e subsequente morte (Fig. 7.7).

O que torna os príons tão incomuns e perigosos é sua capacidade de autopropagação. Em outras palavras, os príons não precisam de genes para se replicar. Em virtude disso, essas proteínas mal dobradas são substancialmente infecciosas. Elas podem ser liberadas pelos neurônios afetados e adquiridas pelas células vizinhas, onde induzem as proteínas precursoras normais a se dobrarem de maneira errônea, tornando-se príons e, por fim, matando as células (Fig. 7.8).

Compreender a formação de príons abriu novas possibilidades para pesquisas direcionadas à prevenção ou reversão do dobramento anormal de proteínas. Atualmente não existem medicamentos que retardem a degeneração cerebral, mas a formação de príons indica três momentos nos quais essa intervenção pode ser possível: (1) aquele em que uma proteína precursora normal se dobra para

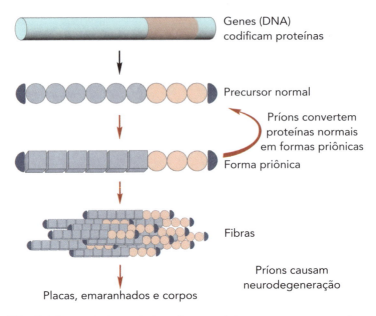

Figura 7.8 O dobramento incorreto transforma proteínas precursoras normais em príons, que formam agregados tóxicos no cérebro.

adquirir a forma priônica, (2) quando a forma priônica se agrega em fibras e (3) ao se formarem placas, emaranhados e corpos (Fig. 7.9).

No início, as surpreendentes observações de Prusiner sobre príons – de que eles podem se replicar e infectar outras células, embora não contenham DNA – foram recebidas com considerável resistência em muitos setores científicos. No entanto, em 1997, quinze anos depois de descobrir essas proteínas autorreplicantes e erroneamente dobradas, Prusiner foi agraciado com o Prêmio Nobel de Fisiologia ou Medicina. Em 2014, ele escreveu um livro sobre suas experiências durante aqueles anos:

> Escrevi este livro pois temia que nem historiadores da ciência nem jornalistas pudessem elaborar uma narrativa precisa de minhas pesquisas. Este é um relato em primeira pessoa sobre o pensamento, os experimentos e os eventos correlatos que levaram à identificação de proteínas infecciosas, ou "príons", como eu as nomeei. Tentei descrever o que parece ser, retrospectivamente, um plano ousado para definir a composição do agente que causa a *scrapie* (paraplexia enzoótica), uma doença de curral cuja etiologia era um mistério na época. Em muitas ocasiões, fiquei preocupado que meus dados me conduzissem por caminhos sem saída. Apesar do meu fascínio pelo problema, fui assombrado pelo medo do fracasso; minha ansiedade era aparente em quase todos os momentos. O pro-

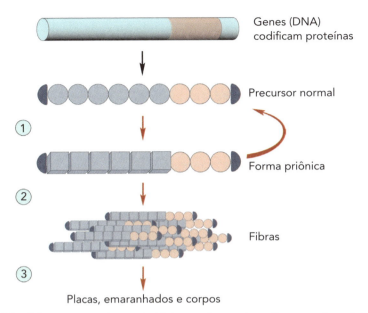

Figura 7.9 Três momentos de possível intervenção para impedir ou reverter o dobramento anormal de proteínas.

blema era intratável? À medida que ocorriam pequenos progressos, uma legião de opositores questionava a sensatez de minha busca e meu talento científico; de fato, houve momentos em que quase nada, além da minha ingenuidade e exuberância, me ajudava.

As reações de muitos setores da comunidade científica aos príons, manifestadas de maneira cética e muitas vezes hostis, refletiam resistência a uma profunda mudança de pensamento. Os príons eram vistos como anomalia: eles se replicam e infectam, mas não contêm material genético – DNA ou RNA; portanto, eles constituem uma transição conflituosa em nossa compreensão do mundo biológico. As consequências da descoberta do príon são imensas e continuam a aumentar. Seu papel determinante na causa das doenças de Alzheimer e Parkinson tem implicações importantes para o diagnóstico e o tratamento dessas enfermidades frequentes e, invariavelmente, fatais.[13]

Estudos genéticos dos distúrbios do dobramento de proteínas

A *Drosophila*, ou mosquinha-das-frutas, é o modelo animal invertebrado por excelência. Foi concebido como um organismo experimental pela primeira vez por Thomas Hunt Morgan, na Universidade Columbia, para estudar a função básica dos cromossomos na hereditariedade. Mais tarde, Seymour Benzer concentrou-se nos genes envolvidos no comportamento. Ele descobriu que os genes atuam juntos em redes complexas denominadas *vias genéticas*.

Em muitas doenças, as mosquinhas-das-frutas e as pessoas compartilham não apenas genes, mas também vias genéticas inteiras. Os cientistas usam essas características comuns, conservadas ao longo da evolução, para obter informações cruciais sobre as doenças humanas, incluindo transtornos neurológicos. Uma vantagem do uso de moscas é que ele acelera o processo de pesquisa. Uma doença como a de Parkinson pode demorar décadas para se manifestar nas pessoas, mas apenas dias ou semanas para aparecer nas moscas. Um gene-chave que sofre mutação na doença de Parkinson, o gene da *alfa-sinucleína ou SNCA*, foi identificado pela primeira vez na mosquinha-das-frutas (Fig. 7.10).

A doença de Parkinson geralmente ocorre de forma espontânea, por razões ainda desconhecidas, mas influenciada por vários fatores, incluindo os genes do paciente (acredita-se que certas variantes genéticas aumentam o risco de doença de Parkinson) e a exposição a certas toxinas. Em suas raras formas hereditárias, o gene *SNCA* sofre mutação, o que resulta, no cérebro, em quantidades excessivas da proteína alfa-sinucleína, em proteínas alfa-sinucleína erroneamente do-

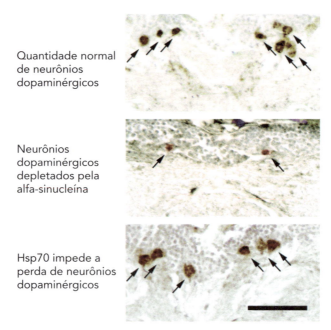

Figura 7.10 Cérebro da mosquinha-das-frutas com proteína alfa-sinucleína normal *(superior)*; proteína alfa-sinucleína produzida por um gene mutante *(centro)*; e proteína mutante com proteína auxiliar Hsp70, que promove o redobramento normal *(inferior)*. Os neurônios produtores de dopamina estão indicados por setas.

bradas, ou ambas. Uma vez que todos os pacientes com doença de Parkinson, mesmo aqueles que não herdaram a doença, apresentam uma ou ambas as anormalidades proteicas no cérebro, os cientistas concluíram que o gene mutante pode revelar algum aspecto geral da doença.

Acontece que a proteína produzida pelo gene mutante é o principal componente dos corpos de Lewy – agregados tóxicos que se formam no interior dos neurônios quando a proteína alfa-sinucleína se dobra de maneira anormal.

Pesquisadores inseriram o gene *SNCA* mutante nos neurônios produtores de dopamina do cérebro da mosquinha-das-frutas para observar o que aconteceria. Eles sabiam que a dopamina é essencial para o controle muscular e que a falta dela causa paralisia e outros movimentos anormais característicos da doença de Parkinson. Os cientistas descobriram que, ao inserir o gene mutante, haviam comprometido a capacidade funcional dos neurônios produtores de dopamina. Isso resultou nos efeitos comportamentais em moscas, que são surpreendentemente semelhantes aos efeitos da doença de Parkinson em humanos.[14]

As moscas e os humanos conservaram vias moleculares – denominadas *vias das chaperonas moleculares* – que ajudam as proteínas a assumir sua forma normal e que, às vezes, até revertem o dobramento anormal. Ao ajudar as proteínas a se dobrarem da maneira correta, as vias das chaperonas impedem a formação de agregados. Os cientistas se perguntavam o que aconteceria se dessem às moscas mais proteínas auxiliares que atuam nessas vias. Talvez o aumento da quantidade dessas proteínas estimulasse o dobramento normal das proteínas alfa-sinucleína e a produção normal de neurônios dopaminérgicos.

Ao administrar proteínas auxiliares, os neurônios produtores de dopamina não foram mais afetados. Descobriu-se também que as proteínas chaperonas protegem contra distúrbios de movimento: moscas com um gene *SNCA* mutante se deslocam precariamente, mas moscas com a mesma mutação que superexpressam proteínas chaperonas são capazes de se deslocar normalmente. Essa técnica também funciona em modelos de mosquinha-das-frutas de outras doenças neurodegenerativas – das quais existem muitas agora –, assim como em modelos de camundongos de algumas doenças neurodegenerativas, mostrando, mais uma vez, a utilidade de modelos animais para o estudo de doenças humanas.

Pensar no futuro

As doenças de Parkinson, Huntington, Alzheimer, a demência frontotemporal, a doença de Creutzfeldt-Jakob e a encefalopatia traumática crônica geram efeitos amplamente variados em nosso pensamento, comportamento, memória e emoções. No entanto, sabemos agora que esses e outros distúrbios neurodegenerativos compartilham um mecanismo molecular subjacente: a incapacidade de dobrar corretamente as proteínas, que leva à morte dos neurônios.

Além disso, sabemos que a função de qualquer proteína é determinada por sua forma única, obtida por meio de um processo de dobramento extraordinariamente preciso. Desse modo, os sintomas bem diferentes causados por distúrbios do dobramento de proteínas são atribuíveis a alterações na forma de proteínas específicas responsáveis por funções específicas no cérebro. Como pudemos perceber, a morte de neurônios produtores de dopamina, causada por proteínas incorretamente dobradas, leva à doença de Parkinson. Um gene mutante que determina um excesso de glutaminas durante a síntese proteica resulta em proteínas mal dobradas que formam agregados no cérebro e causam a doença de Huntington, além de várias outras doenças do sistema nervoso. As proteínas autorreplicantes e erroneamente dobradas, conhecidas como príons, que são responsáveis pelos emaranhados tóxicos encontrados na doença de Creutzfeldt-Jakob e outras relacionadas, podem inclusive atuar como agentes infecciosos.

Ainda não existem medicamentos que retardem a degeneração cerebral, embora a estimulação cerebral profunda possa reduzir a atividade dos circuitos neurais responsáveis por movimentos descontrolados e, assim, proporcionar alívio às pessoas com doença de Parkinson. A pesquisa sobre distúrbios neurológicos inclui, atualmente, estudos genéticos e moleculares, que podem fornecer aos cientistas vias de acesso para prevenir ou reverter o processo de dobramento anormal de proteínas. Como vimos, estudos genéticos em modelos animais já estão começando a nos orientar para atingir essa meta.

8

A interação entre emoção consciente e inconsciente: ansiedade, estresse pós-traumático e erros na tomada de decisões

Quando fazemos compras em um supermercado ou conversamos com estranhos em uma festa, confiamos em nossas emoções de modo inconsciente a fim de que nos orientem nessas situações. Também confiamos inconscientemente em nossas emoções quando tomamos decisões. Emoções são estados de prontidão que surgem em nosso cérebro em resposta ao meio ambiente. Elas nos fornecem um *feedback* imprescindível sobre o mundo e abrem caminho para nossas ações e decisões. No Capítulo 3, consideramos a emoção no contexto do humor, nosso temperamento individual – em particular, analisamos o que a biologia dos transtornos do humor revelou sobre nosso senso de *self*. Neste capítulo, abordamos a natureza da emoção – seus componentes conscientes e inconscientes – e o papel essencial que ela desempenha em outros aspectos de nossa vida.

Nosso cérebro possui um sistema de aproximação-evasão, o qual nos estimula a buscar experiências que evocam emoções agradáveis e a evitar aquelas que evocam emoções dolorosas ou assustadoras. Neste capítulo, exploramos o que os estudos de animais nos ensinaram sobre como o cérebro regula a emoção do medo e abordamos a natureza dos transtornos de ansiedade humanos, sobretudo o transtorno do estresse pós-traumático – uma reação extrema ao medo. Ao estudar esses distúrbios, os cientistas estão descobrindo onde as emoções surgem no cérebro e como elas controlam nosso comportamento. Aprendemos sobre novas maneiras pelas quais os cientistas estão usando terapia medicamentosa e psicoterapia para ajudar a tratar pessoas com transtornos de ansiedade.

Em virtude de as emoções terem um poder enorme em qualquer decisão que tomamos, da mais simples à mais complexa, este capítulo aborda aspectos biológicos importantes de como chegamos a decisões, incluindo as decisões morais. É possível notar como lesões em regiões cerebrais que regulam as emoções atenuam nossas emoções e afetam de forma adversa nossa capacidade de fazer escolhas, e também como déficits em regiões cerebrais que controlam o processamento emocional e a tomada de decisões morais podem resultar em comportamento psicopático.

A biologia da emoção

A primeira pessoa a estudar a biologia da emoção foi Charles Darwin. Durante seu trabalho sobre evolução, Darwin percebeu que emoções são estados mentais compartilhados por todas as pessoas em todas as culturas. Ele estava interessado especialmente em crianças, pois acreditava que elas expressam emoções de uma forma pura e poderosa. Já que raramente conseguem suprimir seus sentimentos ou fingir uma expressão, ele as considerou ideais para estudar a importância da emoção (Fig. 8.1). Em seu livro de 1872, *A expressão das emoções no homem e nos animais*, Darwin também realizou o primeiro estudo comparativo da emoção entre espécies. Ele mostrou que aspectos inconscientes da emoção estão presentes em animais e humanos, e notou que permaneceram extremamente bem conservados ao longo da evolução.

Todos conhecemos bem emoções como medo, alegria, inveja, raiva e entusiasmo. Até certo ponto, essas emoções são automáticas: os sistemas cerebrais responsáveis por gerá-las operam sem que tenhamos consciência delas. Ao mesmo tempo, experimentamos sensações das quais temos plena consciência, de modo que somos capazes de nos descrever como assustados, zangados ou

Tristeza

Felicidade

Figura 8.1 Darwin estudou emoções em crianças, pois elas as demonstram em sua forma mais pura.

A interação entre emoção consciente e inconsciente **157**

irritados, surpresos ou felizes. O estudo das emoções e do humor ajuda a revelar os tênues limites entre os processos mentais inconscientes e conscientes, registrando as formas pelas quais esses tipos aparentemente distintos de cognição estão em constante interação. Primeiro nos deparamos com a divisão entre processamento inconsciente e consciente no cérebro quando exploramos a criatividade no Capítulo 6, e voltaremos a ela novamente quando discutirmos o inconsciente no Capítulo 11.

Todas as nossas emoções possuem dois componentes. O primeiro começa de maneira inconsciente e se manifesta como uma expressão externa; o segundo é uma expressão interna e subjetiva. Em 1884, o notável psicólogo americano William James descreveu esses dois componentes em um artigo intitulado "O que é uma emoção?". James teve uma profunda percepção: não apenas o cérebro se comunica com o corpo, mas, igualmente importante, o corpo se comunica com o cérebro.

James sugeriu que nossa experiência consciente de emoção ocorre somente *após* a resposta fisiológica do corpo, aquela em que o cérebro responde ao corpo. Ele argumentou que, quando encontramos uma situação potencialmente perigosa, como um urso em nosso caminho, não avaliamos o perigo de maneira consciente e então sentimos medo. Em vez disso, reagimos de maneira instintiva e inconsciente ao avistar o urso, fugindo dele, e só depois sentimos medo. Em outras palavras, primeiro processamos a emoção de baixo para cima – com um estímulo sensorial que provoca aumento da frequência cardíaca e respiratória, e nos leva a fugir – e só então de cima para baixo – usando a cognição para explicar as mudanças fisiológicas que ocorreram em nosso corpo. James observou que, "sem os estados corporais que se seguem à percepção, ela seria puramente cognitiva em sua forma, pálida, incolor, destituída de calor emocional".[1]

O segundo componente da emoção é a experiência interna e subjetiva, a percepção consciente de como nos sentimos. Neste livro, seguimos o exemplo de António Damásio, diretor do Brain and Creativity Institute da Universidade do Sul da Califórnia, e restringimos a palavra "emoção" ao componente comportamental inconsciente perceptível; usamos "sentimento" para nos referirmos à experiência subjetiva da emoção.

A anatomia da emoção

As emoções podem ser classificadas em duas dimensões: *valência* e *intensidade*. Valência tem a ver com a natureza da emoção, com quão ruim ou bom algo nos faz sentir em um espectro, da evasão à aproximação (Fig. 8.2). Intensidade refere-se à força da emoção, ao grau de ativação (*arousal*) que ela evoca (Fig. 8.3). Na verdade, podemos mapear a maioria das emoções nessas duas di-

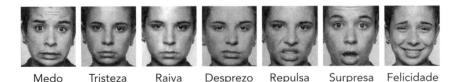

Medo Tristeza Raiva Desprezo Repulsa Surpresa Felicidade
Figura 8.2 A valência da emoção, da evasão à aproximação.

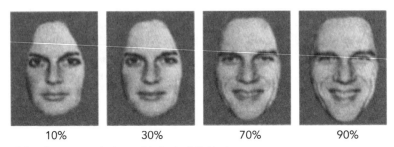

10% 30% 70% 90%
Figura 8.3 O espectro de intensidade da felicidade.

mensões. Esse mapeamento não abrange toda a essência de uma emoção específica, mas a apresenta de maneira útil ao combinar expressões faciais aos sistemas cerebrais que as produzem.

Muitas estruturas cerebrais estão envolvidas na emoção, mas quatro são particularmente importantes: o hipotálamo, que executa a emoção; o corpo amigdaloide, que orquestra a emoção; o estriado, que atua quando adquirimos hábitos, incluindo vícios; e o córtex pré-frontal, que avalia se uma resposta emocional específica é apropriada para a situação em questão (Fig. 8.4). O córtex pré-frontal interage com, e em parte controla, o corpo amigdaloide e o estriado.

Dizemos que o corpo amigdaloide "orquestra" a emoção porque associa os aspectos inconscientes e conscientes de uma experiência emocional. Quando o corpo amigdaloide recebe sinais sensoriais das áreas relacionadas à visão, audição e tato, gera respostas que são transmitidas adiante, sobretudo pelo hipotálamo e outras estruturas cerebrais que controlam nossas respostas fisiológicas automáticas. Quando rimos ou choramos – ao vivenciar alguma emoção –, é porque essas estruturas cerebrais estão respondendo ao corpo amigdaloide e agindo de acordo com suas instruções. O corpo amigdaloide também está conectado ao córtex pré-frontal, que regula o estado do sentimento, os aspectos conscientes da emoção e sua influência na cognição.

É evidente também que nossas emoções precisam ser reguladas. Aristóteles afirmava que a regulação adequada das emoções era uma característica mar-

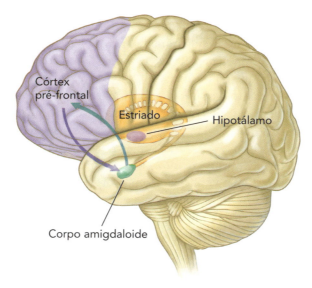

Figura 8.4 O hipotálamo, o corpo amigdaloide, o estriado e o córtex pré-frontal são as quatro estruturas principais do cérebro envolvidas na emoção.

cante da sabedoria. "Qualquer um pode ficar com raiva – isso é fácil", relatou em *Ética a Nicômaco*. "Mas ficar com raiva da pessoa certa, na medida certa, no momento certo, por um motivo certo e da maneira certa – não está ao alcance de todos e não é fácil."[2]

Medo

Como qualquer outra emoção, o medo tem tanto um componente inconsciente como um consciente. Os aspectos físicos de nossa resposta emocional a um estímulo ameaçador – aumento das frequências cardíaca e respiratória e excreção das glândulas sudoríferas na pele – são mediados pelo sistema nervoso autônomo e ocorrem abaixo do nível de consciência. Como vimos, James alegou que primeiro ocorre a resposta corporal ao medo para, em seguida, desencadear-se nosso sentimento consciente. Dessa forma, sem o corpo não haveria medo. Esse entendimento estabeleceu a discussão para o estudo do medo.

Os cientistas compreendem muito bem a rede de circuitos neurais do medo. Ela começa com o corpo amigdaloide, que orquestra toda a emoção, mas parece ser particularmente sensível ao medo. Um estímulo assustador chega ao corpo amigdaloide, ativa uma representação de perigo e desencadeia a resposta do corpo ao medo. Essas são respostas fisiológicas e comportamentais automáticas e inatas.

O próximo no circuito é o córtex insular, uma pequena ilha de neurônios situada profundamente nos lobos frontal e parietal, que traduz emoções corporais em percepção consciente. Ele avalia as respostas corporais, como o grau de dor, e monitora o que está ocorrendo nas vísceras e nos músculos, acompanhando de forma contínua a frequência cardíaca e a atividade das glândulas sudoríferas. A última descoberta sobre o córtex insular confirmou, do ponto de vista biológico, a ideia de James de que nossa resposta corporal ao medo precede sua percepção.

Outra região envolvida nos circuitos neurais do medo – e da raiva – é uma parte do córtex pré-frontal conhecida como córtex pré-frontal ventromedial. Essa formação também é importante para o que chamaríamos de emoções morais – indignação, compaixão, embaraço e vergonha.

Por último, uma segunda região do córtex pré-frontal, o córtex pré-frontal dorsal, é, na verdade, o ponto a partir do qual nossa mente consciente – nossa volição ou vontade – pode se impor sobre a forma como a emoção é gerada.

Nossa reação ao medo é uma *resposta adaptativa*, que nos ajuda a sobreviver. É um programa de ações, às vezes denominado resposta de "luta, fuga ou congelamento". Essas ações incluem alterações musculoesqueléticas (os músculos da face assumem uma expressão de medo), alterações na postura (um súbito sobressalto, seguido de rigidez), aumento da frequência cardíaca e respiratória, contração da musculatura gástrica e intestinal, e secreção de hormônios do estresse como o cortisol. Todas essas mudanças ocorrem concomitantemente no corpo e enviam sinais para o cérebro.

Duas coisas sobre o medo são importantes. Primeiro, os sentidos enviam sinais para o corpo amigdaloide, que recruta outras áreas do cérebro. Sabemos disso porque a neuroimagem nos fornece um panorama exato do que acontece à medida que essa resposta primária se desenvolve. Segundo, as mudanças em nosso corpo, em consonância com o córtex insular, nos tornam conscientes do sentimento. Sentimos medo porque o cérebro percebeu as mudanças que se desenvolvem em nosso corpo. É por isso que nos preparamos para correr antes de sabermos por que estamos correndo.

O condicionamento clássico do medo

Até o final do século XIX, as únicas abordagens para os mistérios da mente humana eram a introspecção, investigações filosóficas e percepções de escritores. Darwin mudou tudo isso quando alegou que o comportamento humano evoluiu de nossos ancestrais animais. Esse argumento deu origem à ideia de que animais de experimentação poderiam ser usados como modelos para estudar o comportamento humano.

A interação entre emoção consciente e inconsciente **161**

A primeira pessoa a explorar essa ideia de modo sistemático foi Ivan Pavlov, ganhador do Prêmio Nobel de Fisiologia ou Medicina em 1904 pelo trabalho sobre secreção gástrica. Como vimos no Capítulo 5, Pavlov ensinou cães a associar dois estímulos – um estímulo neutro (como o som de uma campainha), que prenuncia uma recompensa (ou punição), e um estímulo de reforço positivo (ou negativo). Esses experimentos demostraram que o cérebro é capaz de reconhecer e utilizar um estímulo para prever um evento (a chegada de alimento) e gerar um comportamento (salivação) como resposta.

Pavlov usou essa descoberta não apenas para estudar o reforço positivo, a antecipação de algo prazeroso, mas também para estudar o reforço negativo, as consequências do medo. Ele o fez ao combinar um estímulo neutro (o som de uma campainha) com um choque elétrico. Como era previsível, um choque elétrico aplicado na pata do cão fez com que o animal manifestasse um medo intenso. Não podemos dizer o que o cão está sentindo – não temos como perguntar –, mas podemos observar seu comportamento, sua expressão de medo.

Joseph LeDoux, neurocientista da Universidade de Nova York, adaptou a estratégia de Pavlov para ratos e camundongos.[3] Ele colocou um animal em uma pequena câmara e emitiu um sinal sonoro, que simplesmente foi ignorado pelo animal. Em seguida, em vez de emitir um sinal sonoro, LeDoux aplicou um choque no animal. Desta vez, ele respondeu pulando e retraindo-se. Por fim, LeDoux emitiu o sinal sonoro pouco antes de aplicar o choque. O animal logo associou o som ao choque – isto é, aprendeu que o som antecipava o choque. Na vez seguinte em que o animal ouvia o sinal sonoro, fosse no dia seguinte, duas semanas depois ou um ano depois, ele reagia com a clássica resposta de medo: congelava na gaiola e sua pressão arterial e batimentos cardíacos disparavam.

A resposta ao medo resulta da associação entre som e choque. Como vimos, toda informação sensorial relacionada à emoção propaga-se ao cérebro através do corpo amigdaloide. Um impulso sonoro, por exemplo, é conduzido primeiro para o tálamo auditivo, a partir do qual é retransmitido diretamente para o corpo amigdaloide e de forma indireta para o córtex auditivo (Fig. 8.5). Em outras palavras, o som chega ao corpo amigdaloide e ativa a resposta ao medo antes de atingir o córtex auditivo. A via direta para o corpo amigdaloide é rápida, mas as informações que ela conduz não são muito precisas. É por isso que o barulho do escapamento de um carro nos assusta – até percebermos que som é.

Como ocorre esse aprendizado no corpo amigdaloide? Um dos principais requisitos descobertos pelos cientistas é que, para que uma associação de medo seja criada, armazenada e consolidada no cérebro, o som e o choque devem gerar o condicionamento clássico. Esse condicionamento clássico ocorre quando o som e o choque são registrados de modo sequencial (som seguido imedia-

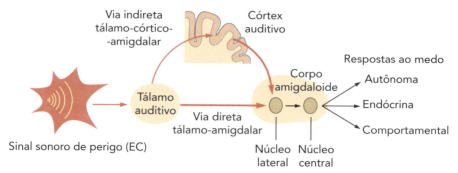

Figura 8.5 Diagrama do circuito neural do medo condicionado, começando com um estímulo condicionado (EC).

tamente pelo choque) pelas mesmas células no núcleo lateral, a primeira área retransmissora do corpo amigdaloide. Quando isso acontece, o som, a princípio ineficaz na ativação dessas células, torna-se altamente eficaz, fazendo-as enviar informações ao núcleo central da amígdala. Esse núcleo central ativa as células motoras e, portanto, promove a ação – pulo e retraimento – em resposta ao som.

Na medida em que duas áreas do corpo amigdaloide estão envolvidas no medo, os cientistas passaram a entender que as pessoas podem desenvolver o medo patológico de duas maneiras diferentes. Em alguns indivíduos, o núcleo lateral aprendeu a ser altamente sensível ao mundo, respondendo com medo a coisas que outras pessoas nem notam, como o povo passando ou os sons de um pássaro voando no céu. Em outros, o núcleo central é hiper-reativo e, por isso, desencadeia respostas emocionais desproporcionais à ameaça.

Pesquisas sobre a anatomia da resposta ao medo – sobre como os roedores reagem a um choque – enriqueceram nosso entendimento sobre como as pessoas reagem ao medo. Quando os circuitos de medo em nosso cérebro se descontrolam, geram vários transtornos de ansiedade. Os estudos de imagem confirmaram que o corpo amigdaloide é hiperativo em pessoas que enfrentam transtornos de ansiedade, estresse pós-traumático e outros distúrbios relacionados ao medo.

Transtornos de ansiedade humanos

Às vezes, nos tornamos ansiosos, sobretudo quando estamos diante do perigo. No entanto, se vivenciamos um estado crônico de preocupação e culpa excessivas sem qualquer razão evidente, estamos sofrendo de um transtorno de ansiedade generalizada. Esses distúrbios ocorrem frequentemente com depressão. Os transtornos de ansiedade relacionados ao medo incluem ataques de pânico, fobias (como medo de altura, animais ou falar em público) e transtorno do estresse pós-traumático. Por muitos anos, os vários transtornos de ansiedade foram considerados síndromes distintas, mas hoje, em virtude de suas semelhanças, os cientistas os consideram um conjunto de distúrbios relacionados.

Quase um terço de todos os americanos apresentará sintomas de algum transtorno de ansiedade ao menos uma vez durante a vida, tornando esses distúrbios as doenças psiquiátricas mais comuns, sem dúvida. Além disso, os transtornos de ansiedade podem afetar crianças e adultos.

Talvez o distúrbio relacionado ao medo mais conhecido seja o transtorno do estresse pós-traumático (TEPT), causado pela vivência ou observação de eventos com risco de morte, como agressão ou abuso físico, guerra, ataque terrorista, morte súbita ou desastre natural. No total, cerca de 8% da população dos EUA – pelo menos 25 milhões de pessoas – sofrerão TEPT em algum momento de suas vidas. Sabe-se que mais de 40 mil veteranos de guerra dos EUA são afetados pelo distúrbio, e acredita-se que milhares de outros casos não sejam notificados (Fig. 8.6).

A exposição ao trauma afeta o corpo amigdaloide, que gera nossa resposta ao medo, e o córtex pré-frontal dorsal, que ajuda a regular nossa resposta ao

Figura 8.6 O transtorno do estresse pós-traumático tem afetado soldados ao longo da história. Um fuzileiro naval retorna após dois dias de batalha nas praias das Ilhas Marshall em fevereiro de 1944.

medo, mas o trauma é especialmente prejudicial ao hipocampo. O hipocampo, como verificamos, é fundamental para armazenar memórias de pessoas, lugares e objetos, mas também é importante para evocar memórias em resposta a estímulos ambientais. Em decorrência da lesão no hipocampo causada pelo trauma, as pessoas com TEPT apresentam vários sintomas importantes: elas têm *flashbacks* ou revivem espontaneamente o evento traumático; evitam experiências sensoriais associadas ao evento inicial; tornam-se emocionalmente entorpecidas e se afastam dos outros; além de serem irritáveis, nervosas, agressivas ou terem problemas para dormir. O transtorno é acompanhado geralmente por depressão e abuso de substâncias e pode levar ao suicídio.

A maioria dos transtornos psiquiátricos, como pudemos perceber, envolve a interação de predisposição genética com um gatilho ambiental. O transtorno do estresse pós-traumático é um exemplo perfeito dessa interação. Nem todas as pessoas que sofrem de estresse traumático desenvolvem TEPT. Na realidade, quando 100 pessoas são expostas ao mesmo evento traumático, cerca de quatro homens e dez mulheres desenvolvem o distúrbio. (Os cientistas não sabem por que os homens que sofrem de estresse traumático têm probabilidade muito menor de desenvolver TEPT.) Além disso, estudos com gêmeos idênticos sugerem que, se um gêmeo responde a um trauma com TEPT, o outro gêmeo também desenvolve TEPT em resposta a esse trauma. Esses achados indicam que um ou mais genes predispõem as pessoas ao transtorno; isso também pode explicar por que o TEPT ocorre de modo tão frequente com outros transtornos psiquiátricos – eles podem compartilhar alguns dos mesmos genes.

Outra causa primordial de TEPT é o trauma na infância. Pessoas que sofreram trauma quando crianças têm probabilidade muito maior de desenvolver TEPT quando adultas, pois o trauma afeta o cérebro em desenvolvimento de maneira diferente do cérebro adulto. O trauma precoce, em especial, pode causar *alterações epigenéticas*, isto é, alterações moleculares em resposta ao ambiente que não alteram o DNA de um gene, mas afetam sua expressão. Algumas dessas alterações epigenéticas surgem na infância e persistem na idade adulta. Sabe-se que uma dessas mudanças ocorre em um gene que regula nossa resposta ao estresse; essa alteração aumenta o risco de desenvolver TEPT em resposta ao estresse traumático na idade adulta.

Tratamento de pessoas com transtornos de ansiedade

Atualmente, as duas principais classes de tratamento para transtornos de ansiedade são medicação e psicoterapia. Ambas diminuem a atividade no corpo amigdaloide, porém agem de maneiras diferentes.

A interação entre emoção consciente e inconsciente **165**

Como aprendemos no Capítulo 3, a depressão é tratada geralmente com medicamentos que aumentam a concentração de serotonina no cérebro. Os antidepressivos são igualmente eficazes no tratamento de 50-70% das pessoas com transtornos de ansiedade generalizada, pois diminuem a preocupação e a culpa, sentimentos associados à depressão. No entanto, os medicamentos não agem tão bem em pessoas com transtornos específicos relacionados ao medo. Para elas, a psicoterapia se mostrou muito mais eficaz. O TEPT, por exemplo, pode ser tratado com terapia cognitivo-comportamental, incluindo *terapia de exposição prolongada* e *terapia de exposição à realidade virtual*.

Recentemente, Edna Foa e outros demonstraram que a terapia de exposição prolongada funciona particularmente bem para pessoas com transtornos relacionados ao medo.[4] Essa forma de psicoterapia basicamente ensina o cérebro a parar de sentir medo ao reverter as associações ao medo aprendidas no corpo amigdaloide. Se tentássemos extinguir o medo nos camundongos de LeDoux, por exemplo, estimularíamos os animais repetidamente com som – mas sem o choque elétrico. Em algum momento, as conexões sinápticas inerentes à associação do medo se tornariam débeis e desapareceriam, e os camundongos não mais se retrairiam em resposta ao sinal sonoro.

Da mesma forma que expor uma pessoa à causa de seu medo apenas algumas vezes possa realmente exacerbá-lo, o uso adequado da terapia de exposição pode extinguir ou inibi-lo. Às vezes, isso implica expor os pacientes a uma experiência virtual. Experiências virtuais são úteis em situações que podem ser difíceis na vida real, como andar de elevador centenas de vezes. Os resultados produzidos pela exposição virtual são quase tão eficazes quanto seus correspondentes do mundo real.

Barbara Rothbaum, diretora do Programa de Recuperação de Trauma e Ansiedade da Emory University, é pioneira na terapia de exposição à realidade virtual. Ela começou equipando veteranos do Vietnã que sofriam de TEPT crônico com um capacete que exibe um dos seguintes cenários filmados: uma zona de pouso ou o interior de um helicóptero durante o voo. Em seguida, ela acompanhou as reações dos pacientes em um monitor e conversou com eles enquanto reviviam eventos traumáticos. Quando essa terapia se mostrava eficaz, ela a estendia a outros pacientes.[5]

Outra abordagem é apagar completamente uma memória aterrorizante. Como aprendemos no Capítulo 5, a memória de curto prazo decorre do reforço das conexões sinápticas existentes, mas a memória de longo prazo requer ações repetidas e a formação de novas conexões sinápticas. Entretanto, à medida que uma memória está sendo consolidada, ela é suscetível a interrupções. Estudos recentes revelaram que ocorre uma vulnerabilidade semelhante à interrupção no momento em que uma memória é recuperada do armazenamento de longo prazo; isto é, as memórias tornam-se instáveis por um curto período de tempo após serem recuperadas.[6] Portanto, quando uma pessoa recorda algo que evoca a resposta de medo (ou, no caso de um rato, quando é exposto de novo ao sinal sonoro), a memória se torna instável por várias horas. Se durante esse período os processos de armazenamento no cérebro são prejudicados, por influência comportamental ou medicamentosa, a memória geralmente não sofre um novo armazenamento adequado. Em vez disso, é apagada ou torna-se inacessível. Desse modo, o rato não tem mais medo, e a pessoa se sente melhor.

Alain Brunet, psicólogo clínico da McGill University em Montreal, estudou dezenove pessoas que sofriam de TEPT havia vários anos.[7] (Seus traumas incluíam agressões sexuais, acidentes de carro e roubos violentos.) As pessoas do grupo de tratamento receberam propranolol, uma droga que bloqueia a ação da noradrenalina, neurotransmissor liberado em resposta ao estresse que desencadeia nossa resposta de luta, fuga ou congelamento. Brunet administrou uma dose de propranolol a um grupo de participantes do estudo e pediu que redigissem detalhadamente sua experiência traumática. À medida que os participantes se lembravam do terrível evento, a droga suprimia os aspectos viscerais de sua resposta de medo, contendo, assim, suas emoções negativas. Como foi sugerido inicialmente por James, reduzir a resposta emocional do corpo também pode minimizar nossa percepção consciente da emoção.

Uma semana depois, os pacientes retornaram ao laboratório e foi solicitado que lembrassem do evento traumático mais uma vez. Os participantes que não receberam propranolol exibiram altos níveis de agitação que eram compatíveis com ansiedade (p. ex., sua frequência cardíaca disparou de forma repentina), mas aqueles que receberam a droga tiveram respostas significativamente menores ao estresse. Embora eles ainda pudessem se lembrar do evento nos mínimos detalhes, o componente emocional da memória localizado no corpo amigdaloide havia sido modificado. O medo ainda permanecia, mas não era mais incapacitante.

Além de afetar nosso comportamento, as emoções também afetam as decisões que tomamos. Admitimos que, às vezes, tomamos decisões precipitadas em resposta aos nossos sentimentos. No entanto, curiosamente, a emoção desempenha um papel em *todas* as nossas decisões, mesmo morais. Na verdade, sem emoção, nossa capacidade de tomar decisões sensatas é prejudicada.

A emoção na tomada de decisões

William James foi um dos primeiros cientistas a propor um papel para a emoção na tomada de decisões. Em seu livro de 1890, *The Principles of Psychology* [*Princípios de psicologia*], ele fez uma crítica à visão "racionalista" da mente

A interação entre emoção consciente e inconsciente **167**

humana. "Os fatos desse caso são bastante simples", afirmou. "O homem tem uma variedade muito *maior* de impulsos do que qualquer outro animal inferior."[8] Em outras palavras, a visão predominante dos humanos como criaturas puramente racionais, definida "pela quase total ausência de instintos", estava equivocada. A principal descoberta de James, no entanto, foi que nossos impulsos emocionais não são necessariamente ruins. Na verdade, ele acreditava que a preponderância de hábitos, instintos e emoções no cérebro humano é uma parte essencial do que o torna tão eficaz.

Os cientistas registraram várias demonstrações convincentes da importância da emoção na tomada de decisões. Em seu livro *O erro de Descartes*, António Damásio descreve o caso de um homem chamado Elliot.[9] Em 1982, foi descoberto um pequeno tumor na região do córtex pré-frontal ventromedial do cérebro de Elliot. O tumor foi removido por uma equipe de cirurgiões, mas a lesão resultante em seu cérebro mudou radicalmente seu comportamento.

Antes da operação, Elliot era um modelo de pai e marido. Ele ocupava um importante cargo de gerência em uma grande corporação e atuava na igreja local. Após a cirurgia, o QI de Elliot permaneceu o mesmo – ele ainda atingia o 97º percentil –, mas ele mostrou várias falhas significativas ao tomar decisões. Elliot fez uma série de escolhas insensatas e iniciou uma sequência de negócios que rapidamente fracassaram. Envolveu-se com um vigarista e foi obrigado a decretar falência. A esposa se divorciou dele. O Departamento da Receita Federal começou a investigá-lo. Ao final de tudo, teve que morar com seus pais. Elliot também ficou bastante indeciso, sobretudo quando se tratava de simples detalhes, como onde almoçar ou qual estação de rádio ouvir. Conforme Damásio afirmaria depois, "Elliot ressurgiu como um homem de intelecto normal que era incapaz de tomar decisões adequadas, sobretudo quando a decisão envolvia assuntos pessoais ou sociais".[10]

Por que Elliot de repente tornou-se incapaz de tomar boas decisões pessoais? O primeiro *insight* de Damásio surgiu ao conversar com Elliot sobre a mudança trágica que havia ocorrido em sua vida. "Ele agia sempre de forma controlada", relata Damásio, "sempre descrevendo as cenas como um espectador impassível e desligado. Não havia qualquer sinal de seu próprio sofrimento, apesar de ser o protagonista... Nas muitas horas de conversa que tivemos, nunca detectei um traço de emoção: nenhuma tristeza, nenhuma impaciência, nem qualquer frustração."[11]

Intrigado com esse déficit emocional, Damásio conectou Elliot a um dispositivo que mede a atividade das glândulas sudoríferas nas palmas das mãos. (Sempre que vivenciamos fortes emoções, nossa pele é literalmente ativada e nossas palmas começam a transpirar.) Em seguida, Damásio mostrou a ele várias fotografias que normalmente desencadeariam uma resposta emocional imediata:

um pé machucado, uma mulher nua ou uma casa em chamas. Não importa quão impressionante era a imagem, as mãos de Elliot nunca ficavam suadas. Ele não sentia nada. A cirurgia nitidamente danificou uma área do cérebro essencial para o processamento da emoção.

Damásio começou a estudar outras pessoas que apresentavam padrões semelhantes de lesão cerebral. Todas pareciam perfeitamente inteligentes e não apresentavam déficits nos testes cognitivos convencionais, mas todas sofriam da mesma falha significativa: não sentiam emoção e, portanto, tinham enorme dificuldade para tomar decisões.

Tomada de decisão moral

A primeira indicação de uma correlação entre funções morais e o cérebro remonta a 1845 e ao famoso caso de Phineas Gage, que abordamos no Capítulo 1. Gage, trabalhador ferroviário, estava lidando com explosivos quando ocorreu um terrível acidente: uma barra de ferro foi projetada contra seu crânio. Ela entrou pela base e saiu pelo topo do crânio, danificando seriamente o cérebro (Fig. 8.7). Um médico local cuidou muito bem de Gage, que se recuperou de modo surpreendente no aspecto físico. Em poucos dias, ele conseguia andar, conversar e mover-se de maneira eficaz. Em algumas semanas, estava de volta ao trabalho. No entanto, Gage havia mudado radicalmente.

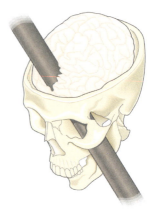

Figura 8.7 Phineas Gage com a barra de ferro que danificou seu cérebro *(esquerda)*; reconstrução do trajeto da barra de ferro através do cérebro de Gage *(direita)*.

Antes do acidente, Gage era o supervisor dos operários. Ele era de absoluta confiança. Sempre se podia confiar nele para executar, e bem, o trabalho. Após o acidente, tornou-se completamente irresponsável. Nunca chegava na hora. Seu linguajar e comportamento se tornaram obscenos. Não dava importância a seus colegas de trabalho. Ele havia perdido qualquer senso de julgamento moral.

Muitos anos após a morte de Gage, Hanna e António Damásio, usando o crânio de Gage e a barra de ferro, reconstruíram o caminho através de seu cérebro (Fig. 8.7). Eles perceberam que o córtex pré-frontal estava danificado, principalmente a parte inferior, onde estão localizados o córtex pré-frontal ventromedial e o córtex orbitofrontal – regiões extremamente importantes para emoção, tomada de decisão e comportamento moral.

Joshua Greene, psicólogo experimental, neurocientista e filósofo de Harvard, utilizou uma fascinante charada conhecida como "dilema do trem (ou bonde)" para estudar como a emoção afeta nossa tomada de decisão moral.[12] O dilema do trem tem inúmeras variações, mas as mais simples representam dois dilemas (Fig. 8.8). O *dilema do comutador* é assim:

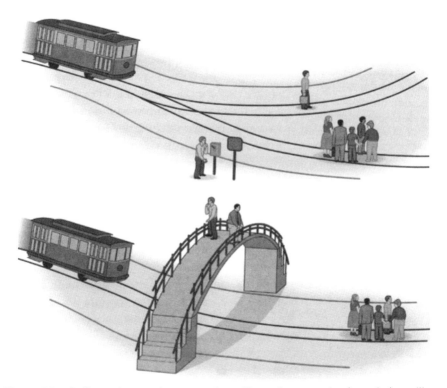

Figura 8.8 O dilema do trem desgovernado: o dilema do comutador *(superior)* e o dilema da passarela *(inferior)*.

Um trem desgovernado, cujos freios quebraram, está se aproximando em velocidade máxima de uma bifurcação nos trilhos. Se você não fizer nada, o trem seguirá à direita e passará sobre cinco viajantes. Todos os cinco morrerão. No entanto, se você desviar o trem para a esquerda – acionando um comutador –, ele atingirá e matará um viajante. O que você faz? Você está disposto a intervir e mudar a rota do trem?

A maioria das pessoas concorda que é moralmente permitido desviar o trem. A decisão é baseada na aritmética simples: é melhor matar menos pessoas. Alguns filósofos morais chegam a argumentar que é imoral *não* desviar o trem, pois essa passividade leva à morte de mais quatro pessoas. Mas, e quanto ao seguinte cenário, o *dilema da passarela*?

Você está parado em uma passarela sobre os trilhos do trem. Você vê um trem em uma corrida desenfreada em direção a cinco viajantes. Todos os cinco viajantes morrerão, a menos que o trem possa ser detido. Ao seu lado, na passarela, há um homem enorme. Ele está debruçado sobre o parapeito, observando o trem se aproximar dos viajantes. Se você empurrar o homem, ele cairá sobre os trilhos, na rota do trem. Por ser tão grande, ele impedirá o trem de matar os viajantes. Você empurra o homem da passarela? Ou você permite que cinco viajantes morram?

Os fatos são os mesmos nos dois cenários: uma pessoa deve morrer para que cinco permaneçam vivas. Se nossas decisões fossem completamente racionais, agiríamos da mesma forma nas duas situações. Estaríamos dispostos a empurrar o homem e a desviar o trem. No entanto, quase ninguém está disposto a empurrar outra pessoa para os trilhos. Ambas as decisões levam ao mesmo resultado violento, mas a maioria das pessoas encara uma como moral e a outra como assassinato.

Greene argumenta que empurrar o homem parece errado porque o assassinato é direto: estamos usando nosso corpo para feri-lo. Ele chama isso de decisão moral *pessoal*. Por outro lado, quando mudamos a rota do trem, não estamos ferindo diretamente outra pessoa. Estamos apenas desviando o trem: a morte subsequente parece indireta. Nesse caso, estamos tomando uma decisão moral *impessoal*.

O que torna esse experimento mental tão interessante é que a distinção moral difusa – a diferença entre decisões morais pessoais e impessoais – está incorporada em nosso cérebro. Não importa em que cultura vivemos ou que religião seguimos: os dois cenários com o trem desencadeiam padrões diferentes de atividade no cérebro. Quando Greene perguntou aos participantes do estudo se eles deviam ou não desviar o trem, sua maquinaria de tomada de decisões conscientes estava ligada. Uma rede de regiões cerebrais avaliou as diversas opções, enviou a decisão para o córtex pré-frontal e as pessoas escolheram a opção claramente melhor. Seus cérebros perceberam com rapidez que era melhor matar uma do que cinco pessoas.

No entanto, quando se perguntou aos participantes se estariam dispostos a empurrar um homem para os trilhos, uma rede distinta de regiões cerebrais foi ativada. Essas regiões estão associadas ao processamento de emoções, para nós e para os outros. As pessoas do estudo não podiam justificar suas decisões morais, mas sua certeza nunca foi abalada. Empurrar um homem de uma ponte *parecia* errado.

Essa pesquisa revela as surpreendentes maneiras pelas quais nossos julgamentos morais são moldados por nossas emoções inconscientes. Mesmo que não possamos explicar esses impulsos – não sabemos por que nosso coração está acelerado ou por que sentimos o estômago enjoado –, somos influenciados por eles. Embora sentimentos de medo e estresse possam levar à agressão, o medo de ferir alguém pode impedir que atuemos em circunstâncias violentas.

Outros estudos com pessoas que apresentam lesões cerebrais semelhantes às de Elliot e Gage – isto é, lesões no córtex pré-frontal ventromedial – sugerem que essa parte do cérebro é muito importante para integrar sinais emocionais na tomada de decisões. Se for assim, podemos esperar que essas pessoas tomem decisões muito diferentes no dilema do trem de Greene. Elas podem considerá-la basicamente uma questão contábil. Cinco vidas por uma? Sem dúvida, use o homem enorme para parar o trem. Na verdade, pessoas com lesões no córtex pré-frontal ventromedial, quando enfrentam esse dilema, têm quatro ou cinco vezes mais chances do que as pessoas comuns de dizer "empurre o cara da passarela" em nome de uma boa causa.

Essa descoberta ressalta a teoria de que tipos distintos de moralidades estão incorporados a diferentes sistemas no cérebro. Por um lado, temos um sistema emocional que diz: "não, não faça isso!", como um alarme. Por outro lado, temos um sistema que diz: "queremos salvar mais vidas, portanto cinco vidas por uma parece um bom negócio". Em pessoas comuns, essas moralidades competem, mas, naquelas com o tipo de lesão cerebral de Gage, um sistema é eliminado e o outro está intacto.

A biologia do comportamento psicopático

O que dizer dos psicopatas, pessoas que não teriam dificuldade em decidir empurrar alguém da passarela? Pesquisas sobre psicopatia revelam que é um distúrbio emocional com duas características essenciais: comportamento antissocial e falta de empatia por outras pessoas. A primeira pode resultar em crimes horrendos, a segunda em ausência de remorso por esses crimes.

Kent Kiehl, da Universidade do Novo México, conduz uma unidade móvel de imagem por ressonância magnética funcional (IRMf) às prisões para escanear os cérebros dos presidiários, muitos dos quais são psicopatas, de acordo com suas pontuações em uma lista padronizada. Ele pretende verificar se o raciocínio moral, ou a falta dele, pode ser usado para entender a mente do psicopata – e se esse entendimento pode melhorar nossa compreensão sobre o raciocínio moral.

A teoria de Greene previa que os psicopatas não têm a resposta emocional que faz parecer errado empurrar o homem da passarela. Eles provavelmente concordariam com os números, uma vida por cinco. No entanto, os psicopatas não são como as pessoas com lesão cerebral; eles trabalham arduamente para parecer normais, para se misturar. A fim de capturar o que realmente estão pensando, Kiehl observa não apenas o que os prisioneiros fazem, mas também a rapidez com que fazem. Por exemplo, um psicopata pode ocultar uma reação emocional a um estímulo – uma palavra ou imagem visual –, mas não de modo rápido, de forma que a neuroimagem consegue capturar sua reação inicial.

Por meio da neuroimagem, Kiehl descobriu que os detentos psicopatas possuem mais substância cinzenta no interior e ao redor do sistema límbico do que os presos não psicopatas ou os não detentos. O sistema límbico, que inclui o corpo amigdaloide e o hipocampo, compreende as regiões cerebrais envolvidas na maneira como processamos as emoções. Além disso, a rede de circuitos neurais que conecta o sistema límbico aos lobos frontais do córtex está prejudicada em prisioneiros psicopatas. Kiehl nota que vários estudos encontraram menos atividade nesses circuitos neurais quando prisioneiros psicopatas se envolvem no processamento emocional e na tomada de decisões morais.[13]

Se o comportamento psicopático é baseado na biologia, o que isso significa para o livre-arbítrio, para a responsabilidade individual? Esses processos neurais intrínsecos levam inexoravelmente a certas decisões, ou nosso senso consciente de moralidade, nossa função mental cognitiva, tem a última palavra?

Essa questão está se tornando cada vez mais marcante no sistema de justiça criminal. Os juízes procuram psicólogos e neurocientistas para ajudar a entender o valor e as limitações das descobertas científicas. Eles querem saber se as descobertas são altamente confiáveis, o que elas significam em termos de comportamento e como devem ser usadas em um tribunal para melhorar a legitimidade do sistema judicial. A Suprema Corte dos EUA, por exemplo, decidiu recentemente que uma sentença de prisão perpétua sem liberdade condicional para jovens criminosos é inconstitucional. Os juízes mencionaram descobertas da neurociência que indicam que adolescentes e adultos usam diferentes partes do cérebro para controlar o comportamento.

A maioria dos neurocientistas acha que devemos ser responsabilizados por nossas ações, mas o argumento oposto tem alguma validade. Pessoas com lesões cerebrais que as tornam incapazes de realizar julgamentos morais apropriados devem ser tratadas da mesma maneira que as pessoas que podem fazer julgamentos morais? O que a neurociência revela sobre essa questão afetará nosso sistema jurídico e o restante de nossa sociedade nas próximas décadas.

É provável que estudos de psicopatas tenham um grande impacto não apenas em nossa compreensão de como as pessoas podem ser influenciadas a tomar decisões apropriadas, mas também no desenvolvimento de novos tipos de diagnósticos e de tratamentos. Pesquisas sugerem que os genes e o ambiente contribuem para a psicopatia, assim como para outros distúrbios. Em sua busca incessante por biomarcadores de psicopatia, Kiehl recentemente ampliou seus estudos de neuroimagem para incluir jovens que mostram sinais de traços psicopáticos.[14] Isso é importante porque nem todo mundo com traços psicopáticos se torna um criminoso violento. Se os cientistas puderem identificar crianças com tendência à psicopatia, terão condições de desenvolver terapias comportamentais para evitar futuros comportamentos violentos. Ao identificar-se o mau funcionamento de alguma região do cérebro, talvez alguma outra região do cérebro possa ser estimulada a assumir o controle e suprimir os aspectos violentos do comportamento.

Pensar no futuro

Os estudos de Darwin e James sobre a emoção corroboram a subsequente contestação de Damásio de que o filósofo René Descartes estava errado quando afirmou que emoção e razão, corpo e mente são separados. O medo é um bom exemplo: não podemos simplesmente colocar a mente acima do corpo e pensar em como se livrar do transtorno do estresse pós-traumático ou da ansiedade crônica. Os estudos sobre o modo como os animais aprendem o medo, em conjunto com estudos de imagem do cérebro humano, nos permitiram compreender onde e como o medo opera, incluindo como nosso cérebro consolida a memória do medo. Hoje, psicoterapia e medicamentos inovadores estão começando a ajudar as pessoas com transtornos de ansiedade a desaprenderem o medo.

A emoção é parte integrante de qualquer decisão pessoal, social ou moral que tomamos. Cientistas descobriram que pessoas com lesões em regiões cerebrais que integram sinais emocionais à tomada de decisões têm grande dificuldade em chegar a decisões simples e cotidianas. Pelo fato de também serem incapazes de incluir emoções na tomada de decisões morais, essas pessoas costumam realizar escolhas diferentes em dilemas morais em relação às pessoas sem tais lesões.

Estudos de imagem revelaram que pessoas com comportamento psicopático apresentam anormalidades em várias áreas do cérebro relacionadas ao processamento emocional e funcionamento moral. Essas anormalidades levam a uma profunda falta de empatia e relacionamento interpessoal. As pesquisas nessa área são dificultadas pela reação da sociedade aos crimes cometidos pelos prisioneiros psicopatas em estudo, mas, se os cientistas puderem identificar os marcadores biológicos e genéticos do distúrbio, o tratamento e possivelmente a prevenção poderão ser o próximo passo e, com eles, uma maior compreensão dos mecanismos biológicos básicos subjacentes ao nosso funcionamento moral.

9

O princípio do prazer e a liberdade de escolha: dependências

Notamos que o medo normal pode evoluir para um transtorno do estresse pós-traumático, tornando as pessoas incapazes de lidar com o dia a dia. Da mesma forma, nossa atração normal pelo prazer pode ser exagerada, o que causa produção excessiva de dopamina pelo cérebro e resulta em dependência. Essa dependência pode estar relacionada a substâncias como drogas, álcool, tabaco, ou a atividades como jogos de azar, comer ou fazer compras.

A dependência gera estragos na vida das pessoas. Pode custar-lhes o emprego, a saúde ou o casamento. Elas podem acabar na pobreza ou na prisão. Às vezes, a dependência leva à morte. Dependentes não querem continuar a fazer o que estão fazendo, mas não conseguem parar – o abuso repetido deteriorou a capacidade do cérebro de controlar desejos e emoções. Desse modo, a dependência rouba nossa vontade, nossa capacidade de escolher livremente entre as várias formas possíveis de agir.

A dependência de substâncias tem um custo enorme em nossa sociedade, com despesa estimada de mais de 740 bilhões de dólares por ano nos EUA. Esse custo econômico aumenta muito se considerarmos distúrbios compulsivos semelhantes à dependência, como jogo patológico e consumo excessivo de alimentos. O custo humano da dependência, para os indivíduos e para a sociedade, é incalculável. Nas últimas décadas, embora tenhamos feito progressos no tratamento de pessoas com certos tipos de dependência como o alcoolismo, as terapias disponíveis para a maioria das dependências, sejam abordagens comportamentais ou medicamentos, provaram ser inadequadas. Felizmente, os cientistas estabeleceram avanços importantes nos últimos trinta anos para a compreensão da biologia da dependência, aumentando a esperança de que novos tratamentos surjam desses novos conhecimentos.

No passado, a dependência era considerada uma manifestação de caráter moral fraco. Hoje, entendemos que é um transtorno mental, um mau funciona-

176 Mentes diferentes

mento do sistema de recompensa do cérebro, o circuito neural responsável por emoções positivas e antecipação de recompensas. Este capítulo nos apresenta o sistema de recompensa do cérebro e explica como a dependência o influencia. Aprenderemos sobre os estágios da dependência e exploraremos várias linhas de pesquisa. Por fim, conheceremos os novos métodos de tratamento de pessoas com esses distúrbios crônicos.

A base biológica do prazer

Todas as nossas emoções positivas, nossas sensações de prazer, podem ser atribuídas ao neurotransmissor dopamina. Embora nosso cérebro contenha relativamente poucos neurônios produtores de dopamina, eles desempenham um papel enorme na regulação do comportamento, sobretudo por seu forte envolvimento com a produção de prazer.

Descoberta pela primeira vez na década de 1950 pelo farmacologista sueco Arvid Carlsson, a dopamina é liberada principalmente por neurônios em duas regiões do cérebro: a área tegmental ventral e a substância negra (Fig. 9.1). Os neurônios da área tegmental ventral projetam seus axônios ao hipocampo, que está envolvido na memória de pessoas, lugares e coisas, e às três estruturas cerebrais mais importantes para a regulação da emoção: o corpo amigdaloide, que orquestra a emoção; o núcleo *accumbens*, uma região do estriado que medeia o impacto da emoção; e o córtex pré-frontal, que impõe vontade e controle sobre a amígdala. Essa malha de comunicações, conhecida como via mesolímbica, é a principal rede do sistema de recompensa do cérebro. Ela coloca os neurônios produtores de dopamina em posição de transmitir amplamente as informações, inclusive para regiões de todo o córtex cerebral.

Logo depois que Carlsson descobriu a dopamina, James Olds e Peter Milner, dois neurocientistas da McGill University, exploraram ainda mais as funções do neurotransmissor.[1] Eles começaram implantando um eletrodo no centro do cérebro de um rato. O posicionamento do eletrodo foi arbitrário, mas descobriu-se que Olds e Milner o haviam inserido próximo ao núcleo *accumbens*, um componente fundamental da via mesolímbica (Fig. 9.1). Em seguida, eles instalaram uma alavanca na gaiola dos ratos que lhes permitiria aplicar um pequeno choque elétrico no cérebro próximo do núcleo *accumbens*.

A corrente era tão fraca que os cientistas não a sentiam quando a aplicavam à pele, mas era prazerosa aos ratos quando aplicada ao núcleo *accumbens*. Eles pressionavam a alavanca repetidamente para produzir o estímulo desejado. O prazer gerado pelo eletrodo foi de fato tão intenso que os animais logo perderam o interesse por qualquer outra coisa. Eles deixaram de comer, beber e cessaram todo comportamento de corte. Apenas ficavam agachados no can-

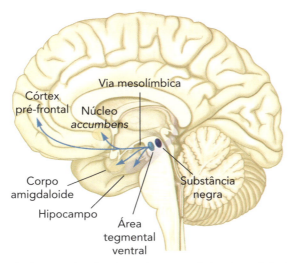

Figura 9.1 A rede de comunicações formada por neurônios dopaminérgicos na via mesolímbica é a via principal no sistema de recompensa do cérebro.

to da gaiola, paralisados em êxtase. Após alguns dias, muitos ratos morreram de sede.

Foram necessárias várias décadas de árduas pesquisas antes que Olds e Milner, e finalmente outros, descobrissem que os ratos estavam afetados por excesso de dopamina. A estimulação elétrica do núcleo *accumbens* desencadeou a liberação de grandes quantidades desse neurotransmissor, sobrecarregando os animais de prazer.

A biologia da dependência

A visão padrão de uma recompensa se refere a algo que nos faz sentir felizes ou bem. Talvez seja um bolo de chocolate, um equipamento novo ou uma bela obra de arte. Os neurocientistas têm uma visão um pouco diferente: uma recompensa é basicamente qualquer objeto ou evento que produz um comportamento de "aproximação" e nos faz dedicar mais atenção e energia a ele. Ao reforçar o comportamento de aproximação, as recompensas nos ajudam a aprender.

No início da evolução, surgiram regiões cerebrais especializadas para regular nossas respostas a estímulos ambientais prazerosos, como comida, água, sexo e interações sociais. Todas as drogas de abuso atuam nesse sistema de recompensa. Cada droga age em um alvo diferente, mas em todos os casos o efeito prático é aumentar a quantidade e a persistência de dopamina no cérebro. A ativação da sinalização de dopamina e de vários outros sinais de recompensa importantes, que variam entre as drogas, é responsável pela euforia inicial que as pessoas experimentam com estas.

Wolfram Schultz, neurocientista da Universidade de Cambridge, estudou o papel das recompensas na aprendizagem.[2] Os experimentos de Schultz com macacos foram baseados nos primeiros experimentos de Pavlov com aprendizagem condicionada em cães. Schultz promovia a emissão de um alto sinal sonoro aos macacos, esperava alguns segundos e depois esguichava algumas gotas de suco de maçã em suas bocas. Durante o experimento, Schultz monitorava a atividade elétrica no interior de cada neurônio produtor de dopamina nos cérebros dos animais. No início, os neurônios não disparavam antes que o suco chegasse à boca dos animais. No entanto, assim que os animais descobriram que o som predizia a chegada do suco, os mesmos neurônios começaram a disparar no momento da emissão do sinal sonoro – isto é, com a previsão da recompensa em vez da recompensa em si. Para Schultz, a característica interessante sobre esse sistema dopaminérgico de aprendizagem é o fato de se tratar apenas de expectativa.

A expectativa de recompensa nos ajuda na formação de hábitos. Um bom hábito – considerado adaptativo – nos ajuda a sobreviver por permitir que desenvolvamos muitos comportamentos importantes de maneira automática, sem pensar neles. Os hábitos adaptativos são promovidos pela liberação de dopamina no córtex pré-frontal e no estriado, áreas do cérebro envolvidas com o controle e também com recompensa e motivação. A liberação de dopamina não apenas cria uma sensação de prazer, mas também nos condiciona. O condicionamento, como sabemos, cria uma memória de longo prazo que nos permite reconhecer um estímulo na próxima vez que nos depararmos com ele e responder de modo adequado. Se o estímulo é positivo, como no caso de hábitos adaptativos, o condicionamento nos motiva a buscá-lo. Por exemplo, ao comer uma banana e achá-la deliciosa, na próxima vez que vir uma banana, você se sentirá motivado a comê-la.

Drogas que causam dependência, legais ou ilegais – nosso corpo não faz distinção –, também estimulam neurônios produtores de dopamina no sistema de recompensa do cérebro. Nesse caso, entretanto, o resultado é um aumento considerável das concentrações de dopamina no córtex pré-frontal e no estriado. O excesso de dopamina gera prazer intenso e cria uma resposta condicionada a pistas (sinais) ambientais que predizem o prazer. Essas pistas – por exemplo, o cheiro de fumaça de cigarro ou a visão de uma agulha – provocam um desejo intenso pela droga, que, por sua vez, gera um comportamento de busca por droga.

Por que algumas substâncias, como a cocaína, causam dependência em vez de um hábito adaptativo? Normalmente, quando a dopamina se liga aos receptores nas células-alvo, ela é captada e removida da sinapse dentro de um curto período de tempo. No entanto, a neuroimagem revela que a cocaína, uma droga que causa muita dependência, interfere na remoção da dopamina da sinapse. Em decorrência disso, a dopamina permanece ali e continua a produzir sensações de prazer que persistem além daquelas produzidas por estímulos fisiológicos comuns. Desse modo, a cocaína "se apropria" do sistema de recompensa do cérebro.

Essa apropriação ocorre em vários estágios bem definidos, que começam com o próprio processo de dependência, no qual uma droga assume o controle do sistema de recompensa do cérebro, e terminam com a incapacidade para resistir ao consumo da droga. Toda droga de abuso conhecida aumenta as concentrações de dopamina nos centros de prazer do córtex, e acredita-se que esse aumento produz os efeitos recompensadores que definem a experiência com drogas. Muitas drogas que causam dependência promovem a liberação de outras substâncias químicas que medeiam a recompensa.

No entanto, à medida que a pessoa continua a consumir droga, ela desenvolve tolerância à substância. Os receptores de dopamina não respondem mais de maneira tão eficaz. A mesma quantidade da droga que inicialmente produzia euforia – a sensação de prazer – agora produz uma sensação normal. Em decorrência disso, a pessoa precisa de mais droga para produzir uma euforia equivalente. Nora Volkow, diretora do National Institute on Drug Abuse e pioneira na pesquisa de como a dependência afeta o cérebro humano, documentou esse processo em uma série de estudos de imagem que mostram que o estriado deixa de responder quando a pessoa usa cocaína há algum tempo.[3]

À primeira vista, a tolerância a drogas parece não fazer sentido. Se uma pessoa consome certa droga para sentir-se bem, mas a substância não é eficaz em aumentar a dopamina (que causa a sensação de prazer), então qual é o sentido de consumir a droga? Nesse momento é que ocorrem as associações positivas. Um indivíduo dependente aprendeu a associar a droga a determinado lugar, pessoas, música e hora do dia. De forma paradoxal, essas associações, e não a própria droga, causam geralmente o aspecto mais trágico da dependência: a recaída.

A recaída é possível mesmo após a pessoa ter abandonado as drogas por semanas, meses ou até anos. A memória da experiência prazerosa com as drogas e as pistas associadas a ela basicamente persistem para sempre. A exposição a essas pistas – a visão ou o cheiro da droga, andar por uma rua onde a pessoa costumava comprar a droga ou encontrar com pessoas que a usavam – desencadeia enorme necessidade de usar novamente a substância.

Um estudo particularmente interessante sobre dependência realizado por Lee Robins, sociólogo da Universidade de Washington, em St. Louis, envolve veteranos do Vietnã que se tornaram dependentes de heroína de altíssima qualidade enquanto estavam no exterior. A maioria deles, de forma surpreendente, conseguiu vencer a dependência ao retornar para os Estados Unidos, pois nenhuma das pistas que os estimulavam a usar heroína no Vietnã estava presente em casa.[4]

Pesquisas sobre dependência

Em virtude da facilidade com que as pessoas dependentes têm recaídas, agora sabemos que a dependência é uma doença crônica, como o diabetes. As pessoas podem receber ajuda para evitar recaídas, mas a recuperação é um processo permanente que requer grande esforço e vigilância por parte dos dependentes. Até o momento não há cura para a dependência, mas nos últimos anos os cientistas fizeram progressos na compreensão do distúrbio.

A primeira linha importante de investigação é a neuroimagem, utilizada de forma pioneira por Volkow. O exame por imagens nos permite estudar o interior do cérebro de uma pessoa dependente e identificar possíveis áreas afetadas. Esses padrões anormais de atividade ajudam a explicar por que algumas pessoas não conseguem controlar o desejo de consumir drogas, mesmo que o consumo em si não seja mais prazeroso.[5]

Em um estudo, Volkow deu cocaína a pessoas dependentes e não dependentes e depois, usando tomografia por emissão de pósitrons (PET), comparou imagens de seus cérebros. Ela esperava muita atividade nas principais áreas de recompensa do cérebro, e foi exatamente isso o que viu – no cérebro de pessoas não dependentes. À medida que as concentrações de dopamina aumentavam, a atividade no sistema de recompensa subia de forma drástica. No entanto, para sua surpresa, ela verificou que quase não havia atividade no cérebro de pessoas dependentes. Essas descobertas explicam como nosso cérebro desenvolve tolerância a drogas.[6]

Volkow voltou sua atenção para o estudo da dependência em virtude da compreensão que esta oferece para o funcionamento normal do cérebro. Como destacou em um relato pessoal, ela sempre se interessou em entender como o cérebro humano controla e sustenta seu comportamento.

O estudo de drogas de abuso e dependência permitiu-lhe investigar uma condição em que há comprometimento da capacidade de autocontrole. A neuroimagem, por sua vez, permitiu-lhe realizar estudos em seres humanos acometidos pela dependência. Ao estudar os efeitos das drogas no cérebro, ela conseguiu obter informações sobre os circuitos neurais que moldam o comportamento em resposta a contextos e exposições ambientais, e como são vivenciados de modo subjetivo pelo indivíduo. Ela estava interessada, sobretudo, em mudanças associadas a prazer, medo e desejos.

Da mesma forma, ao estudar o cérebro de uma pessoa dependente e compará-lo com o cérebro de alguém que não é, ela poderia identificar os circuitos

O princípio do prazer e a liberdade de escolha: dependências **181**

neurais afetados e explorar como essa alteração se relaciona ao comprometimento do autocontrole. A partir desses estudos, ficou claro que a dependência é uma doença do cérebro e que as mudanças desencadeadas pela exposição a drogas influenciam os circuitos no cérebro que processam motivação e recompensa.

A segunda linha de pesquisa sobre dependência, como Darwin teria antecipado, envolve experimentos com animais. Pelo fato de o sistema da dopamina existir de forma similar em muitos outros animais, os cientistas podem estudar o desejo e a dependência em macacos, ratos e até moscas. Embora tenham ocorrido muitos avanços na medicina moderna com o uso de modelos animais, isso se aplica em especial à dependência.

Os animais tornam-se rapidamente dependentes de drogas, e as alterações fisiológicas e anatômicas em seus cérebros são semelhantes às das pessoas. Animais dependentes não exibem mais atividade nas áreas de recompensa do cérebro. Além disso, os mesmos fatores que aumentam a probabilidade de dependência em pessoas também a aumentam em animais. Sabemos, por exemplo, que o estresse crônico aumenta a vulnerabilidade ao abuso de drogas em ratos e pessoas, pois essas substâncias podem aliviar temporariamente alguns efeitos fisiológicos e emocionais do estresse. Também sabemos que os ratos optam por se autoadministrar e se tornar dependentes da mesma variedade de drogas que as pessoas. E mais: os animais com acesso ilimitado a uma droga muito potente, como cocaína ou heroína, sofrem uma *overdose* e morrem.

Também aprendemos a partir de modelos animais como a exposição repetida a uma droga de abuso altera o sistema de recompensa do cérebro. Algumas alterações ocorrem no interior dos neurônios que produzem dopamina, prejudicando sua função e sua capacidade de enviar sinais dopaminérgicos a outras regiões do cérebro. Essas alterações estão associadas à tolerância a drogas – a baixa recompensa que os indivíduos obtêm das drogas à medida que as consomem repetidas vezes –, assim como à redução da capacidade de resposta a recompensas que as pessoas experimentam durante a abstinência (Fig. 9.2).

Eric Nestler, da Icahn School of Medicine do Mount Sinai Hospital, em Nova York, observa que essa capacidade de resposta reduzida é semelhante à incapacidade de sentir prazer nas pessoas com depressão. Em estudos com camundongos dependentes de cocaína, Nestler et al. descobriram que, "ao intervir na via de recompensa desses camundongos, não apenas conseguíamos impedir os efeitos recompensadores da cocaína, mas, de maneira surpreendente, podíamos induzir esses animais a tornarem-se anedônicos – incapazes de sentir prazer". Desde então, Nestler tem estudado o papel do sistema de recompensa do cérebro na depressão e na dependência.[7]

Os cientistas identificaram as várias alterações químicas no cérebro dos animais, induzidas por drogas que causam dependência. Algumas alterações estão

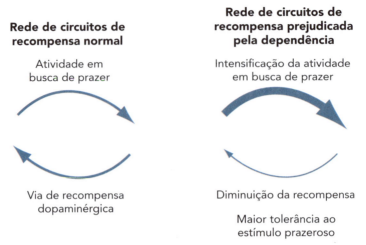

Figura 9.2 A rede de circuitos de recompensa normal do cérebro é afetada pela dependência.

relacionadas à capacidade da droga de reduzir a sensibilidade do sistema de recompensa à dopamina. Outras alterações estão relacionadas à capacidade da droga de promover comportamentos compulsivos repetitivos. Por exemplo, os cientistas descobriram uma molécula que modifica a expressão de certos genes de tal maneira que ajuda a perpetuar a memória. Ao alterar a atividade dessa molécula em ratos dependentes de morfina, os cientistas poderiam eliminar o desejo dos animais pela droga.[8] Essa pesquisa sugere a intrigante possibilidade de que os tratamentos futuros para a dependência se concentrarão não apenas na via do prazer, mas também em nossa memória do prazer.

Outras alterações induzidas por drogas no cérebro dos animais promovem associações positivas entre a experiência com a droga e as pistas (sinais) ambientais. Ambos os tipos de mudanças ajudam a levar à dependência. Dessa forma, embora um animal que esteja consumindo a droga desenvolva tolerância a ela, a dependência continua porque o desejo é desencadeado por pistas presentes no ambiente. Cada vez mais, técnicas avançadas de neuroimagem e exames pós-morte do cérebro de dependentes humanos têm confirmado que os resultados de modelos animais também se aplicam às pessoas.

Talvez a descoberta mais surpreendente proveniente de modelos animais seja de que a hereditariedade da dependência é moderadamente elevada: cerca de 50%. Isso significa que o risco genético de dependência é maior que o do diabetes tipo II ou o da pressão alta.[9] Os 50% restantes resultam da interação de fatores ambientais e genes. "Em última análise, a capacidade dos estímulos ambientais de influenciar um organismo requer mudanças na expressão gênica", diz

Nestler, que explorou as vias pelas quais a toxicodependência altera a expressão gênica.[10] Hoje, os cientistas estão desenvolvendo técnicas genéticas moleculares que nos permitirão identificar os genes envolvidos na dependência.

Nestler encontrou vários genes nos sistemas de recompensa de animais que, quando modificados, reduzem drasticamente a vulnerabilidade à dependência.[11] Identificar os genes específicos que conferem risco de dependência e entender como o ambiente interage com esses genes orientará o desenvolvimento de testes diagnósticos e tratamentos melhores.

O terceiro tipo de pesquisa sobre dependência é o estudo epidemiológico, que rastreia a incidência ou prevalência de uma dependência em particular em uma população específica durante um período de tempo determinado. Graças a estudos epidemiológicos, sabemos agora que o uso de certas drogas que causam dependência aumenta a probabilidade de uso de outras drogas desse tipo.

Denise Kandel, da Universidade Columbia, foi fundamental na descoberta de algumas dessas associações. Ela usou estudos epidemiológicos de jovens para mostrar que o tabagismo é um primeiro passo poderoso para a dependência de cocaína ou heroína.[12] Essa descoberta levanta a seguinte questão: os jovens começam com nicotina porque é a primeira droga disponível, ou a nicotina faz algo para o cérebro que o torna mais vulnerável a outras substâncias e à dependência?

Kandel, Amir Levine et al. estudaram essa questão em camundongos e descobriram que a exposição dos animais à nicotina modifica seus neurônios receptores de dopamina de maneira a responder de forma mais intensa à cocaína. Por outro lado, a administração prévia de cocaína aos animais não afeta sua resposta subsequente à nicotina.[13] Portanto, a nicotina prepara o cérebro para a dependência de cocaína.

A sociedade tem se esforçado ao máximo para desencorajar as pessoas de fumar, e é bem provável que a redução do número de fumantes também reduza outros tipos de dependência.

Outros transtornos associados à dependência

Alguns distúrbios compulsivos – aqueles que envolvem alimentos, jogos de azar e comportamento sexual – são muito semelhantes à dependência de drogas. Sabemos que a dependência é uma resposta exagerada a determinada recompensa, e é provável que as mesmas partes do cérebro ativadas por substâncias que causam dependência também sejam ativadas por alimento, dinheiro e sexo. Estudos que compararam imagens cerebrais de pessoas dependentes de drogas e pessoas obesas detectaram alterações semelhantes no cérebro. Da mesma forma que as pessoas dependentes geralmente demonstram atividade reduzida em

184 Mentes diferentes

partes do sistema de recompensa quando consomem drogas – tornam-se condicionadas ao prazer –, os indivíduos obesos sentem menos prazer ao comer. Pesquisas constataram que o sistema de recompensa de pessoas obesas tende a ser menos responsivo à dopamina e a ter menor densidade de receptores de dopamina.

Kyle Burger e Eric Stice, do Oregon Research Institute, realizaram um estudo interessante sobre hábitos alimentares de adolescentes.[14] Os pesquisadores perguntaram a 151 adolescentes de pesos variados sobre seus hábitos e desejos alimentares. Em seguida, colocaram os adolescentes em um *scanner* cerebral e mostraram a eles a foto de um *milk-shake*, seguido de alguns goles de um *milk-shake* real. Os pesquisadores compararam a atividade do sistema de recompensa dos adolescentes com suas respostas às perguntas sobre hábitos alimentares.

Os adolescentes que relataram tomar mais sorvete mostraram a menor ativação do sistema de recompensa ao consumir o *milk-shake*. Isso sugere que eles ingeriram mais, a fim de compensar o prazer reduzido que realmente sentiram ao consumi-lo. Eles tiveram que consumir quantidades maiores (e mais calorias) para obter uma recompensa equivalente, assim como uma pessoa dependente de drogas. Esse achado indica que a obesidade resulta de alterações cerebrais relacionadas a recompensas, não de gula ou autoindulgência. Portanto, a compreensão da biologia da obesidade é essencial para deixar de estigmatizar pessoas obesas.

A pesquisa mostrou que a obesidade também tem um componente social: isto é, parece se disseminar entre as pessoas. Nicholas Christakis, da Universidade de Harvard, e James Fowler, da Universidade da Califórnia, San Diego, recentemente examinaram com minúcias os registros manuscritos de 5.124 homens e mulheres do Framingham Heart Study, um projeto contínuo iniciado em 1948 e que revelou muitos fatores de risco associados à doença cardiovascular. Os pesquisadores originais de Framingham conservaram anotações detalhadas não apenas dos membros da família de cada participante, mas também de seus colegas e amigos íntimos. Pelo fato de dois terços de todos os adultos de Framingham terem participado da primeira fase do estudo, e de seus filhos e netos terem participado das fases subsequentes, quase toda a rede social da comunidade havia sido registrada. Christakis e Fowler criaram uma rede detalhada de associações pessoais a partir desses registros, permitindo-lhes, pela primeira vez, notar como uma rede social influencia o comportamento.[15]

A primeira variável analisada por Christakis e Fowler foi a obesidade, e, neste caso, fizeram uma descoberta notável: a obesidade parecia se disseminar por uma rede social como um vírus. Na verdade, se uma pessoa se tornasse obesa, a probabilidade de um amigo seguir o exemplo aumentava 171%. Christakis e Fowler descobriram que o tabagismo também se disseminava entre as pessoas.

O princípio do prazer e a liberdade de escolha: dependências **185**

Quando um amigo começa a fumar, suas chances de acender um cigarro aumentam 36%. Porcentagens semelhantes se aplicam ao consumo de álcool, à felicidade e até a sentimentos de solidão.

Os estudos dos fatores biológicos e sociais inerentes à obesidade podem não apenas ajudar os cientistas a desenvolverem métodos de prevenir a obesidade, mas também fornecer informações para o desenvolvimento de medicamentos para outros tipos de dependência. O autocontrole nunca será fácil. No entanto, talvez possamos ajudar pessoas com sistema de recompensas deficitário, tornando um pouco menos difícil obter o autocontrole.

Tratamento de pessoas com dependência

Modelos animais e outros estudos têm nos ensinado muito sobre como tratar pessoas com dependência. Em primeiro lugar, os estudos mostram que a dependência é uma doença crônica. A noção de que uma pessoa pode ir à reabilitação por um mês e ser curada não está correta. É um pensamento mágico.

Segundo, a dependência afeta várias regiões do cérebro, vários circuitos neurais. Isso exige uma abordagem multifacetada para o tratamento e suscita várias questões. O autocontrole de uma pessoa dependente pode ser fortalecido por meio de terapia comportamental, que ajuda a controlar o comportamento autodestrutivo, ou por medicamentos que melhoram o funcionamento do córtex pré-frontal? As intervenções comportamentais ou medicamentos podem enfraquecer o condicionamento, de modo que, quando uma pessoa se depara com estímulos associados à substância que causa dependência, ela não responda a eles? O sistema de recompensa pode ser induzido a responder a estímulos naturais, para que outras coisas que não as drogas motivem a pessoa dependente?

Até hoje, os tratamentos mais bem-sucedidos para a dependência são comportamentais e envolvem programas de doze etapas, como o Alcoólicos Anônimos. No entanto, a maioria das pessoas dependentes volta a usar drogas mesmo depois de concluir os melhores programas disponíveis. Essas altas taxas de recaída refletem as mudanças duradouras que ocorrem no cérebro durante o período de dependência. Como vimos, a dependência de drogas é uma forma de memória de longo prazo. O cérebro torna-se condicionado a associar certas pistas ambientais ao prazer, e encontrá-las pode desencadear um desejo de usar a droga. A memória do prazer persiste por muito tempo depois que uma pessoa dependente parou de consumir a droga; é por isso que continuar o tratamento – mesmo após repetidas recaídas – é tão importante.

O objetivo da medicação é ajudar a pessoa dependente a esquecer o prazer associado a uma droga viciante e neutralizar as poderosas forças biológicas que levam à dependência, aumentando, assim, a eficácia da reabilitação e do tratamento psicossocial. Vimos que terapias comportamentais e medicamentos atuam por meio de processos biológicos no cérebro e que são frequentemente sinérgicos. Um dos principais desafios no tratamento da dependência é traduzir nosso crescente conhecimento dos circuitos de recompensa do cérebro em novas terapias.

Infelizmente, as empresas farmacêuticas têm dedicado pouco esforço ao desenvolvimento de medicamentos para tratar a dependência. Um dos motivos é a concepção de que eles não podem recuperar seus custos de pesquisa com pessoas dependentes. No entanto, a pesquisa básica resultou em alguns medicamentos importantes que reduzem os desejos intensos.

Os medicamentos de reposição de nicotina, por exemplo, têm como alvo as mesmas áreas do cérebro que a própria nicotina, mas o fazem de uma maneira que ajuda a reduzir o desejo por cigarros. A metadona se liga aos mesmos receptores ativados pela heroína, mas permanece no receptor por um período muito longo, reduzindo, assim, a intensidade da resposta emocional. Embora a própria metadona seja uma droga viciante, a dependência da metadona não afeta o comportamento diário de maneira tão acentuada quanto a dependência da heroína. Além disso, a metadona é uma droga prescrita e legalmente disponível, enquanto a heroína é uma droga ilícita que deve ser comprada no mercado negro, em geral sob circunstâncias de risco.

Os tratamentos atuais para dependência são bastante deficientes, mas, como vimos, os estudos por neuroimagem, modelos animais de dependência e estudos epidemiológicos estão contribuindo para maior compreensão das alterações no sistema de recompensa do cérebro inerentes à dependência. Muitos cientistas estão trabalhando em tratamentos destinados a restaurar a atividade normal nos circuitos cerebrais dopaminérgicos, por meio de medicamentos, terapia comportamental e terapia genética. Por fim, essa pesquisa sobre tratamento pode nos permitir desenvolver formas de prevenir a dependência.

Pensar no futuro

No geral, o sistema de saúde aboliu a triagem e o tratamento de pessoas dependentes de drogas, pois acredita-se que a dependência seja um comportamento de escolha – um comportamento ruim de uma pessoa má. Essa crença estigmatiza as pessoas dependentes.

O exercício da nossa vontade no contexto da dependência é uma questão difícil, pois as drogas têm como alvo partes do cérebro que controlam nossa capacidade de tomar decisões. Como pudemos notar, a dependência é uma interação complexa entre processos mentais conscientes e inconscientes. Começa com uma decisão consciente de obter drogas, mas elas estimulam os neurônios a produzir dopamina e, às vezes, outras substâncias químicas no cérebro. Por fim, essa atividade inconsciente e as alterações que ela causa na função cerebral assumem o controle. Apesar de uma pessoa dependente ter feito a escolha inicial de experimentar a droga, o distúrbio cerebral subsequente diminui sua capacidade de livre escolha.

Educação e ciência são nossas melhores formas de eliminar o estigma e, dessa forma, permitir que os indivíduos e a sociedade se comportem de maneira mais racional em relação às pessoas dependentes. Estima-se hoje que as *overdoses* constituem a principal causa de morte entre os americanos com menos de 50 anos.[16] Estudos relatam que 40% das pessoas de 18-19 anos nos EUA foram expostas, pelo menos uma vez, a uma droga ilícita, e 75% ou mais foram expostas ao álcool. Algumas delas – cerca de 10% – se tornarão dependentes; as outras não. Pelo fato de o risco de dependência ser fortemente determinado pela genética, é importante abordarmos a dependência como um distúrbio cerebral, não como uma falha moral, e fornecer tratamento, não punição, para pessoas com dependência.

10

Diferenciação sexual do cérebro e identidade de gênero

No início da vida, a maioria de nós apresenta um forte senso de identidade de gênero – de ser menino ou menina. Por isso, crescemos nos comportando de maneira mais ou menos habitual como outros meninos ou meninas em nossa sociedade. Em geral, nossa identidade de gênero está de acordo com nosso sexo anatômico, nossos órgãos genitais e reprodutores, mas nem sempre. Podemos ter um corpo masculino mas nos sentirmos como menina ou mulher, ou podemos ter um corpo feminino e nos sentirmos como menino ou homem. Essa discrepância é possível porque nosso sexo e nossa identidade de gênero são determinados de maneira distinta, em momentos diferentes durante o desenvolvimento.

A identidade de gênero é o senso de onde nos inserimos no *continuum* da sexualidade, de ser um homem, uma mulher, ou nenhum dos dois, ou ambos. Ela inclui nosso desenvolvimento biológico, sentimentos e comportamento. Portanto, embora a identidade de gênero possa variar bastante entre os indivíduos, ela depende da diferenciação sexual normal do cérebro. Pelo fato de podermos aprender muito sobre nós mesmos a partir do estudo da identidade de gênero, é oportuna uma digressão do estudo dos distúrbios cerebrais para incluir este capítulo sobre diferenciação sexual do cérebro.

Para indivíduos cuja identidade de gênero está em desacordo com seu sexo anatômico – isto é, pessoas transgêneros –, o sentimento de estar no corpo errado começa na infância e pode se intensificar na adolescência e na idade adulta. O conflito entre a aparência externa – que cria um conjunto de expectativas sociais em relação ao comportamento – e seus sentimentos internos gera confusão, angústia e pode dificultar as interações com outras pessoas. Por causa disso, pessoas transgêneros podem apresentar ansiedade, depressão ou outros distúrbios. Além disso, as pessoas transgêneros quase sempre enfrentam forte discriminação e ameaças à sua integridade física.

Identidade de gênero não é a mesma coisa que orientação sexual, a atração de caráter romântico por pessoas do sexo oposto, do mesmo sexo ou de ambos os sexos. Hoje, sabemos muito pouco sobre a biologia da orientação sexual para discuti-la aqui.

Qual a origem de nosso senso de identidade de gênero? É determinado antes do nascimento ou é um constructo social? Neste capítulo, serão abordadas primeiramente a diferenciação sexual, as alterações genéticas, hormonais e estruturais que ocorrem durante o desenvolvimento e que determinam nosso sexo anatômico. Em seguida, será analisado o comportamento específico do gênero. Será explorado o que as diferenças entre o comportamento masculino e o feminino nos revelam sobre as distinções físicas entre os cérebros masculino e feminino. Depois, serão estudados os genes que podem causar divergência entre identidade de gênero e sexo anatômico. Todas essas descobertas estão começando a nos revelar um panorama mais diferenciado da identidade de gênero humano e de como ela é influenciada pelo cérebro.

Aprenderemos com um talentoso cientista como ele se sentiu crescendo como menino em um corpo de menina e, depois, passando de mulher a homem. Por fim, serão abordados alguns questionamentos que envolvem a melhor forma de apoiar crianças e adolescentes cuja identidade de gênero é diferente de seu sexo ao nascer.

Sexo anatômico

Há três formas de usar a palavra "sexo" para descrever as diferenças biológicas entre homens e mulheres. O *sexo anatômico*, como vimos, refere-se a diferenças visíveis, incluindo aquelas na genitália externa e outras características sexuais, como a distribuição de pelos no corpo. O *sexo gonadal* refere-se à presença de gônadas masculinas ou femininas – testículos ou ovários. O *sexo cromossômico* refere-se à distribuição dos cromossomos sexuais entre mulheres e homens.

Nosso DNA se distribui por 23 pares de cromossomos (Fig. 10.1). Cada par é composto de um cromossomo de nossa mãe e um do nosso pai. Em 22 pares, os cromossomos apresentam uma sequência de DNA semelhante, mas não idêntica.

Os dois cromossomos do vigésimo terceiro par – os cromossomos X e Y – são muito diferentes um do outro e determinam nosso sexo anatômico. O cromossomo X, feminino, tem quase o mesmo tamanho dos outros 44 cromossomos; o cromossomo Y, masculino, é consideravelmente menor. No âmbito genético, as mulheres são XX, pois têm duas cópias do cromossomo X; os homens são XY, pois têm uma cópia de X e uma de Y.

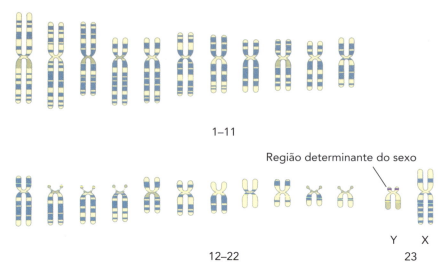

Figura 10.1 O genoma humano é composto por 23 pares de cromossomos; o vigésimo terceiro par determina o sexo anatômico.

Como o cromossomo Y gera um menino? No início, todo embrião possui um precursor gonadal indiferenciado, denominado *crista gonadal*. Por volta da sexta ou sétima semana de gestação, um gene do cromossomo Y chamado *SRY* (região determinante do sexo no cromossomo Y) inicia o processo de masculinização ao induzir a crista gonadal indiferenciada a desenvolver-se como testículo (Figs. 10.2 e 10.3). Depois que o testículo se desenvolve, o destino sexual do embrião é selado ainda mais pela ação dos hormônios que ele libera, como a testosterona. Por volta da oitava semana de gestação, os testículos do feto masculino liberam quase tanta testosterona quanto os de um menino na puberdade ou de um homem adulto. Essa liberação maciça de testosterona é responsável por quase todos os aspectos do sexo masculino, incluindo a forma do corpo e as características do cérebro.

Por volta da sexta semana de gestação, um embrião com dois genes X inicia o processo de desenvolvimento sexual feminino: os ovários se desenvolvem e a diferenciação sexual do corpo, bem como os aspectos do desenvolvimento cerebral, seguem o percurso feminino (Figs. 10.2 e 10.3). O embrião não requer liberação maciça de hormônios dos ovários para tornar-se fêmea.

Comportamento específico do gênero

Animais machos e fêmeas exibem nítidas diferenças em seus comportamentos sexuais e sociais. Em todas as espécies, inclusive a nossa, cada indivíduo exi-

Diferenciação sexual do cérebro e identidade de gênero 191

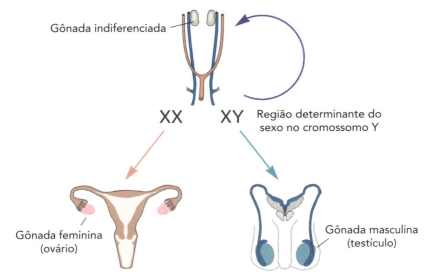

Figura 10.2 A diferenciação de um embrião em macho ou fêmea ocorre na sexta ou sétima semana de gestação.

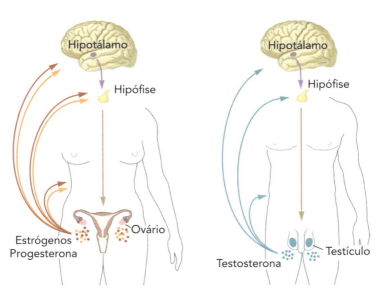

Figura 10.3 A liberação de hormônios masculinos ou femininos determina a forma do corpo masculino ou feminino e as características do cérebro.

be, de fato, uma série de comportamentos característicos de seu sexo: os machos biológicos apresentam comportamento masculino típico, e as fêmeas biológicas se comportam da maneira feminina típica das fêmeas.

Comportamentos específicos do gênero, sobretudo comportamentos sexuais e agressivos, são muito semelhantes entre as espécies, o que indica sua criteriosa preservação ao longo da evolução. Esse fato sugere que os circuitos neurais motivadores de comportamentos também são muito semelhantes e altamente conservados. No entanto, os sinais que desencadeiam comportamentos específicos do gênero, em geral, são próprios de uma determinada espécie.

No *Colaptes auratus* (uma espécie de pica-pau americano), por exemplo, apenas um sinal desencadeia comportamento específico do gênero: um padrão preto na face do macho que se assemelha a um bigode. Se um *Colaptes* macho avista outro com bigode, ele o ataca, pois presume que é um macho. Se você pintasse um bigode na face de um *Colaptes* fêmea, o macho a atacaria, e, se você ocultasse o bigode de um macho, os outros machos, supondo que fosse uma fêmea, tentariam acasalar com ele. Da mesma forma, o comportamento específico do gênero em camundongos é desencadeado por pistas olfatórias, denominadas *feromônios*, emitidos por outros camundongos machos ou fêmeas; os seres humanos são particularmente sensíveis a pistas visuais e auditivas, um fato explorado com sucesso pela indústria da pornografia.

Uma vez que se conhecem os sinais que desencadeiam comportamentos específicos do gênero, é possível estudar como o cérebro controla a manifestação desses comportamentos. Norman Spack, do Serviço de Gerenciamento de Gênero do Hospital Infantil da Harvard Medical School, em Boston, descobriu que nosso corpo libera hormônios específicos do sexo logo após o nascimento e também na puberdade.[1] Esses hormônios são fundamentais para moldar o cérebro da forma específica do gênero. Nos meninos, os picos de testosterona são essenciais para o desenvolvimento adequado de circuitos neurais que controlam comportamentos específicos do homem, em especial a agressividade. Por outro lado, a liberação de estrógenos nas meninas inicia o comportamento reprodutivo. Sem essa liberação precoce de estrógenos, desenvolve-se um padrão distinto de circuitos para comportamentos específicos do sexo, que afetam, em particular, a relação sexual homem-mulher e o comportamento maternal.

O fato de os camundongos exibirem comportamentos específicos do gênero permitiu a Catherine Dulac, de Harvard, e David Anderson, do California Institute of Technology, utilizarem modernos recursos genéticos e moleculares a fim de estudar os mecanismos cerebrais que controlam esses comportamentos. Seus estudos revelaram vários aspectos interessantes sobre o cérebro de camundongos que podem ter correlação com o cérebro humano.[2]

Antes de mais nada, os circuitos neurais que controlam o comportamento específico do gênero estão presentes em ambos os sexos. Dessa forma, independentemente do sexo de um camundongo, seu cérebro contém o conjunto de circuitos neurais para o comportamento masculino e feminino. Esses circuitos são regulados por feromônios, substâncias semelhantes a hormônios liberadas no ambiente por outros camundongos. Em princípio, quando o cérebro de um camundongo detecta um feromônio, ele ativa o comportamento exigido pelo sexo desse animal e reprime o comportamento apropriado ao sexo oposto. Desse modo, em um camundongo fêmea, o comportamento parental ou sexual específico da fêmea seria ativado e o comportamento específico do macho seria reprimido e vice-versa em um camundongo macho. No entanto, experimentos genéticos mostraram que, sob certas circunstâncias, camundongos machos e fêmeas podem exibir comportamentos associados ao sexo oposto. Um camundongo fêmea com um gene mutante de detecção de feromônio se comporta como um camundongo macho e busca fêmeas como parceiros, e um camundongo macho com um gene mutante de detecção de feromônio se comporta como um camundongo fêmea, cuidando dos filhotes lactentes em vez de matá-los, como um macho normalmente faria.

Em segundo lugar, cérebros de ratos machos e fêmeas são muito semelhantes, por isso o comportamento não é determinado exclusivamente por seu sexo biológico. Isso é importante porque, eventualmente, os animais precisam exibir o comportamento do sexo oposto. Os machos são paternais durante um breve período após o acasalamento e o nascimento da prole, e muitas espécies de fêmeas exibem o comportamento de montar como demonstração de dominância.

Essa natureza bissexual do cérebro tem sido observada em peixes e répteis, assim como em camundongos e outros mamíferos, e acredita-se que seja de grande importância para o controle da identidade de gênero em humanos.

Dimorfismo sexual no cérebro humano

As diferenças estruturais no cérebro que controlam o comportamento específico do gênero em mamíferos machos e fêmeas também existem em nosso cérebro? Os avanços em imagem por ressonância magnética (IRM) de alta resolução e na tecnologia genética revelaram que, embora os cérebros masculino e feminino compartilhem muitas características, ainda existem diferenças estruturais e moleculares específicas do sexo, ou *dimorfismos sexuais*, em várias regiões do cérebro. Essas diferenças ocorrem em áreas envolvidas em comportamentos sexuais e reprodutivos, como o hipotálamo, mas também em circuitos neurais associados à memória, emoção e estresse.

Portanto, a resposta é sim, existem dimorfismos sexuais evidentes no cérebro humano. O que ainda não sabemos é como esses dimorfismos se relacionam com o comportamento.

Em alguns casos, a relação parece ser bastante direta. Os cientistas acreditam, por exemplo, que os circuitos neurais responsáveis pela ereção peniana em camundongos machos e pela lactação em fêmeas são facilmente justificáveis em seres humanos, mas não há consenso sobre o que mais os estudos com animais podem nos revelar sobre o comportamento humano. Ainda não se compreende bem como os dimorfismos sexuais no cérebro humano governam funções cognitivas, como a identidade de gênero. Além disso, pouco progresso foi feito na identificação de diferenças na função cognitiva de homens e mulheres em relação às discrepâncias estruturais no cérebro.

Nessa área, a dificuldade em progredir ocorreu, em parte, pela controvérsia sobre a existência de diferenças cognitivas entre homens e mulheres. Algumas pessoas defendem que as diferenças específicas do sexo decorrem das expectativas da família e da sociedade. Outras argumentam que as diferenças possuem uma base biológica. Se existem discrepâncias cognitivas, elas são pequenas e representam diferenças entre as médias de populações masculinas e femininas muito variáveis. Em outras palavras, os cientistas descobriram uma variação muito maior em cada sexo do que entre os sexos.

A existência de algumas diferenças físicas entre o cérebro de um homem e o de uma mulher pressupõe que alguns circuitos neurais cerebrais também sejam diferentes e que, algumas vezes, essas diferenças estão diretamente relacionadas às diferenças de comportamento. Outras vezes, entretanto, o comportamento específico do sexo parece resultar de maneiras distintas de ativar os mesmos circuitos básicos. Então, a pergunta é a seguinte: nosso cérebro contém circuitos neurais para o comportamento masculino e feminino, como o cérebro do camundongo, ou possui circuitos neurais distintos para homens e mulheres?

Novos conhecimentos sobre a relação entre o dimorfismo sexual no cérebro humano e a identidade de gênero surgiram de estudos genéticos. Esses estudos mostram que algumas mutações monogênicas dissociam o sexo anatômico do sexo gonadal e cromossômico. Por exemplo, meninas – do ponto de vista do sexo anatômico – que possuem o gene da hiperplasia adrenal congênita (HAC) são expostas a um excesso de testosterona durante a vida fetal. Essa condição geralmente é diagnosticada no nascimento e corrigida, mas a exposição precoce das meninas à testosterona está correlacionada com alterações subsequentes no comportamento relacionado ao gênero. Uma garota comum com HAC tende a preferir brinquedos e jogos típicos de meninos da mesma idade. Um pequeno aumento, mas estatisticamente significativo, na incidência de orientação homossexual e bissexual também ocorre em mulheres que foram tratadas para HAC quando crianças. Além disso, uma proporção considerável dessas mulheres também expressa o desejo de viver como homens, compatível com sua identidade de gênero.

Esses achados sugerem que os hormônios sexuais liberados em nosso corpo antes do nascimento influenciam nosso comportamento específico do gênero, independentemente do sexo cromossômico e anatômico. Dick Swaab e Alicia Garcia-Falgueras, do Netherlands Institute for Neuroscience, explicam o porquê. Eles constataram que a identidade de gênero e a orientação sexual "são programadas em nossas estruturas cerebrais quando ainda estamos no útero. No entanto, uma vez que a diferenciação sexual dos órgãos genitais ocorre nos dois primeiros meses de gravidez e a diferenciação sexual do cérebro começa na segunda metade da gravidez, esses dois processos podem ser influenciados de modo independente, o que pode resultar em transexualidade".[3]

Da mesma forma, duas condições genéticas que afetam meninos – síndrome de insensibilidade aos andrógenos completa (CAIS) e deficiência de 5-alfa redutase 2 – resultam muitas vezes em órgãos genitais externos feminilizados. Garotos que apresentam uma dessas condições são criados equivocadamente como meninas até a puberdade, mas nesse momento seus caminhos divergem. Os sinais da deficiência de 5-alfa redutase 2 surgem por um defeito no processamento de testosterona, não na produção de testosterona, e limitam-se em grande parte aos órgãos genitais externos em desenvolvimento. Na puberdade, o grande aumento da testosterona circulante em meninos com essa condição promove o desenvolvimento de características masculinas: distribuição de pelos corporais típica do homem, musculatura e, mais drasticamente, órgãos genitais masculinos externos. Nessa fase, muitos adolescentes optam por adotar o gênero masculino. Por outro lado, a CAIS surge por um defeito nos receptores de andrógenos em todo o corpo. Jovens com essa condição buscam orientação médica quando não menstruam na puberdade. Em consonância com a aparência feminilizada, a maioria deles possui identidade de gênero feminina e preferência sexual por homens. Eles podem solicitar a remoção cirúrgica dos testículos e terapia com hormônios femininos.

Identidade de gênero

Como pudemos notar, a identidade de gênero torna-se aparente desde o início da infância e não se baseia no sexo anatômico. É por esse motivo que, mesmo quando criança, uma pessoa pode sentir-se presa no corpo errado, pelo qual se espera determinado comportamento, mas o sentimento e o desejo são de comportar-se de maneira diferente. Muitas vezes, pessoas transgêneros mudam de sexo – social, hormonal ou cirurgicamente e até de todas essas formas – para

Figura 10.4 Barbara / Ben Barres.

corresponder ainda mais à sua identidade de gênero. Isso se torna evidente nas histórias de Ben Barres (Fig. 10.4), que cresceu transgênero e decidiu, por fim, mudar de mulher para homem por meio de uma intervenção cirúrgica, e de Bruce Jenner, que passou de homem para mulher.

Ben nasceu em 1955 como Barbara Barres e mudou de sexo – de mulher para homem – em 1997. Ele era um neurocientista extraordinariamente talentoso e foi presidente do departamento de neurobiologia da Universidade Stanford de 2008 a 2017. Em 2013, tornou-se o primeiro cientista declaradamente transexual convidado a ingressar na National Academy of Sciences.

Portanto, não é de estranhar que, quando Deborah Rudacille escreveu seu clássico livro sobre sexo anatômico e identidade de gênero em 2006 – *The Riddle of Gender* –, ela relatou uma conversa com Barres em seu primeiro capítulo.

> Na minha mais antiga lembrança, eu achava que era um menino. Eu queria brincar com os brinquedos dos meninos, brincar com o meu irmão e os amigos dele e não com a minha irmã. Eu sempre ganhava brinquedos de menina, como a Barbie... Eu queria muito fazer parte do grupo dos lobinhos e escoteiros. Em vez disso, eu pertencia a um grupo de escoteiras, e odiava isso. Nós assávamos biscoitos e eu queria acampar...
> Estava me lembrando de outro dia... a líder das escoteiras gritava comigo e dizia: "Por que você sempre tem que ser diferente, Barbara? Por que você sempre tem que ser diferente?". Ela estava completamente fora de si. Fiquei chocado com isso porque sempre fui uma criança boazinha. Sabe, eu sempre tirei boas notas e nunca

criei problemas. Eu não estava tentando causar problemas... Como ela me chocou muito, comecei então a pensar sobre isso e, de certa forma, disse para mim mesmo: "Sabe, acho que estou agindo um pouco diferente das outras garotas".[4]

Depois que chegou à puberdade e suas mamas se desenvolveram, as quais fez de tudo para esconder sob roupas folgadas "para que não aparecessem", Barres experimentou um desconforto cada vez maior:

> Tive a sensação de que havia algo de errado com meu corpo. Comecei a me sentir muito desconfortável e, de fato, fiquei pouco à vontade pelo resto da vida porque você tem que usar vestidos. Se você é médica, precisa usar vestido para ir à clínica. Você tem que usar vestido para ir a funerais e casamentos. Ter que ir ao casamento da minha irmã e usar aquele vestido florido. Essas estão entre as grandes experiências traumáticas da minha vida!
> E esse tipo de desconforto (porque só mudei de sexo nos últimos anos) caracterizou a maior parte da minha vida. Apenas esse sentimento muito, muito desconfortável, de ser mulher – em todos os seus aspectos. Mas eu não o compreendia e sempre ficava muito confuso sobre isso.[5]

Enquanto estava na faculdade, Barres foi diagnosticado com agenesia mülleriana, anomalia congênita pela qual os ovários estão presentes, mas há ausência de vagina e útero. Mulheres jovens com essa condição geralmente se identificam como mulheres e podem optar por se submeter a um procedimento cirúrgico para criar uma vagina. Para Barres, que nunca se sentira menina, a situação era diferente:

> Lembro-me de conversar com esses médicos, e eles disseram que construiriam uma vagina artificial, e eu nunca dei qualquer opinião sobre o assunto. Eles nunca me perguntaram se eu queria... Eles entravam e saíam, mas nunca me perguntavam como eu me sentia. E eu tinha sentimentos! Eu me sentia muito confuso sobre as coisas, como por que eles vão fazer isso, e eu realmente não me sinto feminina e não achava de fato que queria uma vagina. Mas, por outro lado, eu era uma garota e deveria ter uma vagina. Não parecia que havia realmente alguma escolha...[6]

Barres se formou no Massachusetts Institute of Technology e ingressou na faculdade de medicina em Dartmouth. Obteve o título de Ph.D. em neurobiologia por Harvard e passou a integrar o corpo docente da Universidade Stanford em 1993. Em 1997, tomou a difícil decisão de se submeter a uma operação de mudança de sexo. Barres explica como aconteceu:

Aqui estou eu, um médico. Estive confuso sobre meu gênero a vida toda... E então li este artigo [sobre James Green, um conhecido homem transexual e ativista], que é a minha cara. Foi tão comovente. Era como se tudo o que ele disse fosse a história da minha vida. No artigo, era mencionada essa clínica na mesma rua... então simplesmente entrei em contato com eles... e, sabe, depois eles me atenderam e disseram: "Você é um caso clássico. Gostaria de mudar de sexo?"... Houve um período de algumas semanas em que fiquei bastante estressado, pois ficava pensando: "Eu quero realmente fazer isso?"... Eu sinto que nunca consigo realmente explicar bem como foi, mas não dormi muitas noites; eu era um suicida... É como se minha vida estivesse dividida em duas partes. A parte pessoal, que tem sido muito desconfortável, e a parte profissional, que tem sido prazerosa...

Então, na época em que fui à clínica, simplesmente senti que era isso ou o suicídio. Não vi outras opções. E tudo aconteceu de maneira muito rápida. Poucos meses depois da consulta, eu estava tomando hormônios e, dentro de mais alguns meses, meus ovários foram removidos...[7]

Depois Barres disse: "Pensei que tinha que decidir entre identidade e carreira. Mudei de sexo achando que minha carreira poderia acabar... Felizmente, meus colegas acadêmicos têm sido incrivelmente solidários e meus medos eram muito piores do que a realidade".[8] Barres disse a Rudacille: "Sinto que tive esse problema de gênero, cuidei disso e está resolvido. O mais importante é que tenho sido feliz. Fiquei muito mais feliz. Agora eu aprecio a vida".

Quando lhe perguntaram se a identidade de gênero é mental ou física, biológica ou social, Barres respondeu:

Eu acho que há algo bimodal no gênero. Biologicamente bimodal, pois é importante para a evolução e todas as espécies o possuem. Homens e mulheres desenvolvem-se de maneiras diferentes, e tudo isso está sob influência de programas regulados por hormônios. Se você observar os comportamentos masculino e feminino, notará que são diferentes, e não acho que isso seja social. Na verdade, algumas das melhores evidências disso provêm de transexuais. Ao observar os transexuais que passaram de mulher para homem e os resultados de seus testes espaciais antes e depois da testosterona... você descobre que essa classe de transexuais torna-se equivalente aos homens em suas habilidades espaciais após a testosterona. Portanto, existem claramente alguns aspectos específicos do gênero que são controlados por hormônios.

... Mas é claro que em qualquer espectro haverá algo no meio. Eu só acho que isso é biologia; é assim mesmo que somos. Eu acho que muitos transexuais se sentem assim, caso contrário, por que sentiriam de maneira tão intensa que há algo errado desde o nascimento? Por que não conseguem se acostumar com o jeito como são? Isso não vem da maneira como a sociedade me tratou. Isso vem de dentro.[9]

Bruce Jenner seguiu um caminho diferente ao passar de homem musculoso e atlético para mulher. Jenner era um excelente jogador de futebol americano na faculdade, mas desenvolveu uma grave lesão no joelho, que necessitou de cirurgia e o impediu de voltar ao jogo. Jenner foi convencido por L. D. Weldon, treinador de atletas olímpicos de decatlo, a participar dessa modalidade.

Sob o treinamento de Weldon, Jenner ganhou a medalha de ouro no decatlo em 1976, nos Jogos Olímpicos de Verão em Montreal. Em virtude de o decatlo exigir muitas habilidades diferentes, o vencedor da medalha de ouro é extraoficialmente considerado o maior atleta do mundo. Jenner não apenas venceu o decatlo como também quebrou o recorde existente. Tornou-se locutor da NBC e da ABC, aparecia regularmente no *Good Morning America* e tornou-se um célebre orador pós-jantar, apresentando um relato brilhante de sua notável conquista olímpica. Esse sucesso levou Jenner ao estrelato na televisão e nos filmes.

No início, Jenner identificava-se em público como homem, mas em abril de 2015 anunciou que era uma mulher transgênero e mudou seu nome de Bruce para Caitlyn. Ela apareceu na capa da revista *Vanity Fair* em julho de 2015 e estrelou a série de televisão *I Am Cait*, focada em sua transição de gênero. O nome Caitlyn e a mudança de gênero se tornaram oficiais em 25 de setembro de 2015. Jenner descreveu sua vida nos seguintes termos: "Imagine negar sua essência e alma. Depois, acrescente a isso as expectativas quase impossíveis que as pessoas têm de você, porque você é a personificação do atleta masculino americano".[10] Depois de revelar seu verdadeiro *self*, Caitlyn tornou-se produtora executiva de *I Am Cait*, aclamada por aumentar a conscientização pública sobre questões relacionadas a transgêneros.

Crianças e adolescentes transgêneros

Para crianças transgêneros que pensam ter corpos do sexo errado, a puberdade pode ser profundamente confusa e angustiante, como foi para Ben Barres. A fim de aliviar esse trauma psicológico, cada vez mais os médicos têm administrado medicamentos aos adolescentes transgêneros para bloquear a puberdade até que seus corpos e sua capacidade de tomada de decisão estejam desenvolvidos o suficiente para iniciar a terapia hormonal, em geral aos dezesseis anos. No entanto, os efeitos colaterais desses medicamentos ainda são amplamente desconhecidos.

Um estudo norte-americano em andamento pode fornecer algum esclarecimento sobre quando e qual a melhor forma de ajudar os adolescentes que estão buscando fazer a transição do sexo que lhes foi atribuído no nascimento. O estudo, financiado pelos National Institutes of Health, visa recrutar cerca de 300 adolescentes que se identificaram como transgêneros e acompanhá-los por pelo menos cinco anos. O projeto é o maior estudo sobre jovens transgêneros até o momento e apenas o segundo para rastrear os efeitos psicológicos do adiamento da puberdade. Também será o primeiro estudo a rastrear as repercussões clínicas do adiamento da puberdade. Um grupo receberá bloqueadores da puberdade no início da adolescência; outro grupo mais velho receberá hormônios do sexo oposto.

Quando atingem a puberdade, 75% das crianças questionadas sobre seu gênero identificam-se de acordo com aquele atribuído ao nascimento. No entanto, aquelas que se identificam como transgêneros na adolescência quase sempre o fazem de modo permanente. Algumas pessoas questionam a abordagem de fornecer medicamentos bloqueadores da puberdade pelo fato de seus efeitos colaterais não serem bem compreendidos. No entanto, negar aos adolescentes transgêneros a capacidade de realizar a transição pela retenção de medicamentos é antiético, dizem muitas pessoas envolvidas nessa área de tratamento. Deixar de tratar os adolescentes não é simplesmente ser neutro, salientam; significa expô--los a danos.

A Endocrine Society está trabalhando para atualizar suas diretrizes para o tratamento de jovens transgêneros. Stephen Rosenthal, endocrinologista pediátrico da Universidade da Califórnia, São Francisco, e líder do esforço, espera que as diretrizes, que aconselham os profissionais de saúde a suspender a terapia hormonal até os dezesseis anos, possibilitem maior flexibilidade, uma vez que muitas crianças entram na puberdade antes dos dezesseis. Outra mudança nas diretrizes pode incentivar as crianças a viver conforme o gênero com o qual se identificam antes da puberdade. Essa é uma escolha cada vez mais popular, diz Diane Ehrensaft, psicóloga da Universidade da Califórnia, São Francisco, mas é controversa.[11] Muitos psicólogos desencorajam essa transição social até a adolescência.

Não importa a abordagem da identidade de gênero das crianças, diz a bioeticista Simona Giordano, da Universidade de Manchester, profissionais de saúde e familiares devem ajudar as crianças a entender o que estão passando. "Passar pela transição social e física é uma longa jornada."[12]

Pensar no futuro

A diferenciação sexual do cérebro é um campo de estudo rico e importante que está começando a revelar os circuitos neurais que regem o comportamento específico do gênero, incluindo os aspectos cognitivos do comportamento, como a identidade de gênero. Agora entendemos, por exemplo, que a identidade de gênero tem uma base biológica e pode divergir do sexo anatômico durante o desenvolvimento pré-natal. Além disso, como observam Swaab e Garcia-Falgueras, "não há provas de que o ambiente social após o nascimento tenha efeito sobre a identidade de gênero ou a orientação sexual".[13]

Maior atenção à biologia da identidade de gênero nos dará maior conhecimento sobre a amplitude da sexualidade humana e, dessa forma, nos tornará mais capazes de entender e aceitar os homens e mulheres transgêneros. Isso nos permitirá entender o que uma criança quer dizer quando afirma: "Estou no corpo errado". Também nos possibilitará ajudar essa criança durante a transição para a vida adulta.

11

Consciência: o grande mistério remanescente do cérebro

Francis Crick, o biólogo mais importante de nossa época, dedicou os últimos trinta anos de sua vida a estudar como surge a consciência a partir do funcionamento do cérebro. "As suas alegrias e as suas tristezas, as suas memórias e as suas ambições, o seu sentido de identidade pessoal e livre-arbítrio não são, de fato, mais do que o comportamento de um vasto conjunto de células nervosas e de suas moléculas associadas", escreveu Crick em seu livro de 1994 – *A hipótese espantosa: busca científica da alma.*

Crick progrediu relativamente pouco na descoberta dos mecanismos da consciência, contudo, hoje sua unidade – nossa percepção do *self* – continua sendo o maior mistério do cérebro. Como conceito filosófico, a consciência continua desafiando o consenso, mas a maioria das pessoas que a estuda e que examinou seus distúrbios a considera não como uma função unitária da mente, mas como estados diferentes em contextos diferentes.

Um dos mais surpreendentes *insights* a surgir do estudo moderno dos estados de consciência é que Sigmund Freud estava certo: não podemos entender a consciência sem entender que processos mentais complexos e inconscientes permeiam o pensamento consciente. Toda percepção consciente depende de processos inconscientes. Dessa forma, ao nos aprofundarmos no mistério da consciência, lembremo-nos do que nossa exploração de distúrbios cerebrais nos ensinou sobre o processamento mental. Sabemos que o cérebro emprega processos inconscientes e conscientes para construir uma representação interna do mundo exterior que orienta nosso comportamento e nossos pensamentos. Se os circuitos neurais do nosso cérebro estão alterados, vivenciamos o mundo de maneira diferente das outras pessoas, em grau e tipo, nos níveis consciente e inconsciente.

A nova biologia da mente – a fusão da psicologia cognitiva moderna com a neurociência – gerou uma nova concepção da consciência. Como veremos neste capítulo, os cientistas têm utilizado a neuroimagem para explorar diferentes estados de consciência, revelando algumas maneiras básicas pelas quais o cérebro dá origem à mente. Em seguida, fazemos uma releitura da tomada de decisões, desta vez não pela perspectiva da tomada de decisões morais equivocadas, mas pela perspectiva mais ampla de como essa competência fundamental faz uso do processamento inconsciente e consciente. Com o tempo, aprendemos o que a improvável colaboração da economia e da biologia celular revelou sobre as regras que governam a tomada de decisão. Por fim, abordamos as contribuições da psicanálise para nossa compreensão dos processos mentais, e como esse modo de tratamento pode gerar novo poder e propósito ao se associar à nova biologia da mente.

A visão de Freud sobre a mente

Freud dividiu nossa mente em componentes conscientes e inconscientes. A mente consciente, o *ego*, está em contato direto com o mundo exterior por meio de nossos sistemas sensoriais de visão, audição, tato, gustação e olfação. O ego é orientado pela realidade, o que Freud chamou de *princípio da realidade*, e se preocupa com a percepção, o raciocínio, o planejamento de ações e a experiência de prazer e dor, qualidades que nos permitem adiar a satisfação. Depois, Freud percebeu que o ego também tem um componente inconsciente, como poderemos verificar.

A mente inconsciente, o *id*, não é governada pela lógica ou realidade, mas pelo *princípio do prazer* – isto é, por buscar o prazer e evitar a dor. A princípio, Freud definiu o inconsciente como uma entidade única que consiste sobretudo em instintos presentes fora de nossa percepção, mas que influenciam nosso comportamento e nossa experiência. Ele considerava que os instintos eram as principais forças motivadoras em todas as funções mentais. Embora Freud sustentasse que existe uma infinidade desses instintos, ele os reduziu a alguns básicos, que dividiu em dois grandes grupos. *Eros*, o instinto de vida, inclui todos os instintos de autopreservação e eróticos; *Tânatos*, o instinto de morte, abrange todos os instintos agressivos, autodestrutivos e cruéis. Portanto, é incorreto pensar em Freud ao afirmar que todas as ações humanas emanam da motivação sexual. As que surgem de Tânatos não têm motivação sexual; além disso, como veremos, os instintos de vida e morte podem fundir-se.

Posteriormente, Freud expandiu sua ideia da mente inconsciente além do *id*, ou inconsciente instintivo. Ele adicionou um segundo componente, o *superego*, o componente ético da mente que forma nossa consciência. Freud completou seu modelo estrutural da mente ao adicionar um terceiro componente, o *inconsciente pré-consciente*, agora denominado *inconsciente adaptativo*. Esse terceiro

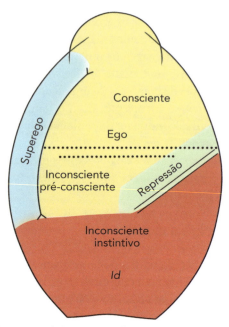

Figura 11.1   Modelo estrutural da mente de Freud.

componente inconsciente é parte do ego; processa a informação necessária para a consciência sem que a percebamos (Fig. 11.1). Dessa forma, Freud entendeu que grande parte do nosso processamento cognitivo superior ocorre de maneira inconsciente, sem percepção e sem capacidade de refletir. Voltaremos ao inconsciente adaptativo e ao seu papel na tomada de decisões mais adiante neste capítulo.

Grande parte do trabalho de Freud foi dedicada ao *id*, nosso armazém inconsciente de desejos socialmente inaceitáveis, memórias traumáticas e emoções dolorosas, e ao estudo da repressão, mecanismo de defesa que impede a entrada dessas emoções em nosso pensamento consciente. Agora, os neurocientistas estão começando a investigar a base biológica de alguns de nossos instintos, as poderosas forças subterrâneas que moldam nossas motivações, comportamento e tomada de decisões.

Estudos de neurobiologia do comportamento emocional mostraram que David Anderson, do California Institute of Technology, citado no Capítulo 10, identificou algumas bases biológicas de dois instintos constatados por Freud – erotismo e agressão –, assim como a fusão deles.[1]

Sabemos há algum tempo que o corpo amigdaloide orquestra a emoção e se comunica com o hipotálamo, região que controla o comportamento instintivo,

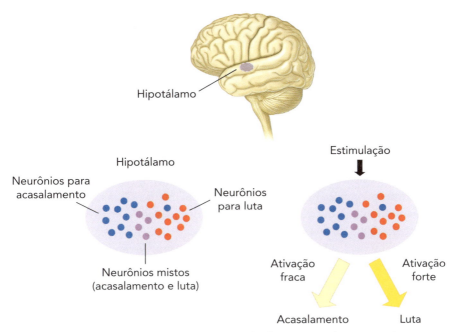

Figura 11.2 Os dois grupos de neurônios hipotalâmicos que regulam o acasalamento e a luta apresentam íntima relação.

como parentalidade, alimentação, acasalamento, medo e luta (Fig. 11.2). Anderson encontrou um núcleo, ou grupamento de corpos neuronais, no hipotálamo, que contém duas populações distintas de neurônios: uma que regula a agressão e outra que regula o sexo e o acasalamento. Cerca de 20% dos neurônios situados no limite entre os dois grupos podem estar ativos tanto durante o acasalamento como durante a agressão. Isso indica que os circuitos cerebrais que regulam esses dois comportamentos estão intimamente relacionados.

Como dois comportamentos mutuamente exclusivos – acasalamento e luta – podem ser mediados pela mesma população de neurônios? Anderson descobriu que a diferença depende da intensidade do estímulo aplicado a esses neurônios. A fraca estimulação sensorial, como as preliminares, ativa o acasalamento, enquanto uma estimulação mais forte, como o perigo, ativa a luta.

A proximidade das regiões relacionadas com a sexualidade e a agressão, e a zona de sobreposição, ajudam a explicar por que esses dois impulsos instintivos podem fundir-se tão facilmente, por exemplo, na fúria sexual, o prazer extra que alguns casais obtêm de experiências sexuais após uma discussão.

A consciência sob a perspectiva da psicologia cognitiva

A psicologia cognitiva moderna adotou uma abordagem da mente que difere daquela utilizada por Freud. Em vez de se concentrar em nossos instintos, ela analisou de que forma nossa mente inconsciente possibilita uma variedade de processos cognitivos sem que tomemos ciência de sua existência. No entanto, antes de analisar a cognição inconsciente, vamos primeiro abordar como os psicólogos cognitivos modernos entendem a consciência.

Quando os psicólogos cognitivos se referem à consciência, falam sobre diferentes estados em contextos distintos: despertar do sono, saber que uma pessoa se aproxima, percepção sensorial, além do planejamento e execução de ações voluntárias. Para entender esses diferentes estados, devemos analisar nossa experiência consciente de duas perspectivas independentes, mas que se sobrepõem.

A primeira perspectiva é *o estado de ativação geral do cérebro* (arousal) – por exemplo, estar acordado ou em sono profundo. Sob essa perspectiva, o *nível de consciência* se refere a diferentes estados de *arousal* e vigilância, do despertar do sono para o estado de alerta ao pensamento consciente normal, enquanto a *falta de consciência* se refere a condições como sono, coma e anestesia geral.

A segunda perspectiva é o *conteúdo do processamento durante o estado de arousal do cérebro* – por exemplo, ter fome, ver um cachorro ou sentir o aroma de canela. Sob a perspectiva do conteúdo, precisamos determinar quais aspectos da informação sensorial são processados de forma consciente e quais são processados inconscientemente, assim como as vantagens de cada tipo de processamento.

Essas duas perspectivas estão claramente relacionadas: a menos que estejamos em um estado adequado de vigília, não podemos processar estímulos sensoriais, seja de modo consciente ou inconsciente. Então começaremos com o estudo da biologia da vigília.

Até recentemente, a vigília – *arousal* e vigilância – era considerada uma consequência da aferência sensorial ao córtex cerebral: quando essa aferência é interrompida, adormecemos. Em 1918, Constantin von Economo, psiquiatra e neurologista austríaco que estudava a pandemia de gripe, teve vários pacientes que estavam em coma antes de morrerem. Ao submetê-los à necropsia, ele descobriu que seus sistemas sensoriais estavam praticamente intactos, mas uma região da parte superior do tronco encefálico superior estava danificada. Ele chamou essa região de centro da vigília.

A descoberta de Von Economo foi testada empiricamente em 1949 por Giuseppe Moruzzi, cientista italiano renomado, e Horace Magoun, importante fisiologista americano. Eles descobriram, por meio de experimentos com animais, que a interrupção dos circuitos neurais que se estendem dos sistemas sensoriais ao cérebro – em particular os circuitos que medeiam o tato e o senso de posição – de forma alguma interfere na consciência, o estado de vigília. No entanto, danificar uma região da parte superior do tronco encefálico – centro de vigília de Von Economo – produz coma. Além disso, estimular essa região despertaria um animal do sono.

Moruzzi e Magoun perceberam que o cérebro contém um sistema – o qual denominaram *sistema ativador reticular* – que se estende do tronco encefálico, passando pelo mesencéfalo, até o tálamo, e deste ao córtex. Esse sistema conduz as informações dos vários sistemas sensoriais, que são necessárias para o estado consciente, e as distribui de maneira difusa ao córtex cerebral (Fig. 11.3). Porém, embora o sistema ativador reticular seja necessário para a vigília, ele não está relacionado com o conteúdo do processamento consciente, ou seja, com o conteúdo da percepção.

O conteúdo da percepção, nosso estado consciente, é mediado pelo córtex cerebral. John Searle, professor emérito de filosofia da Universidade da Califórnia em Berkeley, entende que, embora às vezes as pessoas digam que é difícil definir a consciência, não é tão difícil atribuir a ela uma definição comum. Consciência é o estado de conscientização ou senciência. Começa pela manhã, quando acordamos, e permanece ao longo do dia, até que voltemos a dormir à noite, ou caso fiquemos inconscientes.

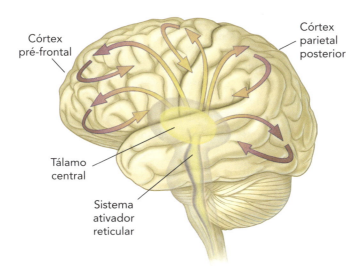

Figura 11.3 O sistema ativador reticular distribui as informações sensoriais necessárias para o estado consciente, do tronco encefálico ao córtex cerebral.

A consciência tem três características marcantes. A primeira é a *sensação qualitativa*: ouvir música é diferente de sentir o cheiro de um limão. A segunda é a *subjetividade*: a percepção ocorre comigo. Tenho certeza de que algo semelhante ocorre com você, mas a relação com minha própria consciência não é como minha relação com as outras pessoas. Sei que você sente dor quando queima a mão, mas porque estou observando seu comportamento, não porque estou vivenciando – sentindo de fato – sua dor. Somente quando me queimo sinto dor. A terceira característica é a *unidade da experiência*: experimento a sensação do contato da minha camisa com o pescoço, de ouvir o som da minha voz e de ver todas as outras pessoas sentadas ao redor da mesa como parte de uma consciência exclusiva e unificada – *minha* experiência –, não uma miscelânea de estímulos sensoriais distintos.

Searle segue dizendo que há um problema fácil a respeito da consciência e um difícil. O problema fácil é descobrir quais processos biológicos no cérebro se correlacionam com o nosso estado consciente. Atualmente, cientistas como Bernard Baars e Stanislas Dehaene estão começando a investigar esses *correlatos neurais da consciência* com a ajuda da neuroimagem e de uma variedade de outras técnicas modernas. Retornaremos ao trabalho deles mais adiante.

O problema difícil, de acordo com Searle, é descobrir como os correlatos neurais do nosso estado consciente se relacionam com a experiência consciente. Sabemos que toda a experiência que temos – o aroma de uma rosa, o som de uma sonata para piano de Beethoven, a angústia do homem pós-industrial no capitalismo tardio, tudo – é produzida por taxas variáveis de disparo dos neurônios em nosso cérebro. Mas esses processos neurais, correlatos da consciência, realmente *geram* consciência? Em caso afirmativo, de que forma? E por que a experiência consciente requer esses processos biológicos?

Em princípio, deveríamos ser capazes de determinar se os correlatos neurais geram consciência pelos métodos usuais: verificar se a consciência pode ser estimulada ou desestimulada ao ativar ou desativar, respectivamente, os correlatos neurais da consciência. Ainda não é possível fazer isso.

A biologia da consciência

O fisiologista e psicólogo Hermann von Helmholtz foi provavelmente a primeira pessoa a perceber, no século XIX, que o cérebro reúne informações básicas de nossos sistemas sensoriais e, de modo inconsciente, faz deduções a partir delas. Na verdade, o cérebro pode estabelecer inferências complexas a partir de informações muito escassas. Quando você olha para uma série de linhas pretas, por exemplo, elas não significam nada; mas, se as linhas começarem a se mover – principalmente para a frente –, seu cérebro logo as identificará como uma pessoa andando.

Helmholtz também percebeu que o processamento inconsciente de informações não é apenas reflexivo ou instintivo, é adaptativo – nos ajuda a sobreviver no mundo. Além disso, nosso inconsciente é criativo. Ele integra uma variedade de informações e as transmite à consciência, usando tanto as informações armazenadas na memória como as que estão sendo percebidas no momento. O cérebro utiliza essas informações parciais para compará-las com experiências anteriores e estabelecer um julgamento mais racional e sábio.

Esse foi um *insight* incrível, e Freud aproveitou-se disso. Ele estava interessado em um grupo de doenças denominadas *afasias*, diversos déficits na capacidade de falar, e fez uma observação significativa: não escolhemos as palavras que vamos usar nem formamos a estrutura gramatical de forma consciente. Tudo é feito de maneira inconsciente – simplesmente falamos. Na verdade, quando falamos, sabemos a essência do que vamos dizer, mesmo que não saibamos exatamente o que vamos dizer até dizermos.

Da mesma forma, quando olhamos para um rosto, não vemos dois olhos, duas sobrancelhas, duas orelhas e uma boca de maneira consciente e dizemos: "Ah, sim, esse é fulano, aquele é beltrano etc." Nós simplesmente reconhecemos. Esse pensamento adaptativo de alto nível ocorre no inconsciente pré-consciente de Freud. Portanto, a pergunta de Freud poderia ser na verdade: "Qual é a natureza de toda essa integração que nos permite reconhecer algo complexo?".

Para responder a essa pergunta, veja a Figura 11.4. À esquerda parece que há um quadrado branco sobre quatro discos pretos; à direita parece que existem quatro discos pretos, cada um com um pedaço retirado. Seu cérebro, acostumado a dar sentido à sua experiência perceptiva, lhe informa que à esquerda você está vendo um quadrado branco sobre quatro discos pretos. Mas, na verdade, esse quadrado branco não está lá. Seu cérebro o criou. Quando você olha para os quatro discos pretos à direita, percebe isso. Além disso, seu cérebro ainda cria

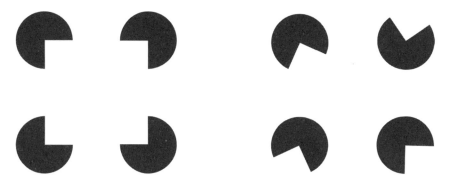

Figura 11.4 Quadrado de Kanizsa: o pensamento consciente cria linhas implícitas *(à esquerda)* onde não existem linhas reais.

uma diferença entre a brancura do quadrado situado sobre os discos e a brancura do fundo, diferença essa que também não existe.

O psicólogo cognitivo Bernard Baars acreditava que a integração de processos mentais conscientes e inconscientes no cérebro – a interpretação mental daquilo que vemos – provavelmente poderia ser explorada de forma empírica se pudesse, de alguma forma, ser associada aos avanços na neurociência. Então, ele decidiu fazer isso.

O espaço de trabalho global

Depois de elaborar e realizar uma série de experimentos que utilizaram a neuroimagem para estudar a percepção visual, Baars apresentou a teoria do *espaço de trabalho global* em 1988.[2] De acordo com essa teoria, a consciência envolve a disseminação ou difusão generalizada de informações anteriormente inconscientes (pré-conscientes) por todo o córtex. Baars sugeriu que o espaço de trabalho global compreende um sistema de circuitos neurais que se estendem do tronco encefálico ao tálamo e deste ao córtex cerebral.

Antes de Baars, a questão da consciência era um tabu entre os psicólogos experimentais mais criteriosos, pois não era considerada um problema que pudesse ser avaliado do ponto de vista científico. No entanto, agora reconhecemos que a psicologia tem uma enorme variedade de técnicas à sua disposição para estudar a consciência em laboratório. Basicamente, um experimento pode valer-se de qualquer estímulo – a imagem de um rosto ou uma palavra – para alterar um pouco as condições e fazer com que nossa percepção sobre ele tenha acesso e deixe a consciência a qualquer momento. Por exemplo, se eu lhe mostrar a fotografia do rosto de uma pessoa seguida muito rapidamente por uma imagem diferente, que *mascara* o rosto, você não o perceberá de forma consciente. No entanto, se eu lhe mostrar a mesma fotografia por alguns segundos, você a perceberá de imediato e conscientemente.

Essa era uma nova ideia de consciência de acordo com a psicologia cognitiva. Ela combinou a psicologia da percepção consciente e a neurociência dos sinais neurais transmitidos do tálamo para todo o córtex cerebral. As duas abordagens são inseparáveis. Sem uma psicologia adequada do estado consciente, não podemos progredir na biologia da transmissão de informações; e sem a biologia nunca entenderemos o mecanismo subjacente da consciência.

O neurocientista cognitivo francês Stanislas Dehaene estendeu o modelo psicológico de Baars a um modelo biológico.[3] Dehaene descobriu que aquilo que experimentamos como estado consciente é o resultado de um conjunto difuso de circuitos neurais que selecionam parte da informação, amplificam-na e a transmitem para o córtex. A teoria de Baars e as descobertas de Dehaene

Consciência: o grande mistério remanescente do cérebro **211**

mostram que temos duas maneiras diferentes de pensar sobre as coisas: uma é inconsciente e envolve a percepção; a outra é consciente e implica a transmissão da informação percebida.

Dehaene criou uma maneira de representar visualmente a consciência no cérebro ao comparar o processamento inconsciente e o consciente.[4] Ele exibe rapidamente as palavras "um, dois, três, quatro" em uma tela de computador. Mesmo quando as exibe muito rapidamente, você pode vê-las. Porém, quando exibe uma forma imediatamente antes e logo após a última palavra (quatro), a palavra parece desaparecer. Ela ainda está lá na tela, ainda está na sua retina, seu cérebro a está processando – mas você não está consciente disso.

Indo um pouco mais longe, ele apresenta as palavras no limiar da consciência, de modo que em metade das vezes você dirá que as viu e na outra metade dirá que não. Sua percepção é puramente subjetiva. A realidade objetiva das palavras é exatamente a mesma, quer você as tenha visto ou não.

O que acontece no cérebro quando vemos uma palavra de forma subliminar, abaixo do limiar da consciência? Primeiro, o córtex visual se torna muito ativo. Essa é uma atividade neural inconsciente: a palavra que vimos atinge a estação inicial de processamento visual do córtex cerebral. Após 200 ou 300 milissegundos, ela desaparece lentamente, sem atingir os centros corticais superiores (Fig. 11.5). Há trinta anos, se fossem questionados a respeito de uma percepção inconsciente atingir o córtex cerebral, os neurocientistas teriam dito não, pois acreditavam que qualquer informação que chegasse ao córtex cerebral entraria automaticamente na consciência. Na verdade, porém, quando uma percepção se torna consciente, ocorre algo completamente diferente.

A percepção consciente também começa com atividade no córtex visual, mas, em vez de desaparecer, a atividade é amplificada. Após cerca de 300 milissegundos, torna-se muito intensa: é como um *tsunami* em vez de uma onda que desaparece lentamente. Ela se propaga pelo cérebro até o córtex pré-frontal. E, a partir desse local, volta para onde começou, criando um circuito neural de atividade reverberante. Essa é a transmissão de informações que ocorre quando tomamos consciência delas. Ela move as informações para o espaço de trabalho global, onde tem acesso a outras regiões do cérebro (Fig. 11.6).

A questão é simples: quando você toma ciência de uma palavra específica, ela se torna disponível no espaço de trabalho global, um processo que ocorre separadamente do reconhecimento visual da palavra. Embora a palavra fique piscando na frente dos seus olhos apenas por um rápido instante, você pode lembrar-se dela com sua memória de trabalho. Em seguida, você pode transmiti-la para todas as áreas que a requeiram.

O principal achado da neuroimagem é o mesmo. A atividade consciente restringe-se àquilo em que se pode concentrar: seleciona um único item de cada

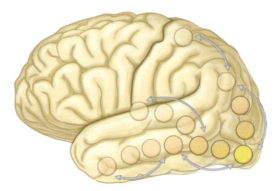

Figura 11.5 Percepção subliminar: a atividade no córtex visual extingue-se antes de atingir áreas cerebrais superiores.

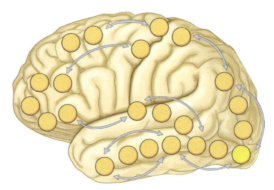

Figura 11.6 Percepção consciente: a atividade no córtex visual é transmitida para o córtex pré-frontal, onde fica disponível para outras regiões do cérebro.

vez e o propaga amplamente pelo cérebro. Por outro lado, o processamento inconsciente da informação pode ocorrer em muitas áreas diferentes do córtex ao mesmo tempo, mas essa informação não é transmitida para outras áreas. Por exemplo, ao ler essas palavras você tem ciência do seu entorno – sons, temperatura etc. Essas informações sensoriais provenientes do ambiente são processadas de maneira inconsciente no cérebro, mas, como não são amplamente difundidas, você não as percebe conscientemente enquanto está lendo.

Os experimentos anteriormente descritos demonstram que a informação pode entrar em nosso cérebro e não gerar percepção consciente. É curioso, no entanto, observar que essas informações *podem* afetar nosso comportamento, como veremos. Isso se deve ao fato de que o processamento inconsciente do cérebro não se limita a informações sensoriais. Enquanto o simples reconhecimento de uma palavra ocorre de forma inconsciente, seu significado é acessado em níveis cerebrais muito mais altos sem que tomemos ciência disso. Outros aspectos da palavra também podem ser processados de maneira inconsciente, como sua sonoridade ou conteúdo emocional, ou ainda se a pronunciamos de maneira incorreta e queremos detectar o erro. Da mesma forma, quando vemos um número, acessamos sem esforço os sistemas matemáticos de nosso cérebro. Os cientistas ainda estão se esforçando para entender como funciona o processamento inconsciente e até onde ele pode chegar.

Correlação ou causa?

Como podemos distinguir entre algo que é pré-consciente e, portanto, correlacionado com a atividade consciente (o correlato neural da consciência) e algo que realmente *causa* atividade consciente? Como o cérebro codifica o conteúdo real da consciência? Para progredir nessas questões, precisaremos de técnicas mais refinadas.

Daniel Salzman, agora na Universidade Columbia, e William Newsome, da Universidade Stanford, empregaram estimulação elétrica no cérebro de animais para manipular as vias de processamento de informações.[5] Os animais são treinados para indicar se os pontos da tela estão se movendo para a esquerda ou para a direita. Ao aplicar apenas um pequeno estímulo na área cerebral relacionada com o movimento visual, Salzman e Newsome induziram uma discreta alteração na percepção dos animais sobre a maneira como os pontos se movem. Essa mudança na percepção faz com que os animais mudem de ideia sobre a maneira como os pontos se movem. Desse modo, os pontos podem realmente estar se movendo para a direita, mas, quando Newsome e Salzman estimulam as células do cérebro que se ocupam do movimento para a esquerda, os animais mudam de ideia e indicam que os pontos estão se movendo para a esquerda.

Em 1989, Nikos Logothetis e Jeffrey Schall analisaram a *rivalidade binocular* em um trabalho paralelo.[6] A rivalidade binocular descreve a situação em que uma imagem é apresentada a um olho e uma imagem diferente ao outro. Em vez de as duas imagens serem sobrepostas, nossa percepção alterna de uma imagem para a outra: só temos consciência de "ver" uma imagem de cada vez. O mesmo fenômeno ocorre em animais. Em seus experimentos, Logothetis e Schall treinaram macacos para "relatar" essas alternâncias e descobriram que alguns neurônios respondem apenas à imagem física, enquanto outros respondem à percepção dos animais sobre ela. Como foi possível observar, a percepção envolve funções cognitivas, como a memória, não apenas respostas a estímulos sensoriais. O estudo de Logothetis e Schall gerou outro trabalho, no sentido de que o número de neurônios sintonizados com os *perceptos*, ou representações mentais de um objeto, se torna maior à medida que a informação se move do córtex visual primário para regiões mais altas do cérebro.

Com base em seu trabalho e em outros relacionados, Logothetis conclui que: "O modelo de cérebro que começa a surgir desses estudos é de um sistema cujos processos criam estados de consciência em resposta não apenas a informações sensoriais, mas também a sinais internos que representam expectativas baseadas em experiências passadas".[7] Depois prossegue e afirma que "nosso sucesso na identificação de neurônios que refletem a consciência é um bom começo" para descobrir os circuitos neurais subjacentes à consciência.

Embora estejamos apenas começando a estudar a biologia da consciência, esses experimentos nos forneceram alguns paradigmas úteis para explorar diferentes estados de consciência.

Perspectiva geral sobre a biologia da consciência

É tentador concluir que a propagação de sinais elétricos para o córtex pré-frontal – transmissão de informações inconscientes para o espaço de trabalho global – representa consciência, mas é provável que ela não seja tão simples. Algumas dessas atividades de transmissão representam consciência, mas outras podem representar apenas associações.

Suponha, por exemplo, que alguém que não saiba quem foi John Lennon veja uma fotografia dele. O cérebro dessa pessoa passaria pelo processo habitual de enviar informações do córtex visual ao córtex pré-frontal; como resultado, ela veria um rapaz de boa aparência, com óculos redondos e cabelos longos. No entanto, se essa pessoa soubesse quem foi John Lennon, ela poderia associar a imagem de Lennon à música "Eleanor Rigby" e a Paul McCartney, George Harrison e Ringo Starr, os outros Beatles. Esta outra atividade cerebral é distinta da percepção do rosto de Lennon: ela reconhece a imagem de Lennon e a associa às memórias. Fazemos essas associações de maneira inconsciente, mas apesar disso elas resultam de atividade nas áreas frontais do cérebro em resposta às informações enviadas pelo sistema visual.

Um último aspecto muito importante diz respeito ao fato de que a consciência pode operar, em grande parte, independentemente dos estímulos recebidos. Em geral, imaginamos o cérebro como aquele que recebe *inputs* sensoriais e gera *outputs* em resposta. Isso geralmente é correto, mas considere o seguinte: mesmo na escuridão total, sem estímulos visuais, mantemos estados de atividade bastante complexos que se originam em centros corticais superiores e, portanto, são de natureza descendente ou cognitiva. Além disso, quando sonhamos, podemos ter ciência de eventos altamente coloridos e estimulantes do ponto de vista emocional, mesmo que alguns sinais do mundo externo possam ser impedidos de atingir o córtex. Às vezes, pensamos e planejamos enquanto ignoramos eventos à nossa volta. Mesmo quando temos devaneios, imaginando eventos futuros, nosso cérebro bloqueia de forma temporária os estímulos sensoriais e, em vez disso, brinca com nossas ideias geradas internamente. Essas ideias e devaneios são gerados de forma independente, sem *inputs* de estímulos externos. Nosso cérebro pode, de fato, voltar à realidade em decorrência de um barulho alto ou pelo cheiro de fumaça, mas, enquanto estamos concentrados em nossos pensamentos – como costumamos fazer –, nosso cérebro evita novos estímulos sensoriais.

Tomada de decisão

A capacidade de tomar decisões apropriadas é uma habilidade fundamental que depende tanto do processamento mental inconsciente como do consciente. No Capítulo 8, discutimos o importante papel da emoção na tomada de decisões. Aqui, vamos além, a fim de explorar várias ideias de psicologia cognitiva e de biologia que aumentaram nosso conhecimento sobre a interação de processos conscientes e inconscientes na tomada de decisões.

Timothy Wilson, psicólogo cognitivo, introduziu a ideia do *inconsciente adaptativo*, um conjunto de processos cognitivos de alto nível semelhantes ao inconsciente pré-consciente de Freud.[8] O inconsciente adaptativo interpreta as informações de forma rápida, sem que tenhamos consciência, o que o torna vital para nossa sobrevivência. À medida que nos concentramos conscientemente no que ocorre ao nosso redor, o inconsciente adaptativo possibilita que parte de nossa mente monitore os outros lugares, a fim de assegurar que algo importante não passe despercebido. O inconsciente adaptativo tem várias funções, e uma delas é a tomada de decisão.[9]

Muitos de nós, quando estamos diante de uma escolha importante, pegamos o clássico pedaço de papel e fazemos uma lista de pontos positivos e negativos para nos ajudar a decidir o que fazer. No entanto, experimentos têm mostrado que essa pode não ser a melhor maneira de tomar uma decisão. Se você é extremamente cuidadoso, pode convencer-se a pensar que prefere algo de que realmente não gosta. Em vez disso, a melhor escolha ocorre quando você se permite reunir o máximo de informações possíveis sobre a decisão e, em seguida, as deixa fluir inconscientemente. Uma preferência surgirá. Dormir ajuda a equilibrar as emoções; portanto, quando se trata de uma decisão importante, você deve literalmente deixá-la para o dia seguinte. Portanto, o fato é este: nossas decisões conscientes são baseadas em informações selecionadas de nosso inconsciente.

Embora o inconsciente adaptativo seja um conjunto sofisticado e muito inteligente de processos, ele não é perfeito. Ele classifica de forma muito rápida e pode ser um pouco rigoroso. Uma escola de pensamento defende que isso pode explicar, em parte, o preconceito. Reagimos rapidamente a um estímulo, com base em experiências passadas que podem não se aplicar à nova situação em questão. Nessas novas situações, a consciência pode intervir e corrigir um julgamento precipitado, advertindo: "Espere um minuto. Essa reação rápida e negativa pode estar errada. Preciso repensar sobre isso". O inconsciente adaptativo trabalha em conjunto com a consciência, a fim de nos orientar, e juntos, desse modo, nos tornam as espécies mais inteligentes do planeta. Seria interessante verificar até que ponto podemos rastrear esses dois processos mentais que evoluíram para lidar com diferentes tipos de informação.

O papel biológico do inconsciente adaptativo na tomada de decisão foi revelado em um experimento simples realizado por Benjamin Libet na Universidade da Califórnia, em São Francisco. Hans Helmut Kornhuber, um neurologista alemão, havia mostrado que quando iniciamos um movimento voluntário, como mover uma mão, geramos um *potencial de prontidão*, um sinal elétrico que pode ser detectado na superfície do crânio. O potencial de prontidão surge uma fração de segundo antes do movimento real.

Libet levou esse experimento um pouco mais além. Ele pediu às pessoas que "desejassem" conscientemente fazer um movimento e registrassem o momento exato em que ocorreu essa vontade. Ele tinha certeza de que isso ocorreria antes do potencial de prontidão, o sinal de que a atividade havia começado. Ele descobriu, para sua surpresa, que isso ocorreu *após* o potencial de prontidão. Na verdade, ao calcular a média de uma série de tentativas, Libet poderia examinar o cérebro de uma pessoa e dizer que ela estava prestes a se mover antes mesmo que a pessoa soubesse disso.[10]

Esse resultado surpreendente pode sugerir que estamos à mercê de nossos instintos e desejos inconscientes. No entanto, a atividade em nosso cérebro precede de fato a *decisão* de se mover, não o movimento em si. De acordo com Libet, o processo de iniciar uma ação voluntária ocorre rapidamente em uma parte inconsciente do cérebro; entretanto, pouco antes do início da ação, a consciência, que se envolve de forma mais lenta, aprova ou veta a ação. Desse modo, nos 150 milissegundos antes de levantar o dedo, sua consciência determina se você realmente o moverá ou não. Libet demonstrou que a atividade cerebral precede a percepção, assim como precede qualquer ação que realizamos. Portanto, temos que aprimorar nosso pensamento sobre a natureza da atividade cerebral no que se refere à consciência.

Na década de 1970, Daniel Kahneman e Amos Tversky começaram a considerar a possibilidade de que o pensamento intuitivo funciona como uma fase intermediária entre a percepção e o raciocínio. Eles analisaram como as pessoas tomam decisões e, com o tempo, perceberam que erros inconscientes de

Consciência: o grande mistério remanescente do cérebro **217**

raciocínio geram bastante distorção em nosso julgamento e influenciam nosso comportamento.[11] Seu trabalho tornou-se parte da estrutura para o novo campo da economia comportamental.

Kahneman e Tversky identificaram certos atalhos mentais que, embora permitam ações rápidas, podem resultar em julgamentos pouco satisfatórios. Por exemplo, a tomada de decisão é influenciada pela maneira como as escolhas são descritas, ou *apresentadas*. Ao apresentar uma opção, ponderamos muito mais as perdas do que os ganhos equivalentes. Se um paciente precisa de cirurgia, por exemplo, é muito mais provável que ele se submeta ao procedimento se o cirurgião disser que 90% dos pacientes sobrevivem perfeitamente bem, em vez de dizer que 10% dos pacientes morrem. Os números são os mesmos, mas, como somos avessos ao risco, preferimos ouvir que temos grande probabilidade de viver a ouvir que temos baixa probabilidade de morrer.

Kahneman prosseguiu e descreveu dois sistemas gerais de pensamento.[12] O *Sistema 1*, em grande parte inconsciente, rápido, automático e intuitivo – como o inconsciente adaptativo, ou aquele que Walter Mischel, um dos principais psicólogos cognitivos, denomina pensamento "quente". Em geral, o Sistema 1 utiliza associação e metáfora para produzir um rápido esboço de resposta a um problema ou situação. Kahneman argumenta que algumas de nossas atividades de alta proficiência exigem grandes doses de intuição: jogar xadrez como um mestre ou reconhecer a realidade social. Mas a intuição é propensa a tendências e erros.

O *Sistema 2*, por outro lado, é baseado na consciência, lento, deliberado e analítico, como o pensamento "frio" de Mischel. O Sistema 2 avalia uma situação usando crenças explícitas e uma análise fundamentada de opções. Kahneman argumenta que nos identificamos com o Sistema 2, o *self* consciente e racional, que faz escolhas e decide o que considerar e o que fazer, enquanto na verdade nossas vidas são orientadas pelo Sistema 1.

Um exemplo claro da biologia de sistemas sobre a tomada de decisão surgiu do estudo da emoção inconsciente, do sentimento consciente e de sua expressão corporal. Até o final do século XIX, acreditava-se que a emoção era decorrente de uma sequência específica de eventos: uma pessoa reconhece uma situação assustadora; esse reconhecimento gera uma experiência consciente de medo no córtex cerebral; e o medo induz alterações inconscientes no sistema nervoso autônomo do corpo, o que resulta em aumento da frequência cardíaca, vasoconstrição, aumento da pressão arterial e palmas das mãos úmidas.

Em 1884, como vimos, William James ficou animado com essa sequência de eventos. Ele percebeu, que além de o cérebro se comunicar com o corpo, de modo não menos importante o corpo se comunica com o cérebro. James sugeriu que nossa experiência consciente de emoção ocorre *após* a resposta fisiológica do corpo.

Dessa forma, quando encontramos um urso sentado no meio do caminho, não avaliamos a ferocidade do urso de maneira consciente para, a seguir, sentirmos medo; fugimos instintivamente dele e só depois temos consciência do medo.

Recentemente, três grupos de pesquisa independentes confirmaram a teoria de James.[13] Com o auxílio da neuroimagem, eles descobriram o córtex insular anterior, ou ínsula, uma pequena ilha no córtex localizada entre os lobos parietal e temporal. A ínsula é o local onde são representados nossos sentimentos – nossa percepção consciente da resposta do corpo a estímulos emocionais. A ínsula não apenas avalia e integra a importância emocional ou motivacional desses estímulos, mas também coordena informações sensoriais externas e nossos estados motivacionais internos. Essa consciência dos estados corporais é uma medida da nossa consciência emocional do *self*, o sentimento de que "eu sou".

Joseph LeDoux, pioneiro na neurobiologia da emoção que conhecemos no Capítulo 8, descobriu que um estímulo resulta em impulsos que seguem por uma das duas vias para o corpo amigdaloide. A primeira é uma via rápida e direta que processa dados sensoriais inconscientes e vincula automaticamente os aspectos sensoriais de um evento. A segunda via emite informações através de vários relés no córtex cerebral, incluindo a ínsula, e pode contribuir para o processamento consciente da informação. LeDoux argumenta que, juntas, as vias direta e indireta medeiam a imediata resposta inconsciente a uma situação e a posterior elaboração consciente dela.

Com esses estudos, agora temos condições de ultrapassar as barreiras da vida mental e começar a analisar como as experiências conscientes e inconscientes estão relacionadas. Na verdade, alguns *insights* recentes mais fascinantes sobre a consciência surgiram de estudos que correspondem ao pensamento de James e examinam a consciência graças ao papel que desempenha em outros processos mentais. Os estudos de imagem de Elliott Wimmer e Daphna Shohamy, por exemplo, mostram que os mesmos mecanismos hipocampais envolvidos na evocação consciente de uma memória também podem orientar e influenciar decisões inconscientes.[14]

Wimmer e Shohamy elaboraram um estudo em que primeiro mostravam aos participantes uma série de imagens pareadas. Em seguida, os cientistas separavam as imagens e, usando as técnicas de aprendizagem condicionada, apresentavam algumas das imagens aos participantes associadas a uma recompensa monetária. Por fim, eles mostravam aos participantes as imagens que *não* haviam sido vinculadas a uma recompensa monetária e lhes perguntavam qual das últimas imagens preferiam. Em geral, os participantes preferiam imagens que anteriormente haviam sido pareadas com uma imagem recompensadora, mesmo que os participantes não pudessem se lembrar conscientemente dos pares originais. Os pesquisadores concluíram que o hipocampo pode reativar a asso-

Consciência: o grande mistério remanescente do cérebro **219**

ciação da imagem atual com seu par original e, junto com o estriado, conectá-la à memória da recompensa, influenciando, assim, a escolha do participante.

Após perceber que a biologia está envolvida na tomada de decisão e na escolha, Newsome e outros neurocientistas começaram a aplicar esses modelos econômicos no nível celular em animais, na tentativa de entender as regras que governam a tomada de decisão. Enquanto isso, os economistas começaram a incorporar os resultados desses estudos a suas teorias de economia.

Os neurocientistas fizeram grandes avanços nos estudos de tomada de decisão ao examinar células nervosas individuais em primatas. Uma descoberta importante, simbolizada pelo trabalho de Michael Shadlen, é que os neurônios nas áreas de associação do córtex, envolvidos na tomada de decisões, apresentam propriedades de resposta muito diferentes dos neurônios nas áreas sensoriais do córtex. Os neurônios sensoriais respondem a um estímulo presente, enquanto os neurônios de associação permanecem ativos por mais tempo, provavelmente porque fazem parte do mecanismo que associa a percepção a um plano provisório de ação.[15]

Os resultados de Shadlen indicam que os neurônios de associação monitoram com acurácia as probabilidades relacionadas à escolha. Por exemplo, quando um macaco vê cada vez mais indícios de que um alvo à direita oferece uma recompensa, a atividade neural que favorece uma escolha à direita aumenta. Isso permite que o macaco reúna evidências e faça uma escolha quando a probabilidade de estar correta ultrapassar algum limiar, digamos 90%. A atividade dos neurônios e a decisão que determinam podem ocorrer de forma muito rápida – geralmente em menos de um segundo. Portanto, sob certas circunstâncias, até mesmo decisões rápidas podem ser tomadas de maneira quase ideal. Isso pode explicar por que o modo rápido e inconsciente do Sistema 1 de pensamento sobreviveu: ele pode estar sujeito a erros em algumas circunstâncias, mas é altamente adaptativo em outras.

A psicanálise e a nova biologia da mente

Durante a primeira metade do século XX, a psicanálise forneceu novos e notáveis *insights* sobre processos mentais inconscientes, determinismo psíquico, sexualidade infantil e, talvez a mais importante, irracionalidade da motivação humana. Sua abordagem era tão inédita e poderosa que, por muitos anos, não apenas Freud, mas também outros psicanalistas inteligentes e criativos poderiam argumentar que os encontros entre paciente e analista nas sessões de psicoterapia criaram o melhor panorama para a investigação científica da mente humana.

No entanto, os resultados da psicanálise obtidos durante a segunda metade do século foram menos impressionantes. Embora o pensamento psicanalítico continuasse progredindo, havia relativamente poucos *insights* novos e brilhantes.

Ainda mais importante e mais decepcionante, a psicanálise não evoluiu sob o aspecto científico. Em especial, ela não desenvolveu métodos objetivos para testar as ideias fascinantes que havia apresentado. Em decorrência disso, a psicanálise entrou no século XXI com sua influência em queda.

O que levou a esse declínio lamentável? Primeiro, a psicanálise havia esgotado grande parte de seu poder investigativo. Freud ouviu atentamente os pacientes e ouviu de novas maneiras. Ele também apresentou um esquema provisório para dar sentido a suas associações aparentemente desvinculadas e incoerentes. Hoje, no entanto, pouco do que é novo em termos de teoria ainda resta a aprender apenas pela escuta atenta de cada paciente. Além disso, a observação clínica de cada paciente, em um contexto tão suscetível ao viés do observador quanto o relacionamento psicanalítico, não constitui base suficiente para uma ciência da mente.

Segundo, embora a psicanálise muitas vezes se considere uma disciplina científica, ela raramente utiliza métodos científicos, e tem falhado ao longo dos anos em submeter suas suposições a avaliações experimentais. De fato, a psicanálise tem sido tradicionalmente muito melhor em gerar ideias do que em testá-las. Isso ocorre em parte porque, com raras exceções, os dados coletados nas sessões psicanalíticas são privados: as declarações, associações, silêncios, posturas, movimentos e outros comportamentos do paciente são confidenciais. Na verdade, a privacidade é fundamental para estabelecer a confiança necessária em uma situação psicanalítica. Por isso geralmente temos apenas os relatos subjetivos dos psicanalistas sobre o que eles acreditam ter acontecido nas sessões. Esses relatos não se comparam a dados científicos.

Terceiro, com algumas exceções relevantes, os psicanalistas não aproveitaram o conhecimento valioso dos últimos cinquenta anos sobre a biologia do cérebro e seu controle do comportamento.

Se a psicanálise quiser recuperar seu poder e influência intelectuais, como deveria, precisará se comprometer de forma construtiva com a nova biologia da mente. Em termos conceituais, a nova biologia poderia fornecer à psicanálise uma base científica para o crescimento futuro. Os *insights* biológicos podem, experimentalmente, servir de estímulo à pesquisa, a fim de testar ideias específicas sobre como os processos cerebrais medeiam os processos mentais e os comportamentos. Os estudos de imagem forneceram evidências de que a psicanálise, assim como outras formas de psicoterapia, é um tratamento biológico – na verdade produz alterações físicas detectáveis e duradouras no cérebro e no comportamento. Agora precisamos descobrir como.

Felizmente, alguns membros da comunidade psicanalítica perceberam que a pesquisa empírica era essencial para o futuro da disciplina. Por causa deles, duas tendências ganharam impulso nas últimas décadas. A primeira é o esforço, men-

Consciência: o grande mistério remanescente do cérebro **221**

cionado anteriormente, de alinhar a psicanálise à nova biologia da mente. A segunda é a insistência na psicoterapia baseada em evidências, que consideramos no Capítulo 3. Uma vez que quase toda função mental requer a interação de processos conscientes e inconscientes, a nova biologia da mente pode proporcionar um elo valioso entre a teoria psicanalítica e a neurociência cognitiva moderna. Esse elo permitiria à neurociência cognitiva explorar, modificar e, quando apropriado, refutar as teorias psicanalíticas sobre o inconsciente. Também permitiria que as ideias psicanalíticas enriquecessem a neurociência cognitiva.

Por meio da abordagem operacional de Dehaene, poderíamos explorar, por exemplo, como o inconsciente instintivo de Freud mapeia os *insights* biológicos modernos sobre comportamento social e agressão. Esses processos inconscientes atingem o córtex cerebral, mesmo que não atinjam a consciência? Quais sistemas neurais governam mecanismos de defesa como sublimação, repressão e distorção?

A biologia do século XXI já se encontra em posição favorável para responder a algumas de nossas perguntas sobre a natureza dos processos mentais conscientes e inconscientes, mas essas respostas serão mais ricas e significativas se forem obtidas por meio de uma síntese da nova biologia da mente com a psicanálise. Essa combinação contribuiria muito para nosso conhecimento dos transtornos mentais e, consequentemente, para nossa compreensão sobre os circuitos neurais do funcionamento cerebral normal. Novos *insights* sobre o funcionamento normal do cérebro nos capacitariam a entender melhor as pessoas com distúrbios cerebrais e a desenvolver tratamentos eficazes para elas.

Pensar no futuro

A consciência continua sendo um mistério. Sabemos que ela não é imutável, que os estados de consciência variam. Além disso, a consciência pressupõe tornar as informações perceptivas inconscientes disponíveis para grandes áreas do córtex cerebral, especialmente o córtex pré-frontal, parte do cérebro responsável pela integração da percepção, memória e cognição. Determinar a natureza da consciência – basicamente, como adquirimos a conscientização do *self* a partir da atividade inconsciente no cérebro – é um dos maiores desafios científicos do século XXI, portanto as respostas não surgirão logo nem de modo fácil.

Embora os distúrbios cerebrais possam gerar transtornos em vários aspectos de nossa experiência consciente – cognição, memória, humor, interação social, vontade, comportamento –, muito do que aprendemos sobre a consciência a partir desses distúrbios até agora se aplica à interação de processos conscientes e inconscientes. É provável que essa interação seja fundamental para a compreensão futura de como surge a consciência.

Conclusão: completando um ciclo

Aprendemos mais sobre o cérebro e seus distúrbios no século passado do que durante todos os anos anteriores da história humana juntos. A decodificação do genoma humano nos mostrou como os genes determinam a organização do cérebro e como as mudanças nos genes influenciam os distúrbios. Adquirimos novos conhecimentos sobre as vias moleculares associadas a funções cerebrais específicas, como a memória, assim como os genes defeituosos que contribuem para distúrbios dessas funções, como a doença de Alzheimer. Além disso, sabemos mais sobre a forte interação de genes e meio ambiente na causa dos distúrbios cerebrais, como o papel do estresse nos transtornos do humor e no transtorno de estresse pós-traumático.

Igualmente notáveis são os recentes avanços na tecnologia de neuroimagem. Hoje os cientistas podem rastrear determinados processos mentais e transtornos mentais em regiões cerebrais específicas e suas combinações com a pessoa alerta, método no qual as células nervosas ativas reluzem e geram mapas coloridos das funções cerebrais. Por fim, modelos animais de distúrbios têm nos direcionado para novas linhas de pesquisa em pacientes humanos.

Como pudemos notar, distúrbios cerebrais ocorrem quando parte dos circuitos do cérebro – a rede de neurônios e as sinapses formadas por eles – fica hiperativa, inativa ou incapaz de se comunicar de maneira eficaz. A disfunção pode resultar de lesões, alterações nas conexões sinápticas ou formação defeituosa da rede neural do cérebro durante o desenvolvimento. Dependendo das regiões cerebrais afetadas, os distúrbios alteram a maneira como experimentamos a vida – nossa emoção, cognição, memória, interação social, criatividade, liberdade de escolha, movimento ou, na maioria das vezes, uma combinação desses aspectos de nossa natureza.

Cientistas que estudam os distúrbios cerebrais confirmaram vários princípios gerais sobre o funcionamento do nosso cérebro, graças, sobretudo, aos avanços na genética, no uso da neuroimagem e de modelos animais. Por exemplo, estudos de imagem mostram que os hemisférios cerebrais direito e esquerdo ocupam-se de aspectos diferentes das funções mentais e que um hemisfério inibe o outro. Lesões no hemisfério esquerdo, em particular, podem liberar as capacidades criativas do hemisfério direito. Em geral, quando um circuito neural é "desligado" no cérebro, outro circuito, que era inibido pelo circuito inativado, pode ser "ligado".

Cientistas também revelaram algumas correlações surpreendentes entre distúrbios que parecem não estar relacionados porque são caracterizados por tipos de comportamento muito diferentes. Vários transtornos do movimento e da memória, como as doenças de Parkinson e de Alzheimer, resultam do dobramento anormal de proteínas. Os sintomas desses distúrbios variam bastante, pois as proteínas afetadas e as funções pelas quais são responsáveis diferem. Da mesma forma, tanto o autismo como a esquizofrenia envolvem a poda sináptica – remoção do excesso de dendritos nos neurônios. No autismo não há poda suficiente de dendritos, enquanto na esquizofrenia ela ocorre em excesso. Em outro exemplo, três distúrbios diferentes – autismo, esquizofrenia e transtorno bipolar – compartilham variantes genéticas, ou seja, alguns dos mesmos genes que geram risco para esquizofrenia também geram risco para transtorno bipolar, e alguns genes que constituem risco para esquizofrenia também constituem risco para transtornos do espectro do autismo.

A interação de processos mentais conscientes e inconscientes é fundamental para a maneira como atuamos no mundo. Isso pode ser notado de forma particularmente evidente na criatividade e na tomada de decisões. Nossa criatividade inata – em qualquer área – depende de soltar as amarras da consciência e obter acesso ao nosso inconsciente. Isso é mais fácil para algumas pessoas do que para outras. Os artistas esquizofrênicos de Prinzhorn, com suas inibições e restrições sociais reduzidas, tiveram livre acesso a seus conflitos e desejos inconscientes, enquanto os artistas surrealistas foram levados a inventar maneiras de explorar os seus. A tomada de decisão é diferente. Nesse caso, não temos ciência de nossas emoções inconscientes – ou da necessidade delas. No entanto, estudos demonstraram que pessoas que apresentam lesões cerebrais em regiões envolvidas com emoções têm grande dificuldade para tomar decisões.

Essa nova biologia da mente revolucionou nossa capacidade de entender o cérebro e seus distúrbios. Mas como a fusão da psicologia cognitiva moderna com a neurociência poderá afetar nossas vidas no futuro?

A nova biologia da mente contribuirá de duas maneiras para mudanças radicais na forma como a medicina é praticada. Primeiro, ocorrerá a fusão da neurologia e da psiquiatria em uma disciplina clínica comum, concentrada cada vez mais no paciente como indivíduo com predisposições genéticas à saúde e à doença. Esse foco nos levará a uma medicina biologicamente inspirada e personalizada. Em segundo lugar, teremos, pela primeira vez, uma biologia significativa e diferenciada dos processos que falham nos distúrbios cerebrais, assim como dos processos que levam à diferenciação sexual do cérebro e da identidade de gênero.

É provável que a medicina personalizada, com foco no teste clínico de DNA – a busca por pequenas diferenças genéticas nos indivíduos –, revele quem apresenta risco de desenvolver uma doença específica e, assim, nos permita modificar o curso dessa doença por meio de dieta, cirurgia, exercício físico ou medicamentos muitos anos antes do aparecimento dos sinais e sintomas. Hoje, por exemplo, os bebês recém-nascidos são triados sobretudo para doenças genéticas tratáveis, como a fenilcetonúria. Talvez em um futuro não muito distante, crianças com alto risco de esquizofrenia, depressão ou esclerose múltipla sejam identificadas e tratadas para evitar alterações que poderiam ocorrer mais tarde na vida. Da mesma forma, pessoas de meia-idade e idosos poderão se beneficiar da determinação de seu perfil de risco individual para doenças de início tardio, como as de Alzheimer e Parkinson. O teste de DNA também deve permitir, de fato, prever respostas individuais a medicamentos, incluindo quaisquer efeitos colaterais que possam causar, o que resultaria em medicamentos adaptados às necessidades de cada paciente.

Meu próprio trabalho mostrou que o aprendizado – a experiência – altera as conexões entre os neurônios no cérebro. Isso significa que o cérebro de uma pessoa é um pouco diferente do cérebro de todas as outras. Mesmo gêmeos idênticos, com seus genomas idênticos, possuem cérebros ligeiramente diferentes porque tiveram vivências distintas. É muito provável que, no decurso da elucidação da função cerebral, a neuroimagem estabeleça uma base biológica para a individualidade de nossa vida mental. Nesse caso, teremos uma nova e poderosa maneira de diagnosticar distúrbios cerebrais e avaliar o resultado de vários tratamentos, incluindo diferentes formas de psicoterapia.

Nessa perspectiva, a compreensão da biologia dos distúrbios cerebrais é parte da tentativa contínua de cada geração de estudiosos para entender o pensamento humano e suas ações nos novos moldes. Esse é um esforço que nos leva a um novo humanismo, que se baseia no conhecimento de nossa individualidade biológica a fim de enriquecer nossa experiência do mundo e nossa compreensão mútua.

Notas

Para uma introdução geral à biologia do cérebro, consultar Eric R. Kandel et al., eds., *Principles of Neural Science*, 5.ed. (Nova York: McGraw Hill, 2013). [5ª edição publicada no Brasil com o título *Princípios de Neurociências.*]

Introdução

1. René Descartes, *The Philosophical Writing of Descartes*, trad. John Cottingham, Robert Stoothoff, and Dugald Murdoch, vol. 1 (Cambridge, U.K., e Nova York: Cambridge University Press, 1985).
2. John R. Searle, *The Mystery of Consciousness* (Nova York: The New York Review of Books, 1997).
3. Charles R. Darwin, *The Expression of the Emotions in Man and Animals* (Londres: John Murray, 1872).

1. O que nossos distúrbios cerebrais podem revelar

1. Eric R. Kandel and A. J. Hudspeth, "The Brain and Behavior," in Kandel et al., *Principles of Neural Science*, 5.ed., 5-20. [5ª edição publicada no Brasil com o título *Princípios de Neurociências.*]
2. William M. Landau et al., "The Local Circulation of the Living Brain: Values in the Unanesthetized and Anesthetized Cat," *Transactions of the American Neurological Association* 80(1955): 125-29.
3. Louis Sokoloff, "Relation between Physiological Function and Energy Metabolism in the Central Nervous System," *Journal of Neurochemistry* 29(1977):13-26.

2. Nossa profunda natureza social: o espectro do autismo

Para uma discussão geral sobre autismo, consultar Uta Frith et al., "Autism and Other Developmental Disorders Affecting Cognition," in Kandel et al., *Principles of Neural Science*,1425-40. [5ª edição publicada no Brasil com o título *Princípios de Neurociências*.]

1. David Premack and Guy Woodruff, "Does the Chimpanzee Have a Theory of Mind?" *Behavioral and Brain Sciences* 1, n.4(1978):515-26.
2. Simon Baron-Cohen, Alan M. Leslie, and Uta Frith, "Does the Autistic Child Have a 'Theory of Mind'?" *Cognition* 21(1985):37-46.
3. Uta Frith, "Looking Back," https://sites.google.com/site/utafrith/looking-back-.
4. Kevin A. Pelphrey and Elizabeth J. Carter, "Brain Mechanisms for Social Perception: Lessons from Autism and Typical Development," *Annals of the New York Academy of Sciences* 1145(2008):283-99.
5. Leslie A. Brothers, "The Social Brain: A Project for Integrating Primate Behavior and Neurophysiology in a New Domain," *Concepts in Neuroscience* 1(2002):27-51.
6. Stephen J. Gotts et al., "Fractionation of Social Brain Circuits in Autism Spectrum Disorders," *Brain* 135, n.9(2012):2711-25.
7. Cynthia M. Schumann et al., "Longitudinal Magnetic Resonance Imaging Study of Cortical Development through Early Childhood in Autism," *Journal of Neuroscience* 30, n.12(2010):4419-27.
8. Leo Kanner, "Autistic Disturbances of Affective Contact," *The Nervous Child: Journal of Psychopathology, Psychotherapy, Mental Hygiene, and Guidance of the Child* 2 (1943):217-50.
9. Alison Singer, personal communication, March 24, 2017.
10. Ibid.
11. Erin McKinney, "The Best Way I Can Describe What It's Like to Have Autism," *The Mighty*, April 13, 2015, themighty.com/2015/04/what-its-like-to-have-autism-2/.
12. Ibid.
13. Ibid.
14. Beate Hermelin, *Bright Splinters of the Mind: A Personal Story of Research with Autistic Savants* (London and Philadelphia: Jessica Kingsley Publishers, 2001).
15. Stephan J. Sanders et al., "Multiple Recurrent De Novo CNVs, Including Duplications of the 7q11.23 Williams Syndrome Region, Are Strongly Associated with Autism," *Neuron* 70, n.5(2011):863-85.

16. Thomas R. Insel and Russell D. Fernald, "How the Brain Processes Social Information: Searching for the Social Brain," *Annual Review of Neuroscience* 27(2004):697-722.
17. Niklas Krumm et al., "A De Novo Convergence of Autism Genetics and Molecular Neuroscience," *Trends in Neuroscience* 37, n2(2014):95-105.
18. Augustine Kong et al., "Rate of De Novo Mutations and the Importance of Father's Age to Disease Risk," *Nature* 488 (2012):471-75.
19. Guomei Tang et al., "Loss of mTOR-Dependent Macroautophagy Causes Autistic-like Synaptic Pruning Deficits," *Neuron* 83, n.5(2014):1131-43.
20. Mario De Bono and Cornelia I. Bargmann, "Natural Variation in a Neuropeptide Y Receptor Homolog Modifies Social Behavior and Food Response in *C. elegans*," *Cell* 94, n.5(1998):679-89.
21. Thomas R. Insel, "The Challenge of Translation in Social Neuroscience: A Review of Oxytocin, Vasopressin, and Affiliative Behavior," *Neuron* 65, n.6(2010):768-79.
22. Ibid.
23. Sarina M. Rodrigues et al., "Oxytocin Receptor Genetic Variation Relates to Empathy and Stress Reactivity in Humans," *PNAS* 106, n.50(2009):21437-41.
24. Simon L. Evans et al., "Intranasal Oxytocin Effects on Social Cognition: A Critique," *Brain Research* 1580(2014):69-77.
25. Tang et al., "Loss of mTOR-Dependent Macroautophagy."

3. As emoções e a integridade do *self*: depressão e transtorno bipolar

1. William Styron, *Darkness Visible: A Memoir of Madness* (Nova York: Random House, 1990; reimpr. Vintage, 1992), 62.
2. Andrew Solomon, "Depression, Too, Is a Thing with Feathers," *Contemporary Psychoanalysis* 44, n.4(2008):509-30.
3. Helen S. Mayberg, "Targeted Electrode-Based Modulation of Neural Circuits for Depression," *Journal of Clinical Investigation* 119, n.4(2009):717-25.
4. Eric R. Kandel, "The New Science of Mind," *Gray Matter, Sunday Review, New York Times*, September 6, 2013.
5. Mayberg, "Targeted Electrode-Based Modulation."
6. Francisco López-Muñoz and Cecilio Alamo, "Monoaminergic Neurotransmission: The History of the Discovery of Antidepressants from 1950s until Today," *Current Pharmaceutical Design* 15, n.14(2009):1563-86.
7. Ronald S. Duman and George K. Aghajanian, "Synaptic Dysfunction in Depression: Potential Therapeutic Targets," *Science* 338, n.6103 (2012):68-72.

8. Sigmund Freud and Josef Breuer, "Case of Anna O," in *Studies on Hysteria*, trad. e ed. James Strachey and Anna Freud (Londres: Hogarth Press, 1955).
9. Steven Roose, Arnold M. Cooper, and Peter Fonagy, "The Scientific Basis of Psychotherapy," in *Psychiatry*, 3.ed., eds. Allan Tasman et al. (Chichester, UK: John Wiley and Sons, 2008), 289-300.
10. Aaron T. Beck et al., *Cognitive Therapy of Depression* (Nova York: Guilford Press, 1979).
11. Ibid.
12. Kay Redfield Jamison, *An Unquiet Mind: A Memoir of Moods and Madness* (Nova York: Alfred A. Knopf, 1995), 89.
13. Solomon, "Depression, Too, Is a Thing with Feathers."
14. Mayberg, "Targeted Electrode-Based Modulation."
15. Sidney H. Kennedy et al., "Deep Brain Stimulation for Treatment-Resistant Depression: Follow-Up After 3 to 6 Years," *American Journal of Psychiatry* 168, n.5(2011):502-10.
16. Jamison, *An Unquiet Mind*, 67.
17. Jane Collingwood, "Bipolar Disorder Genes Uncovered," *Psych Central*, May 17, 2016, https://psychcentral.com/lib/bipolar-disorder-genes-uncovered/.

4. A capacidade de pensar, de tomar decisões e executá-las: esquizofrenia

Para uma discussão geral sobre autismo, consultar Steven E. Hyman and Jonathan D. Cohen, "Disorders of Thought and Volition: Schizophrenia," in Kandel et al., *Principles of Neural Science*, 1389-1401. [5ª edição publicada no Brasil com o título *Princípios de Neurociências*.]
1. Elyn R. Saks, *The Center Cannot Hold: My Journey through Madness* (Nova York: Hyperion, 2007), 1-2.
2. Irwin Feinberg, "Cortical Pruning and the Development of Schizophrenia," *Schizophrenia Bulletin* 16, n.4(1990):567-68.
3. Jill R. Glausier and David A. Lewis, "Dendritic Spine Pathology in Schizophrenia," *Neuroscience* 251 (2013):90-107.
4. Daniel H. Geschwind and Jonathan Flint, "Genetics and Genomics of Psychiatric Disease," *Science* 349, n.6255(2015):1489-94.
5. David St. Clair et al., "Association within a Family of a Balanced Autosomal Translocation with Major Mental Illness," *Lancet* 336, n.8706(1990):13-16.
6. Qiang Wang et al., "The Psychiatric Disease Risk Factors DISC1 and TNIK Interact to Regulate Synapse Composition and Function," *Molecular Psychiatry* 16, n.10(2011):1006-23.

7. Aswin Sekar et al., "Schizophrenia Risk from Complex Variation of Complement Component 4," *Nature* 530, n.7589(2016):177-83.
8. Ryan S. Dhindsa and David B. Goldstein, "Schizophrenia: From Genetics to Physiology at Last," *Nature* 530, n.7589(2016):162-63.
9. Christoph Kellendonk et al., "Transient and Selective Overexpression of Dopamine D2 Receptors in the Striatum Causes Persistent Abnormalities in Prefrontal Cortex Functioning," *Neuron* 49, n.4(2006):603-15.

5. Memória, o reservatório do *self*: demência

1. Larry R. Squire and John T. Wixted, "The Cognitive Neuroscience of Human Memory Since H.M.," *Annual Review of Neuroscience* 34(2011):259-88.
2. Eric R. Kandel, "The Molecular Biology of Memory Storage: A Dialogue Between Genes and Synapses," *Science* 294, n.5544(2001):1030-38.
3. D. O. Hebb, *The Organization of Behavior: A Neuropsychological Theory* (Nova York: John Wiley and Sons, 1949).
4. Bengt Gustafsson and Holger Wigström, "Physiological Mechanisms Underlying Long-Term Potentiation," *Trends in Neurosciences* 11, n.4(1988):156-62.
5. Elias Pavlopoulos et al., "Molecular Mechanism for Age-Related Memory Loss: The Histone-Binding Protein RbAp48," *Science Translational Medicine* 5, n.200(2013):200ra115.
6. Ibid.
7. Ibid.
8. Franck Oury et al., "Maternal and Offspring Pools of Osteocalcin Influence Brain Development and Functions," *Cell* 155, n.1(2013):228-41.
9. Stylianos Kosmidis et al., "Administration of Osteocalcin in the DG/CA3 Hippocampal Region Enhances Cognitive Functions and Ameliorates Age-Related Memory Loss via a RbAp48/CREB/BDNF Pathway" (in preparation).
10. Ibid.
11. Rita Guerreiro and John Hardy, "Genetics of Alzheimer's Disease," *Neurotherapeutics* 11, n.4(2014):732-37.
12. R. Sherrington et al., "Alzheimer's Disease Associated with Mutations in Presenilin 2 is Rare and Variably Penetrant," *Human Molecular Genetics* 5, n.7(1996):985-88.
13. Thorlakur Jonsson et al., "A Mutation in APP Protects against Alzheimer's Disease and Age-Related Cognitive Decline," *Nature* 488, n.7409(2012):96-99.
14. Bruce L. Miller, *Frontotemporal Dementia*, Contemporary Neurology Series (Oxford, U.K.: Oxford University Press, 2013).

6. Nossa criatividade inata: distúrbios cerebrais e arte

1. Ann Temkin, personal communication, 2016.
2. Howard Gardner, *Multiple Intelligences*: New Horizons, rev. ed. (Nova York: Basic Books, 2006).
3. Benjamin Baird et al., "Inspired by Distraction: Mind Wandering Facilitates Creative Incubation," *Psychological Science* 23, n.10(2012):1117-22.
4. Ernst Kris, *Psychoanalytic Explorations in Art* (Nova York: International Universities Press, 1952).
5. Bruce L. Miller et al., "Emergence of Artistic Talent in Frontotemporal Dementia," *Neurology* 51, n.4(1998):978-82.
6. John Kounios and Mark Beeman, "The Aha! Moment: The Cognitive Neuroscience of Insight," *Current Directions in Psychological Science* 18, n.4(2009):210-16.
7. Charles J. Limb and Allen R. Braun, "Neural Substrates of Spontaneous Musical Performance: An fMRI Study of Jazz Improvisation," *PLOS One* 3, n.2(2008): e1679.
8. Philippe Pinel, "Medico-Philosophical Treatise on Mental Alienation or Mania (1801)," *Vertex* 19, n.82(2008):397-400.
9. Benjamin Rush, *Medical Inquiries and Observations, upon the Diseases of the Mind* (Philadelphia: Kimber and Richardson, 1812).
10. Cesare Lombroso, *The Man of Genius* (Londres: W. Scott, 1891).
11. Rudolf Arnheim, "The Artistry of Psychotics," *American Scientist* 74, n.1 (1986): 48-54.
12. Thomas Roeske and Ingrid von Beyme, *Surrealism and Madness* (Heidelberg, Germany: Sammlung Prinzhorn, 2009).
13. Hans Prinzhorn, *Artistry of the Mentally Ill: A Contribution to the Psychology and Psychopathology of Configuration*, 2nd German ed., trad. por Eric von Brockdorff (Nova York: Springer-Verlag, 1995).
14. Ibid., 266.
15. Ibid., 265.
16. Ibid., vi.
17. Ibid., 150.
18. Ibid., 181.
19. Ibid., 160.
20. Ibid., 168-69.
21. Birgit Teichmann, Universität Heidelberg, personal communication, May 12, 2009.
22. Danielle Knafo, "Revisiting Ernst Kris' Concept of Regression in the Service of the Ego in Art," *Psychoanalytic Review* 19, n.1(2002):24-49.

Notas 231

23. Kay Redfield Jamison, *Touched with Fire: Manic-Depressive Illness and the Artistic Temperament* (Nova York: The Free Press, 1993).
24. Nancy C. Andreasen, "Secrets of the Creative Brain," *The Atlantic*, July/August 2014, www.theatlantic.com/magazine/archive/2014/07/secrets-of-the-creative-brain/372299/.
25. Jamison, *Touched with Fire*.
26. Ruth Richards et al., "Creativity in Manic-Depressives, Cyclothymes, Their Normal Relatives, and Control Subjects," *Journal of Abnormal Psychology* 97, n.3(1988):281-88.
27. Catherine Best et al., "The Relationship Between Subthreshold Autistic Traits, Ambiguous Figure Perception and Divergent Thinking," *Journal of Autism and Developmental Disorders* 45, n.12(2015):4064-73.
28. Oliver Sacks, *An Anthropologist on Mars: Seven Paradoxical Tales* (Nova York: Alfred A. Knopf, 1995), 203.
29. Ibid.
30. David T. Lykken, "The Genetics of Genius," in *Genius and Mind: Studies of Creativity and Temperament*, ed. Andrew Steptoe (Oxford, U.K.: Oxford University Press, 1998), 15-37.
31. Francesca Happé and Uta Frith, "The Beautiful Otherness of the Autistic Mind," *Philosophical Transactions of the Royal Society B: Biological Sciences* 364, n.1522(2009):1346-50.
32. Darold A. Treffert, "The Savant Syndrome: An Extraordinary Condition. A Synopsis: Past, Present, Future," *Philosophical Transactions of the Royal Society B: Biological Sciences* 364, n.1522 (2009):1351-57.
33. Allan Snyder, "Explaining and Inducing Savant Skills: Privileged Access to Lower Level, Less-Processed Information," *Philosophical Transactions of the Royal Society B: Biological Sciences* 364, n.1522 (2009):1399-1405.
34. Pia Kontos, "The Painterly Hand: Rethinking Creativity, Selfhood, and Memory in Dementia," Workshop 4: Memory and/in Late-Life Creativity (Londres: King's College, 2012).
35. Bruce L. Miller et al., "Enhanced Artistic Creativity with Temporal Lobe Degeneration," *Lancet* 348, n.9043(1996):1744-45.
36. Wil S. Hylton, "The Mysterious Metamorphosis of Chuck Close," *The New York Times Magazine*, July 13, 2016.
37. Ibid.
38. Ibid.
39. Rudolf Arnheim, "The Artistry of Psychotics," in *To the Rescue of Art: Twenty-Six Essays* (Berkeley: University of California Press, 1992), 144-54.
40. Andreasen, "Secrets of the Creative Brain."
41. Jamison, *Touched with Fire*, 88.

42. Andreason, "Secrets of the Creative Brain."
43. Ibid.
44. Robert A. Power et al., "Polygenic Risk Scores for Schizophrenia and Bipolar Disorder Predict Creativity," *Nature Neuroscience* 18, n.7(2015):953-55.
45. Ian Sample, "New Study Claims to Find Genetic Link Between Creativity and Mental Illness," *The Guardian*, June 8, 2015,www.theguardian.com/science/2015/jun/08/new-study-claims-to-find-genetic-link-between-creativity-and-mental-illness.
46. Andreason, "Secrets of the Creative Brain."

7. Movimento: doenças de Parkinson e de Huntington

1. Charles S. Sherrington, *The Integrative Action of the Nervous System* (New Haven, CT: Yale University Press, 1906).
2. James Parkinson, "An Essay on the Shaking Palsy. 1817," *Journal of Neuropsychiatry and Clinical Neurosciences* 14, n.2(2002):223-36.
3. Arvid Carlsson, Margit Lindqvist, and Tor Magnusson, "3,4-Dihydroxyphenylalanine and 5-hydroxytryptophan as Reserpine Antagonists," *Nature* 180, n.4596(1957):1200.
4. A. Carlsson, "Biochemical and Pharmacological Aspects of Parkinsonism," *Acta Neurologica Scandinavica, Supplementum* 51(1972):11-42.
5. A. Carlsson and B. Winblad, "Influence of Age and Time Interval between Death and Autopsy on Dopamine and 3-Methoxytyramine Levels in Human Basal Ganglia," *Journal of Neural Transmission* 38, n.3-4(1976):271-76.
6. H. Ehringer and O. Hornykiewicz, "Distribution of Noradrenaline and Dopamine (3-Hydroxytyramine) in the Human Brain and Their Behavior in Diseases of the Extrapyramidal System," *Parkinsonism and Related Disorders* 4, n.2(1998):53-57.
7. George C. Cotzias, Melvin H. Van Woert, and Lewis M. Schiffer, "Aromatic Amino Acids and Modification of Parkinsonism," *New England Journal of Medicine* 276, n.7(1967):374-79.
8. Hagai Bergman, Thomas Wichmann, and Mahlon R. DeLong, "Reversal of Experimental Parkinsonism by Lesions of the Subthalamic Nucleus," *Science*, n.s., 249(1990):1436-38.
9. Mahlon R. DeLong, "Primate Models of Movement Disorders of Basal Ganglia Origin," *Trends in Neurosciences* 13, n.7(1990):281-85.
10. D. Housman and J. R. Gusella, "Application of Recombinant DNA Techniques to Neurogenetic Disorders," *Research Publications —Association for Research in Nervous and Mental Disorders* 60(1983):167-72.

11. The Huntington's Disease Collaborative Research Group, "A Novel Gene Containing a Trinucleotide Repeat That Is Expanded and Unstable on Huntington's Disease Chromosomes," *Cell* 72(1993):971-83.
12. Stanley B. Prusiner, "Novel Proteinaceous Infectious Particles Cause Scrapie," *Science* 216, n.4542(1982):136-44.
13. Stanley B. Prusiner, *Madness and Memory: The Discovery of Prions — A New Biological Principle of Disease* (New Haven, CT: Yale University Press, 2014), x.
14. Mel B. Feany and Welcome W. Bender, "A Drosophila Model of Parkinson's Disease," *Nature* 404, n.6776(2000):394-98.

8. A interação entre emoção consciente e inconsciente: ansiedade, estresse pós-traumático e erros na tomada de decisões

1. William James, "What Is an Emotion?" *Mind* 9, n.34(April 1, 1884), 190.
2. Aristotle, Lesley Brown, ed., and David Ross, trad., *The Nicomachean Ethics* (Oxford: Oxford University Press, 2009).
3. Sandra Blakeslee, "Using Rats to Trace Anatomy of Fear, Biology of Emotion," *New York Times*, November 5, 1996.
4. Edna B. Foa and Carmen P. McLean, "The Efficacy of Exposure Therapy for Anxiety-Related Disorders and Its Underlying Mechanisms: The Case of OCD and PTSD," *Annual Review of Clinical Psychology* 12(2016):1-28.
5. Barbara O. Rothbaum et al., "Virtual Reality Exposure Therapy for Vietnam Veterans with Posttraumatic Stress Disorder," *Journal of Clinical Psychiatry* 62, n.8(2001):617-22.
6. Mark Mayford, Steven A. Siegelbaum, and Eric R. Kandel, "Synapses and Memory Storage," *Cold Spring Harbor Perspectives in Biology* 4, n.6(2012):a005751.
7. Alain Brunet et al., "Effect of Post-Retrieval Propranolol on Psychophysiologic Responding during Subsequent Script-Driven Traumatic Imagery in Post-Traumatic Stress Disorder," *Journal of Psychiatric Research* 42, n.6(2008):503-6.
8. William James, *The Principles of Psychology*, vol. 2 (New York: Henry Holt and Company, 1913), 389-90.
9. Antonio R. Damasio, *Descartes' Error: Emotion, Reason, and the Human Brain* (Nova York: G. P. Putnam's Sons, 1994), 34ff.
10. Ibid., 43.
11. Ibid., 44-45.
12. Joshua D. Greene et al., "An fMRI Investigation of Emotional Engagement in Moral Judgment," *Science* 293(2001):2105-8.

234 Mentes diferentes

13. Kent A. Kiehl and Morris B. Hoffman, "The Criminal Psychopath: History, Neuroscience, Treatment, and Economics," *Jurimetrics* 51(2011):355-97.
14. Ibid. Consultar também L. M. Cope et al., "Abnormal Brain Structure in Youth Who Commit Homicide," *NeuroImage Clinical* 4(2014):800-807, and interview with Kent Kiehl in Mike Bush, "Young Killers' Brains Are Different, Study Shows," *Albuquerque Journal*, June 9, 2014.

9. O princípio do prazer e a liberdade de escolha: dependências

1. James Olds and Peter Milner, "Positive Reinforcement Produced by Electrical Stimulation of Septal Area and Other Regions of Rat Brain," *Journal of Comparative and Physiological Psychology* 47, n.6(1954):419-27.
2. Wolfram Schultz, "Neuronal Reward and Decision Signals: From Theories to Data," *Physiological Reviews* 95, n.3(2015):853-951.
3. Nora D. Volkow et al., "Dopamine in Drug Abuse and Addiction: Results of Imaging Studies and Treatment Implications," *Archives of Neurology* 64, n.11(2007):1575-79.
4. Lee N. Robins, "Vietnam Veterans' Rapid Recovery from Heroin Addiction: A Fluke or Normal Expectation?," *Addiction* 88, n.8(1993):1041-54.
5. N. D. Volkow, Joanna S. Fowler, and Gene-Jack Wang, "The Addicted Human Brain: Insights from Imaging Studies," *Journal of Clinical Investigation* 111, n.10(2003):1444-51.
6. N. D. Volkow, George F. Koob, and A. Thomas McLellan, "Neurobiologic Advances from the Brain Disease Model of Addiction," *New England Journal of Medicine* 374, n.4(2016):363-71.
7. Eric J. Nestler, "On a Quest to Understand and Alter Abnormally Expressed Genes That Promote Addiction," *Brain and Behavior Research Foundation Quarterly* (September 2015):10-11.
8. Eric R. Kandel, "The Molecular Biology of Memory: cAMP, PKA, CRE, CREB-1, CREB-2, and CPEB," *Molecular Brain* 5(2012):14.
9. Jocelyn Selim, "Molecular Psychiatrist Eric Nestler: It's a Hard Habit to Break," *Discover*, October 2001, http://discovermagazine.com/2001/oct/breakdialogue.
10. Nestler, "On a Quest to Understand and Alter Abnormally Expressed Genes," 10-11.
11. Eric J. Nestler, "Genes and Addiction," *Nature Genetics* 26, n.3(2000):277-81.
12. Eric R. Kandel and Denise B. Kandel, "A Molecular Basis for Nicotine As a Gateway Drug," *New England Journal of Medicine* 371(2014):932-43.
13. Yan-You Huang et al., "Nicotine Primes the Effect of Cocaine on the Induction of LTP in the Amygdala," *Neuropharmacology* 74(2013):126-34.

14. Kyle S. Burger and Eric Stice, "Frequent Ice Cream Consumption Is Associated with Reduced Striatal Response to Receipt of an Ice Cream-Based Milkshake," *American Journal of Clinical Nutrition* 95, n.4(2012):810-17.
15. Nicholas A. Christakis and James H. Fowler, "The Spread of Obesity in a Large Social Network over 32 Years," *New England Journal of Medicine* 357(2007):370-79.
16. Josh Katz, "Drug Deaths in America Are Rising Faster Than Ever," *The New York Times*, June 5, 2017.

10. Diferenciação sexual do cérebro e identidade de gênero

1. Norman Spack, "How I Help Transgender Teens Become Who They Want to Be," TED, November 2013, www.ted.com/talks/norman_spack_how_i_help_transgender_teens_become_who_they_want_to_be; Abby Ellin, "Elective Surgery, Needed to Survive," *The New York Times*, August 9, 2017.
2. David J. Anderson, "Optogenetics, Sex, and Violence in the Brain: Implications for Psychiatry," *Biological Psychiatry* 71, n.12(2012):1081-89; Joseph F. Bergan, Yoram Ben-Shaul, and Catherine Dulac, "Sex-Specific Processing of Social Cues in the Medial Amygdala," *eLife* 3(2014):e02743.
3. Dick F. Swaab and Alicia Garcia-Falgueras, "Sexual Differentiation of the Human Brain in Relation to Gender Identity and Sexual Orientation," *Functional Neurology* 24, n.1(2009):17-28.
4. Deborah Rudacille, *The Riddle of Gender: Science, Activism, and Transgender Rights* (Nova York: Pantheon, 2005), 21-22.
5. Ibid., 23.
6. Ibid., 24.
7. Ibid., 27.
8. Sam Maddox, "Barres Elected to National Academy of Sciences," *Research News*, Christopher and Dana Reeve Foundation, May 2, 2013, www.spinalcordinjury-paralysis.org/blogs/18/1601.
9. Rudacille, *Riddle of Gender*, 28-29.
10. Caitlyn Jenner, *The Secrets of My Life* (Nova York: Grand Central Publishing, 2017).
11. Diane Ehrensaft, "Gender Nonconforming Youth: Current Perspectives," *Adolescent Health, Medicine and Therapeutics* 8(2017):57-67.
12. Sara Reardon, "Largest Ever Study of Transgender Teenagers Set to Kick Off," *Nature* News, March 31, 2016, www.nature.com/news/largest-ever-study-of-transgender-teenagers-set-to-kick-off-1.19637.
13. Swaab and Garcia-Falgueras, "Sexual Differentiation of the Human Brain."

11. Consciência: o grande mistério remanescente do cérebro

1. Hyosang Lee et al., "Scalable Control of Mounting and Attack by Esr1+ Neurons in the Ventromedial Hypothalamus," *Nature* 509(2014):627-32.
2. Bernard J. Baars, *A Cognitive Theory of Consciousness* (Cambridge, U.K.: Cambridge University Press, 1988).
3. Stanislas Dehaene, *Consciousness and the Brain: Deciphering How the Brain Codes Our Thoughts* (Nova York: Viking, 2014).
4. Ibid.
5. C. D. Salzman et al., "Microstimulation in Visual Area MT: Effects on Direction Discrimination Performance," *Journal of Neuroscience* 12, n.6(1992):2331-55; C. D. Salzman and William T. Newsome, "Neural Mechanisms for Forming a Perceptual Decision," *Science* 264, n.5156(1994):231-37.
6. N. K. Logothetis and Jeffrey D. Schall, "Neuronal Correlates of Subjective Visual Perception," *Science*, n.s., 245, n.4919(1989):761-63.
7. N. K. Logothetis, "Vision: A Window into Consciousness," *Scientific American*, September 1, 2006, www.scientificamerican.com/article/vision-a-window-into-consciousness/.
8. Timothy D. Wilson, *Strangers to Ourselves: Discovering the Adaptive Unconscious* (Cambridge, MA: Harvard University Press, 2002).
9. Timothy D. Wilson and Jonathan W. Schooler, "Thinking Too Much: Introspection Can Reduce the Quality of Preferences and Decisions," *Journal of Personality and Social Psychology* 60, n.2(1991):181-92.
10. Benjamin Libet et al., "Time of Conscious Intention to Act in Relation to Onset of Cerebral Activity (Readiness-Potential): The Unconscious Initiation of a Freely Voluntary Act," *Brain* 106(1983):623-42.
11. Amos Tversky and Daniel Kahneman, "The Framing of Decisions and the Psychology of Choice," *Science*, n.s., 211, n.4481(1981):453-58.
12. Daniel Kahneman, *Thinking, Fast and Slow* (Nova York: Farrar, Straus and Giroux, 2011).
13. A. D. (Bud) Craig, "How Do You Feel – Now? The Anterior Insula and Human Awareness," *Nature Reviews Neuroscience* 10(2009):59-70; Hugo D. Critchley et al., "Neural Systems Supporting Interoceptive Awareness," *Nature Neuroscience* 7, n.2(2004):189-95.
14. G. Elliott Wimmer and Daphna Shohamy, "Preference by Association: How Memory Mechanisms in the Hippocampus Bias Decisions," *Science* 338, n.6104(2012):270-73.
15. Michael N. Shadlen and Roozbeh Kiani, "Consciousness As a Decision to Engage," in *Characterizing Consciousness: From Cognition to the Clinic?*, eds. Stanislas Dehaene and Yves Christen (Berlin and Heidelberg: Springer-Verlag, 2011), 27-46.

Índice remissivo

A

Acidente vascular cerebral 13
Adrian, Edgar 10
Afasias 209
Alelos 15
Anatomia da emoção 157
Anormalidades anatômicas predisponentes 81
Ansiedade 155
Antipsicóticos 79
Aprendizagem 92
Área de Broca 5
Área de Wernicke 5
Arte 113
Arte das pessoas com esquizofrenia 121
Arte moderna 128
Arte psicótica 127, 128
Artista 114
Autismo 17, 25, 31, 32
Axônio 8

B

Base biológica do prazer 176
Bettelheim, Bruno 33
Biologia da consciência 208, 214
Biologia da criatividade 113, 119
Biologia da dependência 177
Biologia da emoção 156
Biologia do comportamento psicopático 171
Bleuler, Eugen 31
Broca, Pierre Paul 4
Byron, Lord 131

C

Cadeias de CAG 148
Cajal, Santiago Ramón 7

Cérebro 2, 7, 11, 25, 30, 94, 180, 202
Cetamina 57
Cézanne 128
Circuito neural da depressão 53
Circuito neural do medo condicionado 162
Close, Chuck 115, 116
Coloração de Golgi 7
Combinação de medicamentos com psicoterapia 61
Comorbidades 109
Comportamento específico do gênero 190
Comportamento psicopático 171
Condicionamento clássico do medo 160
Conexões sinápticas 97
Consciência 202, 206, 208, 221
Córtex 146
Córtex cerebral 207
Córtex visual 212
Crianças autistas 27
Crianças e adolescentes transgêneros 199
Criatividade 68, 135
Criatividade em pessoas com autismo 132
Criatividade em pessoas com demência frontotemporal 134
Criatividade em pessoas com doença de Alzheimer 134
Criatividade inata 113
Crick, Francis 202
Cromossomo 7 38
Cubistas 128

D

Dadaísmo 128
Dale, Henry 12
Dalí, Salvador 129, 131
Damásio, António 167
Darwin, Charles xii, 47, 156

238 Mentes diferentes

Dehaene, Stanislas 210
Deleção e duplicação de DNA 37
Delírios 73
Demência 92
Demência frontotemporal 109, 110, 111
Demência precoce 76
Dependências 175
Dependentes de drogas 181
Depressão 46, 50
Depressão e estresse 51
Descartes, René xi, 14, 173
Desconexão entre pensamento e emoção 54
Diferenciação sexual do cérebro 188
Dilema do trem desgovernado 169
Dimorfismo sexual 193, 194
DISC1 87
DISC2 87
Distúrbios cerebrais 14, 222
Distúrbios cerebrais e arte 113
Distúrbios de dobramento de proteínas 147
Distúrbios neurodegenerativos 148
Distúrbios neurológicos 21
Dobramento anormal de proteínas 139, 151
Doença de Alzheimer 21, 101-104, 107, 222
Doença de Huntington 139, 146, 147
Doença de Parkinson 21, 139, 141, 143
Doença genética complexa 17
Doença genética simples 17
Doença maníaco-depressiva 48
Dopamina 142, 143, 176
Doutrina Neuronal 9
Drogas antipsicóticas 78
Drosophila 151
Dualismo mente-corpo 14

E

Ego 203
Emaranhados neurofibrilares 102
Embrião 190, 191
Emoção 46, 156, 158
Emoção, humor e o *self* 47
Emoção na tomada de decisões 166
Envelhecimento cerebral 98
Epilepsia 95
Ernst, Max 128
Especificidade de conexão 9
Espectador 117
Espectro do autismo 24
Esquizofrenia 31, 41, 71, 75, 77
Estimulação cerebral profunda 145
Estresse 51

Estresse pós-traumático 155
Estruturas principais do cérebro envolvidas na emoção 159
Estudo epidemiológico 183
Estudos genéticos dos distúrbios do dobramento de proteínas 151
Estudos genéticos sobre a doença de Alzheimer 104

F

Fascículo longitudinal superior 5
Fatores ambientais 109
Fatores de risco para a doença de Alzheimer 108
Feldberg, William 12
Felicidade 158
Fenilcetonúria 36
Formação de príons 149
Fotomicrografia 103
Freud, Sigmund xiv, 4, 202, 203
Freygang, Walter 19
Frith, Uta 25, 26
Função sináptica 42

G

Gage, Phineas 1, 168
Gene da *huntingtina* 147
Genes 147
Genes deletados 86
Genes e a poda sináptica excessiva 88
Genética 15
Genética da demência frontotemporal 110
Genética da esquizofrenia 83
Genética dos transtornos do humor 68
Genética e comportamento social em modelos animais 42
Genoma humano 16, 190
Giro fusiforme 114
Golgi, Camillo 7

H

Habilidades extraordinárias do sistema motor 140
Hormônios 191
Hume, David 96
Humor 47

I

Identidade de gênero 188, 195

Imagem por ressonância magnética 18
Impacto da arte psicótica na arte moderna 128
Inconsciente adaptativo 215
Inputs 215
Insights 218, 219
Integridade do *self* 46
Interação entre emoção consciente e inconsciente 155
Intervenção precoce 80

J

Jamison, Kay Redfield 65, 66

K

Kahlo, Frida 129, 130
Kallmann, Franz 14
Kanner 32
Kraepelin, Emil 4, 48, 75

L

Landau, William 19
La Tour, Georges de 28
Liberdade de escolha 175
Linguagem secreta dos neurônios 10
Locke, John 96

M

Mayberg, Helen 53
McKinney, Erin 34, 35
Mebes, Heinrich Hermann 130
Medicação 185
Medo 159
Membrana celular 105
Memória 92, 93
Memória e a força das conexões sinápticas 97
Memória e envelhecimento cerebral 98
Mente inconsciente 203
Mestres esquizofrênicos de Prinzhorn 124
Mill, John Stuart 96
Mistério remanescente do cérebro 202
Modelo estrutural da mente de Freud 204
Modelos animais 20
Moog, Peter 125
Moral 170
Movimento 139
Movimento do cérebro 27
Munch, Edvard 131

Mutações 111
Mutações "*de novo*" 39, 40

N

Natterer, August 127, 131
Neuroimagem 18, 211
Neurologia 3, 13
Neurônios 7, 8, 12, 140, 152
Neurônios dopaminérgicos 177
Neurônios hipotalâmicos 205
Neurotransmissores 12
Neurotransmissores mediadores 58
Neurotransmissores moduladores 58
Núcleo *accumbens* 176, 177
Nucleotídeos 15

O

O que nossos distúrbios cerebrais podem revelar 1
O que outros distúrbios cerebrais nos dizem sobre criatividade 130
Origens da psiquiatria moderna 48
Orth, Viktor 126
Outros transtornos associados à dependência 183

P

Pacientes epilépticos 93
Padrões de movimento ocular 28
Papel das proteínas na doença de Alzheimer 103
Papel dos genes no autismo 36
Pares de genes 15
Pavlov, Ivan 97
Pelphrey, Kevin 26
Penfield, Wilder 6
Peptídeo beta-amiloide 104, 105
Percepção consciente 212
Percepção subliminar 212
Perda de memória na população idosa 99
Perspectiva da psicologia cognitiva 206
Perspectivas sobre a criatividade 114
Pesquisas sobre dependência 180
Pessoas transgêneros 188
Pinel, Philippe 3, 121
Placa amiloide 103
Platão xi
Poda do crescimento dendrítico de um neurônio piramidal 82
Poda sináptica excessiva 88

240 Mentes diferentes

Polarização dinâmica 10
Pontos de estimulação 93
Potenciais de ação 10, 12
Prazer 176
Prêmio Nobel de Fisiologia ou Medicina 10, 150, 161
Princípio do prazer 175
Princípios da Doutrina Neuronal de Cajal 9
Príons 150
Processo criativo 118
Proteína(s) 152
Proteína precursora de amiloide 103, 105
Proteína com dobramento anormal 148
Proteína tau 106
Psicanálise 220
Psicanálise e a nova biologia da mente 219
Psicologia cognitiva moderna 223
Psicoterapia 3, 59, 61, 76
Psiquiatria 3, 13

Q

Quadrado de Kanizsa 209

R

Raciocínio 216
Rede de circuitos 182
Rede de regiões 30
Regiões encefálicas 142
Reservatório do *self* 92
Risco genético de desenvolver esquizofrenia 84
Rousseau, Henri 123
Rowland, Lewis 19

S

Sacks, Oliver 133
Saks, Elyn 73, 74
Savant 130
Self 1, 47, 71, 133, 202
Self consciente e racional 217
Sexo anatômico 189
Sexo cromossômico 189
Sexo gonadal 189
Sexualidade 188
Síndrome de Asperger 32
Síndrome de Williams 38
Singer, Alison 32
Sintomas cognitivos da esquizofrenia 89
Sistema ativador reticular 207
Sistema de recompensa do cérebro 177

Sistema motor 140
Sócrates xi
Sokoloff, Louis 19
Solomon, Andrew 51, 62
Substância negra 143
Superego 203
Surrealistas 128

T

Tarefa motora 95
Tecido cerebral 7
Teoria da mente 25, 30
Terapia cognitivo-comportamental 60, 165
Terapia de exposição à realidade virtual 165
Terapia de exposição prolongada 165
Terapias de estimulação cerebral 63
Tomada de decisão 155, 215
Tomada de decisão moral 168
Tomografia computadorizada 18
Trabalho global 210
Transtorno bipolar 46, 64
Transtorno do espectro do autismo 38
Transtorno do estresse pós-traumático 163
Transtornos de ansiedade humanos 162
Transtornos do humor 48
Transtornos do humor e criatividade 68
Transtornos psiquiátricos 17, 21
Tratamento de pessoas com dependência 185
Tratamento de pessoas com esquizofrenia 76
Tratamento de pessoas com transtornos de ansiedade 164
Tratamento medicamentoso 56
Tratando pessoas com depressão 55
Tratando pessoas com transtorno bipolar 65

V

Van Gogh, Vincent 68, 131
Variação de nucleotídeo único 37
Variações no número de cópias 37
Vias dopaminérgicas 79
Vias genéticas 152
Visão de Freud sobre a mente 203
Visão moderna dos distúrbios cerebrais 14

W

Wain, Louis 72
Wernicke, Carl 4
Woolf, Virginia 131